Wahlvorschläge
zur Aufnahme von Physikern
in die Berliner Akademie
1870 bis 1929

STUDIEN ZUR GESCHICHTE
DER AKADEMIE DER WISSENSCHAFTEN DER DDR

BAND 1

Herausgegeben im Auftrag des Präsidenten
der Akademie der Wissenschaften der DDR
von Heinrich Scheel

FORSCHUNGSSTELLE
FÜR DIE GESCHICHTE DER AKADEMIE
LEITER: LEO STERN

# Physiker über Physiker

## Wahlvorschläge zur Aufnahme von Physikern in die Berliner Akademie 1870 bis 1929 von Hermann v. Helmholtz bis Erwin Schrödinger


Bearbeitet von
Christa Kirsten
und Hans-Günther Körber

Mit einer Einleitung
von Hans-Jürgen Treder


Mit 15 Abbildungen


THEORIA CUM PRAXI

AKADEMIE-VERLAG
BERLIN
1975

Verlagslektor: Renate Trautmann
Erschienen im Akademie-Verlag, 108 Berlin, Leipziger Straße 3–4

Lizenznummer: 202 · 100/446/75
Gesamtherstellung: VEB Druckerei „Thomas Müntzer", 582 Bad Langensalza
Bestellnummer: 761 9927 (2168/1) · LSV 1108
Printed in GDR
EVP 38,–

# Zum Geleit

Von Hermann Klare

*Mit Recht wird in unserer Literatur über die Theorie und Organisation der Wissenschaft (ebenso wie an anderer Stelle) auch über die Bedeutung des wissenschaftlichen Meinungsstreites gesprochen und dabei nachgewiesen oder bisweilen am historischen Beispiel erläutert, wie nach heftigen Auseinandersetzungen der Wissenschaftler ungewöhnliche Gedanken oder der Tradition scheinbar widersprechende Ideen zu neuen Entdeckungen und damit zu fundamentalen, die Wissenschaft sogar revolutionierenden Erkenntnissen führten. Der Chemiker denkt dabei begreiflicherweise an den scharfen und bewegenden Streit, den Staudinger mit einigen seiner Kollegen führen mußte, ehe sich seine Vorstellungen vom Makromolekül als Aufbauprinzip der polymeren organischen Verbindungen als allgemein anerkannte Erkenntnis durchsetzen konnten.*

*Nun ist zweifellos ein wissenschaftlicher Streit fruchtbar und wirkt immer dann schöpferisch, wenn er von wahrhaften Kennern des Faches geführt wird. Zur Fachkenntnis gehört jedoch, wie ich meine, nicht nur ein fundiertes Wissen über die Disziplin, die wir vertreten (neben Kenntnissen über deren Grenzgebiete), sondern auch ein stets verfügbares Gesamtbild über die Geschichte der Wissenschaft. Wir wollen und wir sollten wissen, wie in den Köpfen der Besten unseres Faches die Erkenntnis reifte, über die wir heute verfügen können und die zu mehren wir bestrebt sind. Dieses Buch, ein Beitrag zur Geschichte der Akademie der Wissenschaften der DDR, gibt Aufschluß darüber. Ich glaube, daß ich mich eins weiß mit fast allen meinen Kollegen über den besonderen Reiz, den die Historie zu bieten vermag, wenn man das Urteil der Zeitgenossen über ihre Kollegen nachlesen kann. Über sehr viele der hier verzeichneten Physiker aus aller Welt gibt es sicher ausgezeichnete Lebensbeschreibungen, aber wahrscheinlich steht in keiner Biographie die Laudatio dieses Naturforschers, die zu seiner Wahl in die Berliner Akademie führte.*

*Wir meinten, diese Wahlvorschläge — verbunden mit einer kurzen Geschichte der Physik an der Berliner Akademie in einer ihrer bedeutendsten Perioden — der Öffentlichkeit nicht vorenthalten und diese „Schätze" aus unserem Archiv „heben" und sie aus Anlaß der 275. Wiederkehr der Gründung unserer Akademie publizieren zu sollen. Wir wollen damit zugleich der wissenschaftlichen Tradition unserer Akademie, der Geschichte der Naturwissenschaft sowie denen, die wissen wollen, wie diese Disziplin Physik in mehr als einem haben Jahrhundert ihr Wissen und ihre Erkenntnisse mehrte, wir wollen damit allen dienen, die sich aus Glauben an den*

*Fortschritt der Menschheit mit Geschichte befassen und aus ihr lernen möchten. Wir wollen aber auch alle erfreuen, die den Sinn des Lebens in der schöpferischen Arbeit sehen.*

*Berlin, im Dezember 1974*

# Inhalt

# Zur Geschichte der Physik an der Berliner Akademie von 1870 bis 1930

Von HANS-JÜRGEN TREDER

In den etwa sechzig Jahren, die zwischen der Berufung von HERMANN HELMHOLTZ zum Ordinarius für Physik an der Berliner Universität und seiner gleichzeitigen Wahl zum Ordentlichen Akademiemitglied im Jahre 1871 und der Berufung von ERWIN SCHRÖDINGER auf den Lehrstuhl für Theoretische Physik an der Universität und seiner Wahl zum Ordentlichen Mitglied (1929) liegen, war die allgemeine Geschichte der Physik aufs engste verbunden mit der Geschichte der Berliner Physik. In den Jahren 1870 bis 1930 bereitete sich eine völlig neue Epoche der Physik vor, entwickelte und vollendete sich auch bereits in vieler Hinsicht. Entscheidende Wendepunkte dieser neuen Phase der Physikgeschichte, die in ihrer Bedeutung nur mit der Zeit von GALILEI bis NEWTON vergleichbar ist, wurden in Berlin markiert, und eine große Anzahl der Hauptträger dieser Entwicklung war in Berlin ansässig oder mit den Berliner Physikern aufs engste verbunden. Insbesondere repräsentierten die Ordentlichen, Auswärtigen und Korrespondierenden Mitglieder der Berliner Akademie während dieses Zeitraumes in ihrer Gesamtheit im wesentlichen alle Hauptschulen und -richtungen der internationalen Physik. Das Verzeichnis der Akademiemitglieder ist in diesem Zeitraum gleichwertig mit einem Lexikon der Geschichte der neuen Physik. Dies gilt nicht nur für die Repräsentanten des Faches Physik im engeren Sinne, sondern auch für die Vertreter der mit der Physik verflochtenen Nachbardisziplinen, insbesondere in den in diesem Zeitraum neu entstehenden physikalisierten Naturwissenschaften wie Physikalische Chemie, Astrophysik und Geophysik. Auch die Entstehung dieser neuen physikalisierten Wissenschaften ist eng mit der Berliner Physikgeschichte verbunden.

Gleichzeitig mit der Entwicklung der Physik und der Entstehung neuer physikalisierter Wissenschaftsdisziplinen entstanden auf dem Grenzgebiet zwischen Physik und Technik die verschiedenen Zweige der technischen Physik, zunächst die Elektrotechnik, dann die Nachrichtentechnik und die Elektronik. Auch diese Entwicklung der technischen Physik spiegelt sich in der Berliner Physikgeschichte repräsentativ wider.

Entsprechend dieser Stellung der Berliner Physik im allgemeinen und der Berliner Akademie im besonderen sind die Laudationes[1] für die Zuwahlen von

---

[1] Vgl. Quellenkundliche Erläuterungen, S. 49

Physikern — sowie von Vertretern der Nachbardisziplinen — zu Ordentlichen, Auswärtigen oder Korrespondierenden Mitgliedern der Akademie nicht nur ausgewählte Dokumente zur Physikgeschichte, sondern in ihrer Gesamtheit so etwas wie eine in Biographien gefaßte Geschichte der Entstehung der neueren Physik, gesehen mit den Augen führender zeitgenössischer Forscher. Hierbei sagen die Laudationes meist genauso viel über den zuzuwählenden Gelehrten wie über den großen Wissenschaftler aus, der der Verfasser der Laudatio ist. Aus den Laudationes geht hervor, wie die führenden Physiker zu ihrer Zeit die entscheidenden Entwicklungen der Physik und ihrer Nachbardisziplinen einschätzten und wie sie insbesondere die Leistungen anderer bahnbrechender Gestalter der neuen Physik selbst bewerteten.

Die historisch wohl einmalige Konstellation, die über ein halbes Jahrhundert die führende Stellung Berlins in der Geschichte der Physik und die Bedeutung der Berliner Physikschule bei der Revolutionierung des physikalischen Weltbildes bewirkte, hatte eine Mannigfaltigkeit von Komponenten. Eine wesentliche Komponente war aber sicher die Wirksamkeit einiger überragender Physiker in Berlin, die in ihrer Person die Entwicklung der Physik ihrer Zeit umfassend repräsentierten und über ihre eigenen fundamentalen Beiträge zum Fortschritt der Physik hinaus auf Grund ihres erkenntnistheoretischen und wissenschaftshistorischen Urteils die neuen Entwicklungstendenzen und ihre Bahnbrecher erkannten. Sie bemühten sich dann mit einem zum großen Teil auf ihrer persönlichen Autorität beruhenden Erfolg, diese Wissenschaftler nach Berlin zu ziehen. Auch diese Bemühungen spiegeln sich in der Zuwahl-Politik der Akademie und damit auch in den Texten der Laudationes wider.

Im Rahmen der in Berlin wirkenden großen Physiker nehmen drei Gelehrte eine überragende Stellung in der Geschichte der Berliner Physik wie in der Physikgeschichte überhaupt ein. Ihre Bedeutung für die Stellung Berlins und der Berliner Akademie in der Physikgeschichte ist im einzelnen unterschiedlich begründet, in ihrer Wirksamkeit ist sie aber voneinander untrennbar. Hierbei hat jeweils der ältere der Gelehrten entscheidenden Anteil an der Berufung des jüngeren nach Berlin.

Diese drei überragenden Physiker sind HERMANN V. HELMHOLTZ, MAX PLANCK und ALBERT EINSTEIN. — Mit HELMHOLTZ' Wirksamkeit in Berlin begann erst eigentlich die große Berliner Epoche in der Physikgeschichte. MAX PLANCK war in vieler Hinsicht ein direkter Schüler und Fortsetzer von HELMHOLTZ. PLANCK erkannte als erster die überragende Bedeutung EINSTEINS und sorgte schließlich für die Berufung EINSTEINS an die Berliner Akademie.

Jedoch zeigt die Geschichte der Berufungen aller drei Forscher, wie sich auf eigentümliche Weise die bewußte Planung der Wissenschaftsentwicklung mit der „List der Geschichte" paart. Die Berufung von HELMHOLTZ, PLANCK und EINSTEIN nach Berlin ist nicht nur das Verdienst der Gelehrten, die diese Berufungen betrieben haben, sondern auch das Ergebnis zufälliger Umstände. Bei der Berufung bzw. Wahl in die entsprechenden Universitäts- bzw. Akademie-Positionen war an keine der drei sich historisch als überragende Forscher ausweisende Persönlichkeiten primär gedacht worden. HELMHOLTZ, PLANCK und EINSTEIN kamen als „Ersatz" zweiter oder dritter Linie nach Berlin, nachdem ältere oder damals fachlich prominentere Wissenschaftler abgelehnt hatten. Auch diese Wissenschaftler waren Physiker von hohen Graden; dennoch waren sie aus verschiedenen Gründen wohl nicht in der Lage, die Stellung einzunehmen, die HELMHOLTZ, PLANCK und EINSTEIN dann tatsächlich in der Berliner Physikgeschichte innehatten.

HELMHOLTZ war seit 1858 Professor für Physiologie in Heidelberg. Die Physik wurde in Heidelberg durch GUSTAV ROBERT KIRCHHOFF vertreten. KIRCHHOFF war durch seine Theorie der Spektralanalyse und durch die Erforschung der Gesetze der schwarzen Strahlung sowie durch zahlreiche Arbeiten zur Elektrodynamik, Optik und Mechanik einer der hervorragendsten Physiker seiner Zeit. Er war im Gegensatz zu HELMHOLTZ ein Fachphysiker, während HELMHOLTZ sich von der Medizin über die Physiologie zur Physik hin entwickelt hatte. Auch HELMHOLTZ hatte bereits eine Anzahl fundamentaler physikalischer Arbeiten vorgelegt, so schon als junger Militärarzt in Potsdam 1847 die mathematische Begründung des Energiesatzes. 1858 und in den folgenden Jahren hatte HELMHOLTZ dann die Wirbeldynamik mathematisch begründet; er wandte sich nun der physikalischen Optik und insbesondere der Elektrodynamik zu. HELMHOLTZ hatte ferner 1870 bereits seine ersten fundamentalen Untersuchungen über die Beziehungen zwischen Physik und Geometrie verfaßt, die erkenntnistheoretisches Neuland erschlossen, das vor allem durch EINSTEINS Berliner Tätigkeit später in der Physik wirksam wurde. — Die allgemein anerkannten Leistungen von HELHMOLTZ waren aber um 1870 seine Erfindung des Augenspiegels und seine umfassenden sinnesphysiologischen Arbeiten, die u. a. zur Neubegründung der physiologischen Optik geführt hatten.

In den Vorschlägen für die Nachfolge des verstorbenen Ordinarius für Physik an der Berliner Universität, GUSTAV MAGNUS, wurde in erster Linie KIRCHHOFF und erst in zweiter Linie HELMHOLTZ genannt und zusätzlich zur Würdigung der physikalischen Leistungen von KIRCHHOFF noch unterstrichen, daß KIRCHHOFF eben im Gegensatz zu HELMHOLTZ ein Fachgelehrter lege artis sei und daß er auch eine große Vorliebe für die Vorlesungstätigkeit besitze. HELMHOLTZ sei wohl der genialere Mann, aber dies wurde ihm nicht nur positiv angerechnet, sondern es wurde gesagt, daß er sich jetzt zwar der Physik in steigendem Maße zugewandt habe, daß er aber doch ein in seinen eigenen Entwicklungstendenzen schwer zu überschauender Wissenschaftler von etwas zu universellen Interessen sei. — HELMHOLTZ' bis dahin fundamentalste physikalische Leistungen, seine mathematische Begründung des Energiesatzes und seine physikalische Begründung der Geometrie, galten wohl zum großen Teil als mehr philosophische Bemühungen.

KIRCHHOFF lehnte aber seine Berufung nach Berlin ab, weil er in Heidelberg weiter mit BUNSEN zusammenwirken wollte. Daraufhin erhielt HELMHOLTZ den Ruf. Wenige Jahre später (1875) kam dann auf Veranlassung von HELMHOLTZ auch KIRCHHOFF nach Berlin, und zwar jetzt, den besonderen Interessen

Kirchhoffs entsprechend, als Inhaber des auf Helmholtz' Initiative neugeschaffenen Lehrstuhls für Theoretische Physik und als Kurator des auf Kirchhoffs Entdeckungen aufbauenden neugegründeten Astrophysikalischen Observatoriums in Potsdam.

Die Berufung von Helmholtz anstelle von Kirchhoff nach Berlin hatte also am Ende den großen Erfolg, daß sowohl Helmholtz als auch Kirchhoff in Berlin wirkten und Kirchhoff in Berlin die Theoretische Physik als lehrbares Fach eigentlich erst erfand. (Ihm folgten hierbei Boltzmann in München und dann Kirchhoffs Berliner Nachfolger Planck.)

Obwohl Kirchhoff einer der Großen der Theoretischen Physik ist, war natürlich für die Begründung einer Berliner physikalischen Schule Helmholtz die richtige Persönlichkeit, weil er eben tatsächlich der genialere und umfassendere Denker und Organisator war. Helmholtz reformierte das Berliner Physikalische Institut und war der Gründungspräsident der Physikalisch-Technischen Reichsanstalt. Helmholtz umfaßte die Gesamtheit der Physik von der Mathematik über die Experimentalphysik bis zu den technischen Anwendungen und war gleichzeitig ein wegweisender physikalischer Denker. Trotz seiner Abneigung gegen die Vorlesungstätigkeit war er in seiner Wirksamkeit schulebildend, und einige der bedeutendsten Theoretiker und Experimentatoren gingen aus seiner Schule hervor: Heinrich Hertz, Otto Lummer, Max Planck, Henry Rowland, Abraham Michelson, Willy Wien, Philipp Lenard, Eugen Goldstein u. a. Sowohl als Forscher und Denker wie als Organisator und Anreger erwies sich Helmholtz als Ausnahmeerscheinung, und seine physikalische Wirksamkeit in Berlin hat, das werden wir im einzelnen ausführen, die spätere Entwicklung der neuen Physik entscheidend mitbestimmt.

Als Helmholtz mit der Übernahme der Präsidentschaft der Physikalisch-Technischen Reichsanstalt sein Direktorat des Physikalischen Instituts an der Universität aufgab, folgte ihm dort A. Kundt (1888) (der Lehrer Röntgens). Kundt war ein universell interessierter Experimentator, dessen größte Leistung, seine Entdeckung und Erforschung der anomalen Dispersion des Lichtes, eine fundamentale Bedeutung für die Entwicklung der physikalischen Optik und besonders für die elektromagnetische Lichttheorie und die Elektronentheorie der Materie hatte. — Planck verglich Kundts vielseitiges Interesse an den Grundfragen der Physik, bei denen er besonders nach bisher unbekannten Zusammenhängen zwischen fundamentalen Größen suchte, mit der Denkweise Faradays. In Berlin suchte Kundt u. a. in streng vertraulich bleibenden Experimenten nach möglichen Anisotropie-Effekten bei der Gravitationswirkung an kristallinen Körpern, ausgehend von der Idee, daß das Gravitationsfeld nach dem Vorbild des Faradayschen elektromagetischen Feldes nicht nur die Newtonschen Fernwirkungseigenschaften besitzen sollte, sondern es so etwas wie „diagravitative Effekte" geben müßte. Eine ähnliche Fragestellung lag den (auf Vorschlag von Stokes nicht veröffentlichten) letzten Arbeiten von Faraday über die Beziehungen zwischen dem elektromagnetischen und dem Gravitationsfeld zugrunde. (In beiden Fällen ist es sehr bedauerlich, daß die negativen

Resultate nicht publiziert wurden.) — KUNDTS Versuche wurden in anderer Form z. T. später von EÖTVÖS und ZEEMAN wieder aufgenommen, wobei besonders EÖTVÖS mit höchster Präzision die vollständige Proportionalität von Trägheit und Schwere nachwies — das Fundament der EINSTEINschen Gravitationstheorie[1]. —

Nach KUNDTS frühem Tod (1894) übernahm EMIL WARBURG, der spätere Präsident der Physikalisch-Technischen Reichsanstalt und Entdecker der magnetischen Hysteresis, HELMHOLTZ' ehemaligen Lehrstuhl.

Derjenige Physiker aber, der sich in seiner Art, die fundamentalen Probleme der Physik zu sehen, schließlich und eigentlich als der Erbe von HELMHOLTZ erwies, war MAX PLANCK. Wenn die Begründung der neuen Physik mit einem speziellen Ereignis verknüpfbar ist, so mit dem Datum des Jahres 1900, in dem MAX PLANCK — aus der Ideenwelt von HELMHOLTZ, KIRCHHOFF und BOLTZMANN heraus und fußend auf experimentellen Untersuchungen der Physikalisch-Technischen Reichsanstalt — das elementare Wirkungsquantum konzipierte.

PLANCKS Berufung an die Berliner Universität (1889) als Nachfolger des 1887 verstorbenen KIRCHHOFF wurde von HELMHOLTZ betrieben. PLANCK war aber auch bei HELMHOLTZ erst der dritte auf der Berufungsliste.

An erster Stelle stand auf der Liste der nach KIRCHHOFFS Tod führende deutschsprachige Theoretiker seiner Zeit, LUDWIG BOLTZMANN, mit dem die Verhandlungen schon so weit gediehen waren, daß er als künftig in Berlin Residierender zum Ordentlichen Akademiemitglied gewählt wurde. BOLTZMANN lehnte dann aber schließlich die Berufung nach Berlin ab (vielleicht aus einer Opposition gegen die überragende Stellung von HELMHOLTZ in Berlin) und wurde Ehrenmitglied der Akademie. — Als zweiter auf der Liste stand HELMHOLTZ' großer Schüler HEINRICH HERTZ. HERTZ verzichtete aber, nach Berlin zu gehen, und nahm eine Berufung nach Bonn an, da er nicht nur als Theoretiker, sondern auch als Experimentalphysiker weiterwirken wollte. (In Bonn wurde HERTZ die Leitung des Physikalischen Instituts angeboten.)

Im Vergleich zu diesen großen Physikern war der 1888 erst dreißigjährige PLANCK ein noch ziemlich unbekannter Mann, den HELMHOLTZ aber als großen Kenner der Thermodynamik schätzte, die durch HELMHOLTZ selbst ja so entscheidend gefördert worden war — BOLTZMANN hingegen stand damals auf dem Höhepunkt seiner wissenschaftlichen Wirksamheit. Er hatte seine ersten fundamentalen Arbeiten zur Begründung der kinetischen Gastheorie und statistischen Physik vorgelegt (Arbeiten, die u. a. PLANCK später fortsetzte). — HERTZ hatte

---

[1] Die Fragestellung KUNDTS ist ein Dreivierteljahrhundert später auf der Ebene der Kernphysik und Hochpräzisions-Spektroskopie neu gestellt worden, und zwar — im Sinne von EÖTVÖS — als Frage nach einer eventuellen Anisotropie der Trägheit. Die Größenordnungen der gesuchten Effekte liegen natürlich weit unterhalb der zu KUNDTS (und auch zu EÖTVÖS') Zeiten möglichen Meßgenauigkeiten. Das Wiederauftreten der Fragestellung KUNDTS bewies jedoch die Tiefe seiner physikalischen Gedanken.

gerade (1887) die Großtat der Entdeckung der elektromagnetischen Wellen vollbracht.

Rückwärtsschauend war die Berufung von PLANCK an die Universität anstelle von BOLTZMANN oder HERTZ aber ein glücklicher Umstand; denn HERTZ wurde ja leider nur 37 Jahre alt und starb noch vor HELMHOLTZ; BOLTZMANN war eine sehr komplizierte Persönlichkeit, die große Schwierigkeiten mit ihrer Umwelt hatte, und ein zeitweise seelisch schwer leidender Mann.

Mit der Berufung von PLANCK kam tatsächlich die Entwicklung der Theoretischen Physik des 20. Jahrhunderts nach Berlin, und in der Person PLANCKS kam gleichzeitig derjenige Wissenschaftler, der die Entwicklung der Berliner Physik durch die stetig wachsende Autorität seiner Person gestalten konnte. PLANCK hatte in Berlin auch hochbedeutende Schüler (MAX ABRAHAM, KURD v. MOSENGEIL, ERNST ZERMELO und LISE MEITNER). Der berühmteste war PLANCKS späterer Kollege MAX v. LAUE, der letzte große Träger der Berliner Tradition auf dem Gebiet der Theoretischen Physik. — PLANCKS physikalische Denkweise setzte HELMHOLTZ' Gedankenrichtung fort und führte sie in die Physik des 20. Jahrhunderts über.

Nach dem Tode des Mitbegründers der Physikalischen Chemie, J. H. VAN'T HOFF (1911) war die mit einem für die damalige Zeit sehr gut bemessenen persönlichen Gehalt verbundene Akademiker-Stelle (lt. Statut der Akademie von 1881) frei geworden. Diese der reinen Forschung gewidmete Akademiker-Stelle war eine der wenigen Forschungsaktivitäten, die die Akademie direkt für die physikalische Forschung zur Verfügung stellen konnte. Sie wurde als völlig angemessene Geste dem berühmtesten lebenden deutschen Physiker, WILHELM CONRAD RÖNTGEN, angetragen. Nach einigen Unterhandlungen lehnte RÖNTGEN die Stelle jedoch ab, da er sein Institut und seine Lehrtätigkeit in München bis zum Ende seiner Wirksamkeit beibehalten wollte. RÖNTGEN, 1845 geboren, war ein Mann Mitte 60, der sein großes und bahnbrechendes Lebenswerk im wesentlichen abgeschlossen hatte und naturgemäß keine neue Aufgabe mehr übernehmen wollte.

Es ist offenbar, daß das Angebot an RÖNTGEN einer Verpflichtung der Akademie entsprach. Die Übersiedlung von RÖNTGEN nach Berlin hätte der Berliner Physik aber nur einen weiteren großen Namen hinzugefügt; entscheidend neue Beiträge zu der sich nun voll entwickelnden Umgestaltung des physikalischen Weltbildes wären von der Tätigkeit RÖNTGENS in Berlin nicht mehr zu erwarten gewesen.

Bedeutsam ist der von PLANCK initiierte Entschluß der Akademie, nach der Ablehnung durch den berühmtesten Physiker nun nicht den „Nächstberühmten" zu suchen und nach Berlin holen zu wollen, sondern in einem tatsächlich kühnen Entschluß denjenigen Physiker für die Berliner Akademie zu gewinnen, der sich damals als der revolutionärste Denker und am tiefsten die Fundamente der Physik umbauende Forscher auswies: ALBERT EINSTEIN (1913).

Dieser Entschluß war um so beachtlicher, als PLANCK zwar die überragenden Leistungen von EINSTEIN auf dem Gebiete der statistischen Physik und besonders seine Begründung der speziellen Relativitätstheorie und eine damit verbundene Umgestaltung der Lehre von Raum und Zeit nicht nur voll würdigte, sondern sie selber auch weiter vorantrieb, jedoch den Arbeiten EINSTEINS zu PLANCKS eigener Quantentheorie sowie den Forschungsplänen EINSTEINS zur Entwicklung einer allgemeinen Relativitätstheorie skeptisch und sogar ablehnend gegenüberstand. — Tatsächlich erwiesen sich aber später PLANCK und EINSTEIN — bei allen Differenzen in Einzelheiten — als im Prinzip von denselben erkenntnistheoretischen Positionen und denselben Auffassungen über die Physik ausgehende Denker. Der Entschluß, EINSTEIN zu berufen, war das Bekenntnis zu einer Physik der Prinzipien, zu einer Physik mit letztendlich erkenntnistheoretischer und philosophischer Zielstellung und Denkweise.

Auf Grund von EINSTEINS Berufung nach Berlin wurde die Berliner Akademie in den zwanziger Jahren eine der berühmtesten naturwissenschaftlichen Gesellschaften, weil EINSTEINS Relativitätstheorie erstmals weitesten Kreisen die Umgestaltung des physikalischen Weltbildes bewußt machte und diese Umgestaltung als schlechthin durch EINSTEIN personifiziert angesehen wurde.

Die Reihe der Berufungen der großen Physiker wird in der vorliegenden Publikation abgeschlossen mit der Berufung von ERWIN SCHRÖDINGER als Nachfolger von MAX PLANCK auf dessen Lehrstuhl für Theoretische Physik. Trotz der berühmten Diskussionen[1] zwischen PLANCK und SCHRÖDINGER in der Akademie (1929) war auch SCHRÖDINGER im Grundsatz ein Repräsentant derjenigen Denkrichtung, die HELMHOLTZ, PLANCK, EINSTEIN und LAUE verkörperten. LAUE hatte sich schon 1918 von Frankfurt nach Berlin versetzen lassen; er tauschte seine Frankfurter Professur mit der Berliner Professur von MAX BORN. Auch dieser Tausch ist ein charakteristisches Moment für die Entwicklung der Berliner Physikerschule. LAUE wollte zunächst mit seinem Lehrer PLANCK in engstem Kontakt sein und fühlte sich mit Recht als Geistesverwandter von PLANCK und EINSTEIN sowie als geistiger Schüler von HELMHOLTZ. EINSTEIN, der LAUE zunächst zurückhaltend gegenüberstand, wurde im Laufe der Zeit sein enger Freund. — Der große Theoretiker BORN hingegen hatte (trotz aller persönlichen Beziehungen zu EINSTEIN) eine grundsätzlich andere Denkweise und Auffassung über die erkenntnistheoretische Stellung der Physik, was sich später in der wissenschaftlichen Polemik[2] zwischen ihm und seinem Schüler W. PAULI einerseits und EINSTEIN und LAUE andererseits widerspiegelte. Dementsprechend schätzte BORN auch die historische Entwicklung der Physik anders ein als PLANCK, EINSTEIN und LAUE.

Das besondere Merkmal des Denkstils von HELMHOLTZ, PLANCK und EINSTEIN war zunächst die erkenntnistheoretische Fundierung der physikalischen Pro-

---

[1] MAX PLANCK in seinen Akademie-Ansprachen; Erinnerungsschrift der Deutschen Akademie der Wissenschaften zu Berlin, Berlin 1948, S. 117—124.

[2] ALBERT EINSTEIN, HEDWIG und MAX BORN, Briefwechsel 1916—1955, kommentiert von MAX BORN, München 1969.

blemstellungen. Die entscheidenden Arbeiten von Helmholtz, Planck, Einstein und Schrödinger gingen explizit oder implizit von erkenntnistheoretischen Fragestellungen aus, die die Prinzipien der Physik betrafen. Aber alle diese Physiker pflegten neben der Prinzipienforschung die umfassende Anwendung der physikalischen Prinzipien zur Aufhellung der Prozesse und Strukturen.

Helmholtz, Planck, Einstein, Laue und Schrödinger hatten die grundsätzliche Überzeugung von der unbeschränkten Fähigkeit des Menschen, die Natur sukzessive zu verstehen. Dieses Verstehen erschien Helmholtz als das Zurückführen aller physikalischen Prozesse auf die Prinzipien der Mechanik, die ihrerseits auf einige physikalische Prinzipe zu fundieren war, die erkenntnistheoretische und naturphilosophische Grundaussagen enthielten. Für Helmholtz war hierbei das Kausalitätsprinzip die physikalische Fassung des Leibnizschen Prinzips vom zureichenden Grund und damit die Kausalerklärung notwendiger Inhalt jeder physikalischen Theorienbildung. Das Kausalitätsprinzip reichte also bereits bei Helmholtz im Prinzip weit über die Determinismus-Auffassung der klassischen Mechanik hinaus. In dieser allgemeinen Form haben dann Planck, Einstein, Laue und Schrödinger das Kausalitätsprinzip in die moderne Physik eingeführt und später gegen die positivistische und neo-positivistische Kritik, die sich zum Teil auf die Quantenmechanik stützte, verteidigt.

Helmholtz, Planck und Einstein gingen aber vor allem von der Objektivität des physikalischen Geschehens aus und davon, daß dieses objektive Geschehen sich in Raum und Zeit manifestiert. Die ihren physikalischen Theorien zugrunde liegende erkenntnistheoretische Analyse zeigte aber auch, daß die Art und Weise dieses objektiven Geschehens keineswegs unabhängig von der physikalischen Erfahrung konzipierbar ist, sondern die Erforschung der objektiven Realität die Analyse der Art und Weise, wie die physikalischen Erfahrungen gewonnen werden, voraussetzt. Die Art des Gewinnens der physikalischen Erfahrungen enthält nach der Ansicht von Helmholtz, Planck und Einstein notwendig eine subjektive Komponente, die gleichzeitig auch ein gewisses erkenntnismäßiges a priori für jede physikalische Theorie darstellt, das durch das Handeln der Physiker in die Theorie hineingetragen wird.[1]

Das Ziel ist aber, von diesen notwendigerweise relativen Aussagen zu den absoluten Strukturen vorzustoßen, die alle relativen Erscheinungen letztendlich tragen. Erst durch die Erkenntnis dieser absoluten Strukturen gewinnen dann rückwärts die relativen Aussagen über die erfahrbaren physikalischen Ergebnisse ihre wahre Bedeutung.

Helmholtz, Planck und Einstein waren der Ansicht, daß die Beziehungen zwischen den experimentell erfahrbaren physikalischen Ereignissen und den ihnen zugrunde liegenden absoluten Strukturen sehr komplex sind. Die physi-

[1] Insoweit rezipierten Helmholtz, Planck und Einstein die Wissenschaftsphilosophie Kants, die ja der Versuch einer erkenntnistheoretischen Fundierung der Newtonschen Physik war.

kalischen Theorien sind nach HELMHOLTZ, PLANCK und EINSTEIN nicht einfach Abstraktionen und Generalisierungen der experimentellen Daten, sondern selbständige schöpferische Leistungen des Verstandes von der Art der axiomatisch aufgebauten mathematischen Theorien, jedoch mit dem entscheidenden Unterschied des Anspruches der physikalischen Theorien, in letzter Instanz ein Abbild der von diesem Verstand unabhängigen Realität zu sein. — Diese komplexe Situation ist die Ursache, daß die philosophische und erkenntnistheoretische Analyse des physikalischen Erkenntnisprozesses nach HELMHOLTZ wie nach EINSTEIN einen wesentlichen Teil der physikalischen Prinzipienforschung selbst ausmacht.

Aber auch über das, was als absolute Struktur hinter den relativen physikalischen Ereignissen zu suchen ist, hatten HELMHOLTZ, PLANCK und EINSTEIN grundsätzlich dieselbe Intuition. Zwar unterscheiden sich HELMHOLTZ' ältere Formulierungen (vor allem aus seinen früheren Jahren), nach denen alles auf die Prinzipien der Mechanik zurückzuführen ist, durch ihren geringeren Abstraktionsgrad von EINSTEINS Forderung der Zurückführbarkeit der Physik auf allgemeine objektive und objektivierbare Strukturen in Raum und Zeit. HELMHOLTZ, PLANCK und EINSTEIN sahen im Auffinden der allgemeinen Prinzipien und Strukturen, in denen sich die Einheit der objektiven Realität widerspiegelt, das Ziel der Physik, das unabhängig von den verschiedenen Abstraktionsstufen besteht.

Es war evident, daß ein solches allgemeines physikalisches Prinzip entsprechend der Abhängigkeit des Inhalts der Physik von der wachsenden empirischen Erfahrung nur eine hochabstrakte Form haben konnte. Alle drei Physiker akzeptierten wohl ein physikalisches Prinzip als fundamental und notwendig, wenn selbstverständlich auch nicht hinreichend für jede umfassende physikalische Theorie, nämlich das Prinzip der kleinsten Wirkung (HAMILTONsches Prinzip).

Die Geschichte des Prinzips der kleinsten Wirkung ist bekanntlich mit der Geschichte der Berliner Akademie aufs engste verbunden. Der Begründer der Akademie, LEIBNIZ, hatte dieses Prinzip als ein Grundprinzip der Mechanik und der Naturphilosophie vorwegnehmend formuliert und es aus allgemein-philosophischen Grundsätzen, besonders aus dem Prinzip vom zureichenden Grund, herzuleiten unternommen. Allgemein bekannt sind auch die Wiederentdeckung dieses Prinzips durch den Akademie-Präsidenten MAUPERTUIS und die sich an MAUPERTUIS' Behauptung seiner Priorität und an die Vageheit der Formulierungen MAUPERTUIS' anschließende Polemik, bei der VOLTAIRE und Friedrich II. die Hauptakteure waren. EULER, der — als Gegner von LEIBNIZ' Philosophie — für MAUPERTUIS eintrat, gab hierbei die erste mathematisch korrekte Formulierung des Prinzips, und EULERS Nachfolger in Berlin, LAGRANGE, schuf mit seinen allgemeinen Bewegungsgleichungen denjenigen Apparat der analytischen Mechanik, den dann HAMILTON zu seiner abschließenden Formulierung der umfassendsten und leistungsfähigsten Form dieses Prinzips in Mechanik und Optik verwandte. — Das Akademiemitglied JACOBI hatte wesentlichen Anteil an der Entstehung und der Weiterentwicklung der HAMILTONschen Theorie gehabt.

Für LEIBNIZ (und auch für MAUPERTUIS) war das Prinzip der kleinsten Wirkung ein fundamentales Prinzip der Naturerklärung überhaupt. Explicite war es aber nur formuliert worden für die Mechanik (und durch HAMILTON auch für die Optik). — Indem HELMHOLTZ zunächst von der Vorstellung ausging, daß die gesamte Physik auf die Mechanik reduzierbar sein muß, erkannte er das Prinzip der kleinsten Wirkung als ein allgemeines physikalisches Prinzip, das eine Synthese der physikalischen Theorien erlaubte. Im Verlaufe seiner Forschungen wurde für HELMHOLTZ das Wirkungsprinzip immer fundamentaler und unabhängig von der hypothetischen Mechanisierbarkeit der Physik.[1] HELMHOLTZ konnte zeigen, daß neben Mechanik und Optik auch der Inhalt von Thermodynamik und Elektrodynamik aus einem Prinzip der kleinsten Wirkung herleitbar sind, wobei die Struktur der Wirkungsfunktion vollständig aus allgemeinen physikalischen Prinzipien und aus den fundamentalen Eigenschaften der zu beschreibenden physikalischen Prozesse herzuleiten war. Das Wirkungsprinzip bei HELMHOLTZ wurde so unabhängig von der Mechanik, und die HAMILTON-LAGRANGEsche Wirkungsfunktion der Mechanik war nur noch ein Spezialfall des von HELMHOLTZ so genannten „kinetischen Potentials".

In dem Prinzip der kleinsten Wirkung sah, HELMHOLTZ fortsetzend, auch PLANCK das durchgehende fundamentale Prinzip der Physik.

Auf Grund dieser Einsicht war PLANCK die Bedeutung, die die Größe „Wirkung" in der Physik hat, klar geworden. Dies ermöglichte ihm, das elementare Wirkungsquantum als physikalische Fundamentalkonstante zu erkennen und dieses Wirkungsquantum mit der Quantenstruktur des Phasenraumes in Verbindung zu bringen. PLANCK sah in seiner Quantentheorie eine Theorie einer atomistischen Struktur der Wirkung; diese erwies sich als Grundlage der atomistischen Struktur der Materie überhaupt.

PLANCK bemerkte ferner, daß das Prinzip der kleinsten Wirkung in seiner von HELMHOLTZ gegebenen Form auch in die relativistische Physik übertragbar ist, da die Wirkung (das Produkt von Energie und Zeit bzw. von Impuls und Ort) eine invariante Struktur der Raum-Zeit-Welt ist. Das Wirkungsprinzip war also gemäß PLANCK ein Schlüssel zur Quanten- wie zur Relativitätstheorie.

Auch für EINSTEIN war das Prinzip der kleinsten Wirkung der fundamentale Zugang für die Formulierung der physikalischen Theorien. Seit der Aufstellung des Wirkungsprinzips für seine allgemein-relativistischen Gravitationsgleichungen (durch HILBERT und EINSTEIN selbst) suchte EINSTEIN im Sinne von HELMHOLTZ die universelle Form des HAMILTONschen Prinzips, das „kinetische Potential", aus dem alle fundamentalen Gleichungen der Physik einheitlich hergeleitet werden können. Die physikalischen Grundprinzipien waren für

---

[1] Vgl. Vorwort von H. v. HELMHOLTZ zu H. HERTZ; Die Prinzipien der Mechanik in neuem Zusammenhange dargestellt, hrsg. von P. LENARD, Leipzig 1910, 2. Auflage.

EINSTEIN — wie schon für HELMHOLTZ — insbesondere diejenigen Symmetrieforderungen, denen das Wirkungsprinzip zu genügen hat. Als formales Endziel der Physik erschien auch bei EINSTEIN die Angabe einer durch ihre Symmetrien ausgezeichneten einheitlichen Wirkungsfunktion, womit sich EINSTEINS programmatische Physikvorstellung direkt an die Ideen von LEIBNIZ anschließt.

Ein weiterer gemeinsamer Aspekt des physikalischen Denkens von HELMHOLTZ, PLANCK und EINSTEIN, LAUE und SCHRÖDINGER war daher das Aufsuchen fundamentaler Symmetrien der Physik, von denen HELMHOLTZ, PLANCK und EINSTEIN zeigten, daß diese Fundamental-Strukturen notwendigerweise eine absolute und invariante Bedeutung haben, die hinter allen der Relativität unterworfenen speziellen Darstellungen des physikalischen Geschehens steht.

HELMHOLTZ hatte den Zusammenhang der fundamentalen Symmetrien des dreidimensionalen Raumes mit den Grundprinzipien der physikalischen Meßoperationen einerseits und den Grundgesetzen der klassischen Dynamik andererseits aufgezeigt. EINSTEIN und PLANCK erkannten, daß dieser Gedankengang sich dann vollendet, wenn nicht die Strukturen des dreidimensionalen Raumes, sondern die Strukturen der vierdimensionalen Raum-Zeit-Welt zugrunde gelegt werden. Die physikalischen Prozesse und die sie bestimmenden Gesetze haben genauso wie die sie erfassenden Meßoperationen immer raum-zeitlichen Charakter. HELMHOLTZ hatte bemerkt, daß die Struktur des Raumes die Lagebeziehungen zwischen den physikalischen Körpern bestimmen. EINSTEIN und PLANCK dehnten dies auch auf die Kausalbeziehungen zwischen den raumzeitlichen Ereignissen aus.

Schließlich war den großen Berliner Theoretikern, HELMHOLTZ, KIRCHHOFF, PLANCK, EINSTEIN, v. LAUE und SCHRÖDINGER sowie den physikalischen Chemikern J. H. VAN'T HOFF und WALTHER NERNST die Überzeugung von der fundamentalen Bedeutung und der ausgezeichneten Stellung der Thermodynamik im Gesamtgebäude der Physik gemeinsam. Wesentliche Arbeiten aller dieser Physiker bezogen sich auf Fragen der Thermodynamik und der sie begründenden statistischen Physik. Genauso wie HELMHOLTZ den Energiesatz als erstes Hauptgesetz der Thermodynamik in alle Gebiete der Physik übertragen hatte, taten dies PLANCK, EINSTEIN und v. LAUE mit dem zweiten Hauptsatz der Thermodynamik, dem Entropiesatz, und die physikalische Fundierung der Chemie durch die Thermodynamik war zu einem großen Teil eine Leistung von HELMHOLTZ, PLANCK, VAN'T HOFF und NERNST. (PLANCK baute hierbei auch die Ideen von J. W. GIBBS, die weitgehend unbeachtet geblieben waren, in die Fundamente der chemischen Thermodynamik ein.)

Ein zentrales Problem war nach PLANCK auch hierbei der Übergang von relativen Größen und Differenzwerten zu der absoluten Bestimmung der thermodynamischen Größen, was als eine der großen Leistungen der Atomistik und der PLANCKschen Quantentheorie in den experimentellen und theoretischen Arbeiten von NERNST zum dritten Hauptsatz der Wärmelehre sowie durch die theoretischen Arbeiten von PLANCK und EINSTEIN zur Quantenthermodynamik gelang.

Als ein fundamentales Problem der Physik erkannte PLANCK — auf BOLTZMANN aufbauend — die Definition der Zeitrichtung in der Physik, die mit der Irreversibilität der wirklichen (makroskopischen) Naturprozesse verbunden ist. PLANCK und EINSTEIN unterschieden daher zwischen dynamischen (zeitumkehrbaren) und statistischen (in einer Zeitrichtung ablaufenden) physikalischen Gesetzlichkeiten. Dieses große Problem ist Gegenstand zahlreicher Arbeiten von PLANCK, EINSTEIN, LAUE und SCHRÖDINGER und ihrer Mitarbeiter. Die große Diskussion zwischen BOLTZMANN, POINCARÉ, PLANCK und dessen Schüler E. ZERMELO (um 1895) über Zeitrichtung und Zeitumkehrbarkeit in der Thermodynamik bestimmte nicht nur die weitere Entwicklung der statistischen Physik (GIBBS, EINSTEIN, v. SMOLUCHOWSKI, EHRENFEST), sondern warf die Problematik der Zeitrichtung und der Irreversibilität in der Mikrophysik auf, die auch heute noch im Brennpunkt der theoretischen Forschung steht.

Im Rahmen der Geschichte der Thermodynamik ist, wie LAUE einmal bemerkte, die Geschichte der Theorie der Wärmestrahlung im wesentlichen „made in Germany", und der Großteil dieser Geschichte ist mit der Berliner Physik verbunden. Der Entdecker der elementaren Gesetze der Wärmestrahlung, KIRCHHOFF, wurde als erster Ordinarius für Theoretische Physik nach Berlin berufen. In der von HELMHOLTZ und dann von KOHLRAUSCH geleiteten Physikalisch-Technischen Reichsanstalt begründete WILLY WIEN (1893) experimentell und theoretisch sein Verschiebungsgesetz, das das Frequenzmaximum und die absolute Temperatur eines schwarzen Strahlers miteinander verbindet. WIEN entwickelte hierbei 1896 seine semi-empirische Formel für die Energieverteilung eines schwarzen Strahlers. 1899 führten dann LUMMER und PRINGSHEIM auf Veranlassung der Berliner Elektro-Industrie (insbesondere von EMIL RATHENAU) Messungen zur Energieverteilung eines schwarzen Strahlers durch. Diese bildeten zusammen mit den an der Berliner Universität von RUBENS und KURLBAUM (1900) ausgeführten Messungen das empirische Fundament des (zunächst als semi-empirische Formel) von PLANCK angegebenen Strahlungsgesetzes (unter Verwendung des WIENschen Gesetzes). Sein Strahlungsgesetz begründete PLANCK dann thermodynamisch und elektrodynamisch mit Hilfe der fundamentalen Hypothese der Quantlung der Wirkung und der hieraus folgenden Quantlung der Energiestufen eines Oszillators (1900).

EINSTEIN leitete aus der PLANCKschen Quantentheorie 1905 die Lichtquantentheorie (Photonentheorie des Lichtes) her. Auf Grund dieser Hypothese und auf Grund der von PLANCK geschaffenen „halbklassischen" Quantenstatistik konnte EINSTEIN dann 1917 das PLANCKsche Strahlungsgesetz als erste Konsequenz der quantenphysikalischen Dualität von Partikeln- und Wellen-Bild herleiten und dabei aus dem PLANCKschen Gesetz und dem BOHRschen Atommodell den Begriff der Übergangs-Wahrscheinlichkeiten als Äquivalent der klassischen Dipolstärken definieren sowie die Existenz der induzierten Emission ableiten. Diese Arbeit bietet bekanntlich die Grundlagen zur Maser- und Laser-Optik. — Mitten in diese Entwicklung gehören u. a. auch die Untersuchungen von M. v. LAUE, die die Gültigkeit des Entropie-Prinzips für die kohärente elektromagnetische Strahlung nachwiesen (1907), sowie die von PLANCK abgeschlossenen Untersuchungen seines Schülers v. MOSENGEIL (1907) über Energie und Impuls der schwarzen Strahlung und auch LAUES spätere speziell-relativistische Begründung des WIENschen Verschiebungsgesetzes. Die Theorie der Wärmestrahlung wurde so zu einem abgeschlossenen Gebiet der Physik, das seinerseits eine Brücke zwischen der klassischen Strahlungstheorie und der Quantenelektrodynamik war.

Die Geschichte der Theorie der Wärmestrahlung ist ein charakteristisches Beispiel für die Entwicklung der Physik von 1870 bis 1930. In den ersten 25 Jahren dieses Zeitraumes bereitete sich inhaltlich und methodisch, experimentell und theoretisch-konzeptionell sowie historisch-kritisch und erkenntnistheoretisch die Umgestaltung des physikalischen Weltbildes vor. Die revolutionäre Krisis in der Physik konzentriert sich etwa auf die Jahre 1895 bis 1905; das folgende Vierteljahrhundert brachte dann die Begründung, den Ausbau, die Anwendungen und den vorläufigen Abschluß derjenigen Ideengebäude, die um 1900 konzipiert oder vermutet wurden.

In den Jahren nach 1870 begannen zunächst die Rezeption, der Ausbau und schließlich der experimentelle Beweis der Feldtheorie der Elektrodynamik von FARADAY und MAXWELL. An dieser Entwicklung waren HELMHOLTZ, KIRCHHOFF und vor allem HEINRICH HERTZ entscheidend beteiligt. HERTZ bewies nicht nur experimentell die MAXWELLschen Gleichungen und die aus ihnen folgende elektromagnetische Lichttheorie, sondern gelangte auch zu der grundsätzlichen Konzeption der Priorität des Feldbegriffs vor dem NEWTONschen Begriff der Partikeln mit Fernwechselwirkung. HERTZ stellte der Fernwirkungs-Konzeption das aus der Feldtheorie hergeleitete Lokalitätsprinzip gegenüber und forderte die Fundierung der gesamten Physik — einschließlich der Mechanik und der Gravitationstheorie — auf dem Lokalitätsprinzip. Die Erfüllung dieser Forderung ist der Zentralpunkt der EINSTEINschen Relativitätstheorie geworden.

Die mit dem Feldbegriff und der Lokalitätsforderung verbundenen Schwierigkeiten für die Raum-Zeit- und Wechselwirkungs-Konzeptionen der klassischen Physik wurden in den Arbeiten von HERTZ, HELMHOLTZ, POINCARÉ, LORENTZ und von PLANCKS Schüler MAX ABRAHAM evident.

Die empirische Überprüfung dieser Problematik wurde nach MAXWELL besonders von HELMHOLTZ gefordert, und der damalige Mitarbeiter an HELMHOLTZ' Institut, A. A. MICHELSON, führte erstmals (1881) in Berlin und Potsdam seinen klassisch gewordenen Versuch über die Unabhängigkeit der elektromagnetischen Wellen von den mechanischen Bewegungen durch. In der hierdurch zum Problem gewordenen Elektrodynamik bewegter Medien standen sich HERTZ' Konzeption einer streng GALILEI-invarianten Feldtheorie ohne Vakuum und die Absolutheitstheorie von LORENTZ, die die atomistische Struktur der elektrischen Ladungen berücksichtigte, gegenüber. Die Auflösung des Problems ergab die neue erkenntnistheoretische Analyse der Begriffe von Raum, Zeit und Bewegung, die EINSTEIN vollbrachte. Diese führte zur Elektrodynamik bewegter relativistischer Medien von EINSTEIN, PLANCK und MINKOWSKI.

Die kritische Analyse der Grundlage der allgemeinen Dynamik war eine weitere große Leistung der Physik des späten 19. Jahrhunderts. Große Bedeutung für die weitere Entwicklung der Physik gewannen die historisch-kritischen Arbeiten von Carl Neumann und L. Lange in Leipzig, H. v. Seeliger (München) und besonders die von Ernst Mach (in Prag und Wien) sowie die etwas späteren Untersuchungen von Poincaré in Paris.

Helmholtz hatte diese erkenntnistheoretische Analyse durch die Einbeziehung der Problematik der physikalischen Bedeutung und der Erfahrbarkeit der geometrischen Struktur des Raumes entscheidend bereichert. Er verschmolz Riemanns Frage nach der Begründung der nicht-euklidischen Geometrien mit den Grundprinzipien der Physik und machte konzeptionell die Geometrie zu einem empirisch erforschbaren Teil der Physik, nämlich zur Lehre von der Lagerbarkeit der starren Körper (1868). Damit identifizierte Helmholtz den physikalischen Begriff des starren Körpers mit dem der metrischen Struktur des Raumes. Diese Synthese von Physik und Geometrie wurde durch die Untersuchungen von Poincaré über die erkenntnis-theoretische Summe von Geometrie und Dynamik zu einem direkten Anstoß zur späteren Begründung der allgemeinen Relativitätstheorie durch Einstein. — Schon vorher hatte Hertz (1894) in seinem letzten Werk über die „Mechanik“[1] — Helmholtz' Untersuchungen über die verborgenen zyklischen Bewegungen aufnehmend — die Konzeption einer „kräftefreien geometrischen“ Dynamik begründet.

Gleichzeitig nahmen die Astronomen, so F. Zöllner in Leipzig und später (1909) das Akademiemitglied Karl Schwarzschild in Potsdam, die Frage der metrischen Struktur des Raumes als himmelsmechanisches und astronomisches Problem auf und konzipierten die kosmologische Idee eines Krümmungsradius des Weltraumes. —

Die entscheidende Wendung, die Einstein in diese Diskussion brachte, war die Synthese der Ergebnisse der kritischen Untersuchungen der Mechanik besonders durch Mach mit der Formulierung der Prinzipien einer streng lokalen Feldtheorie. Diese Synthese verlangte die Ausweitung der konzipierten nichtklassischen Strukturen vom dreidimensionalen Raum auf das (vierdimensionale) Raum-Zeit-Kontinuum und damit die Verschmelzung der Untersuchung der Lagerbarkeit der Körper mit der Untersuchung der möglichen kausalen Wechselbeziehungen zwischen den Ereignissen.

Dies führte zu Einsteins Nachweis der logischen Möglichkeit und der physikalischen Gebotenheit einer nicht-newtonschen Definition des Begriffes der Gleichzeitigkeit von Ereignissen, wodurch der Anschluß an die Maxwell-Hertzsche Elektrodynamik und an die Lorentzsche Elektronentheorie gewonnen und die spezielle Relativitätstheorie als Theorie der Beziehungen zwischen Raum, Zeit und Kausalität begründet wurde (1905).

---

[1] Vgl. Einleitung S. 20, Anmerkung.

Die zweite große Entwicklungslinie der Physik im letzten Drittel des 19. Jahrhunderts war die Begründung der Atomistik, die bereits damals zu der Einführung von statistischen Gesetzlichkeiten in die Grundlagen der Physik führte. Die Grundlage der Atomistik ergab sich zunächst aus der Chemie, beginnend mit DALTON und seinen Zeitgenossen. Die Krönung der chemischen Atomistik war um 1870 die Begründung der Strukturtheorien (AUGUST KEKULÉ v. STRADONITZ) und besonders die Entdeckung des periodischen Systems der Elemente durch DIMITRIJ MENDELEJEW (1869/70) und LOTHAR MEYER (1868/69), welche auf die Gesetzmäßigkeiten der inneren Struktur der Atome hinwiesen. — Die großen Begründer der physikalischen Chemie, besonders W. OSTWALD, standen aber der Atomistik zunächst skeptisch oder ablehnend gegenüber, und ein Teil der Geschichte der Physik des letzten Drittels des vorigen Jahrhunderts ist die Auseinandersetzung um die Anerkennung der atomaren Struktur der Materie und der daraus folgenden statistischen Begründung der Thermodynamik. Diese Auseinandersetzung war gleichzeitig ein Kampf für das naturwissenschaftlich-materialistische Weltbild, das die Atomisten, an ihrer Spitze LUDWIG BOLTZMANN, vertraten, und gegen die positivistischen und ähnlichen Modeströmungen in der Naturphilosopie.

Die naturwissenschaftlichen Vertreter der positivistischen Leugnung des Atomismus und der Fundierbarkeit der Physik auf den verallgemeinerten Grundgesetzen der klassischen Mechanik, wie MACH, POINCARÉ und OSTWALD, hatten das positive Verdienst ihrer kritischen Analyse der Grundlagen der klassischen Mechanik und trugen hierdurch wesentlich dazu bei, daß die Grundlagen der Physik nicht schlechthin mit den Prinzipien der Mechanik identifiziert wurden. Jedoch wirkte sich die Leugung der atomaren Struktur der Materie durch MACH und OSTWALD und besonders ihre teilweise Leugnung der Existenz objektiver Naturgesetze ebenso hemmend auf die Entwicklung zahlreicher Gebiete der Physik aus. Diese negative Rolle von MACH, OSTWALD und ihren Anhängern veranlaßten den harten und unter großem persönlichem Einsatz zunächst von L. BOLTZMANN und dann später von M. PLANCK geführten Kampf um die Anerkennung der objektiven Naturgesetze und die Durchsetzung der Erkenntnis der atomaren Struktur der Materie. BOLTZMANN hat sich in diesen Auseinandersetzungen aufgerieben. Sein Freitod 1906 fällt tragischerweise gerade in den Zeitraum, in dem BOLTZMANNS Errungenschaften allgemeine Anerkennung zu finden begannen.

Ein tragisches Moment in der Geschichte dieser Auseinandersetzungen waren die langjährigen Mißverständnisse zwischen BOLTZMANN und PLANCK, die darauf beruhten, daß PLANCK mehrere Jahre lang nicht BOLTZMANNS statistisch-atomistische Herleitung der Irreversibilität der thermodynamischen Prozesse und damit den rein statistischen Charakter des zweiten Hauptsatzes der Thermodynamik akzeptieren wollte, während BOLTZMANN PLANCKS Ansätzen zu einer thermodynamischen Begründung der Strahlungstheorie ziemlich ablehnend gegenüberstand. — PLANCK hatte später das größte Verdienst um die volle Anerkennung von BOLTZMANNS Werk: Die Bezeichnung der fundamentalen

Konstante der statistischen Physik und der kinetischen Gastheorie als „Boltzmann-Konstante" stammt von Planck. Durch die Plancksche Theorie der Wärmestrahlung wurde die Boltzmannsche Konstante unmittelbar berechenbar. In Plancks Strahlungsgesetz gehen Boltzmann-Konstante und Plancksche Konstante in gleicher Weise ein.

Die physikalische Begründung der Atomistik entstand aus der mechanischen Wärmetheorie von Mayer, Helmholtz und Clausius, die Maxwell, Kelvin und Boltzmann auf die kinetische Gastheorie und damit auf die atomistische Struktur der Materie zurückführten. Diese Zurückführung der Thermodynamik auf die Mechanik gelang aber nur durch die Ergänzung der dynamischen Naturgesetzlichkeiten der Newtonschen Physik durch statistische Gesetzlichkeiten, die auf Boltzmanns fundamentaler Hypothese der „elementaren Unordnung" beruhten. Maxwell und insbesondere Boltzmann schufen so die statistische Physik von ungeordneten Teilchen-Kollektiven. Boltzmann, Gibbs, etwas später Planck sowie besonders der junge Einstein in seinen ersten Arbeiten von 1902 bis 1905 konnten dann zeigen, auf welche Weise die Gesetze der Thermodynamik und die von Helmholtz, Gibbs und Planck definierten thermodynamischen Potentiale auf die statistische Physik und damit auf die Atomistik zurückgeführt werden konnten.

Ein vorläufiger Abschluß war in den Jahren nach 1900 die aus Ideen von Boltzmann, Gibbs, empirisch durch J. Perrin und theoretisch durch Einstein und M. v. Smoluchowski begründete Theorie der thermodynamischen Schwankungen, in der der statistische Charakter der thermodynamischen Gesetze und die atomistische Struktur der Materie unmittelbar erkennbar wurden (1905/07). Dieser erste Abschluß der Begründung der Atomistik erfolgte also gleichzeitig mit dem Beginn der Erforschung der inneren Struktur der Atome.

Diese Erforschung der Atomstruktur hat mehrere sich ergänzende und in engeren Wechselwirkungen stehende Ursprünge, die zu einem wesentlichen Teil wieder mit der Berliner Physik verbunden sind.

Auf Grund der Faradayschen Äquivalenzgesetze in der Elektrochemie wies Helmholtz in seiner Faraday-Vorlesung 1881 darauf hin, daß bei Anerkennung der atomistischen Struktur der Materie aus den Faradayschen Gesetzen auch eine atomistische Struktur der Elektrizität, d. h. die Existenz elektrischer Elementarquanten, folgt. Damit wurden die schon besonders von Gustav Theodor Fechner und W. Weber hypothetisch konzipierten kleinsten Teilchen der Elektrizität, die späteren Elektronen, erstmals als physikalisch notwendig nachgewiesen. Die elektrische Elementarladung war, wie Helmholtz ebenfalls bemerkte, mit Hilfe der atomistischen Vorstellungen aus den Faradayschen Äquivalenzgesetzen direkt berechenbar. Die Vorstellung der Existenz von Elektronen sowie von schwereren geladenen Teilchen, den Ionen, entstand einerseits aus der Elektrochemie (hierzu gab F. Kohlrausch, der spätere Präsident der Physikalisch-Technischen Reichsanstalt, wichtige Beiträge) und andererseits aus den Untersuchungen der sogenannten Gasentladungen (beginnend mit Plücker und vor allem mit Hittorf). Besonderen Anteil hatte in

Berlin HELMHOLTZ' Schüler EUGEN GOLDSTEIN, der Entdecker (1886) der aus positiv geladenen Ionen bestehenden Kanalstrahlen, während HITTORF der Entdecker der aus Elektronen bestehenden Kathodenstrahlen ist. (HITTORF verband die aus seinen elektrochemischen Untersuchungen gewonnenen Ergebnisse mit Untersuchungen der Gasentladungen.) An der Erforschung der Kathodenstrahlen waren HERTZ und besonders sein Schüler LENARD wegweisend beteiligt. HERTZ und LENARD ließen (1893) die Elektronen aus der Entladungsröhre ins Vakuum austreten (sogenanntes LENARD-Fenster). Der eigentliche Entdecker der freien Elektronen war jedoch JOSEF J. THOMSON, der endgültig nachwies, daß die Elektronen geladene Teilchen sind, deren Massen sehr viel kleiner sind als die Masse eines Atoms (1897).

Die experimentellen und theoretischen Schwierigkeiten, die mit der Entwicklung der Elektrodynamik und der Elektronentheorie verbunden waren, zeigten sich deutlich in der Geschichte der Elektrodynamik und Elektronentheorie von WEBER über HELMHOLTZ und HERTZ bis LORENTZ und EINSTEIN.

HELMHOLTZ, dem wir — wie gesagt — die Konzeption der elektrischen Elementarladung verdanken, führte auf Grund der von ihm gewonnenen Einsichten in die Bewegung freier elektrischer Ladungen und insbesondere auf Grund seiner Erkenntnis, daß im Gegensatz zu den Ansichten von WEBER und RIEMANN die GALILEIschen Bewegungsgesetze für die Bewegung elektrischer Ladungen nicht zutreffen könnten, eine scharfe Polemik mit den Göttinger und Leipziger Physikern um W. WEBER und CARL NEUMANN. (Hierbei unterstützte CLAUSIUS in Bonn prinzipiell die Position von HELMHOLTZ.) Auf Grund seiner Einsichten über die notwendigen Bedingungen für eine Elektrodynamik war HELMHOLTZ dann in der Lage, MAXWELLS Elektrodynamik mit als erster in Deutschland voll zu rezipieren und entscheidende experimentelle Fragestellungen bezüglich der MAXWELLschen Theorie zu formulieren, die durch die Versuche von RÖNTGEN (1885), ROWLAND und MICHELSON (die — wie gesagt — mit HELMHOLTZ' Wirken eng verbunden sind) beantwortet wurden.

Die wichtigsten dieser Fragestellungen bearbeitete aber HEINRICH HERTZ. Schon die ersten experimentellen Arbeiten, die HERTZ in HELMHOLTZ' Berliner Universitätsinstitut ausführte, bezogen sich auf die dynamischen Eigenschaften der elektrischen Ladungsträger. HERTZ' Ergebnisse schränkten in Übereinstimmung mit HELMHOLTZ' Vermutungen die Möglichkeiten der WEBER-NEUMANNschen Konzeption zur Elektrodynamik ein (1880/81).

HERTZ gelangte hierdurch aber zu dem Schluß, daß die Konzeption der Elektronen als atomistischer Teilchen grundsätzlich fragwürdig sei, und glaubte, durch seine späteren Versuche in Karlsruhe und Bonn nachweisen zu können, daß die Kathodenstrahlen in Wahrheit nicht die schnelle Bewegung kleiner Ladungsträger, sondern Ätherwellen, aber von anderem Typ als die von ihm entdeckten elektromagnetischen Wellen, seien. Auch HERTZ' Schüler LENARD, der die Wechselwirkung der Kathodenstrahlen mit der Materie untersuchte, gelangte von selbst nicht zu der Erkenntnis, daß die Kathodenstrahlen bewegte Elektronen sind. Er mußte dieses Ergebnis vielmehr erst von THOMSON, LORENTZ und

Langevin erlernen, schrieb sich dann aber später selbst zu Unrecht die Entdeckung der freien Elektronen zu.[1]

Für Hertz war die Hypothese einer kontinuierlichen Struktur der Elektrizität feldtheoretisch begründet. Auf Grund seiner Einsichten in die Fundamente einer Feldtheorie glaubte Hertz, die von ihm sehr richtig gesehenen großen Schwierigkeiten vermeiden zu müssen, die jeder Versuch, das kontinuierliche Feld mit diskreten Feldquellen zu vereinen, mit sich bringt. Helmholtz' Konzeption der atomistischen Elektronen führte dagegen auf die Elektronentheorie von Lorentz (1895), in der die von Hertz vermiedene Dualität scharf ausgeprägt ist. Die kinematischen Schwierigkeiten der Lorentzschen Theorie wurden zehn Jahre später durch die spezielle Relativitätstheorie Einsteins und die Einstein-Minkowskische Elektrodynamik bewegter Medien überwunden. Die grundsätzliche Problematik dieser Dualität wurde aber gerade durch Einsteins Relativitätstheorie erst völlig herausgearbeitet. Die späteren Versuche von Einstein, Hilbert, Mie u. a., zu einer einheitlichen Feldtheorie der Materie zu kommen, waren der Versuch, die Dualität von „Feld und Materie" zu überwinden. Das gleiche Problem nahm dann die speziell-relativistische Quantenelektrodynamik Diracs und allgemein die Quantentheorie der Felder wieder auf. Eine Auflösung der bereits von Hertz und Einstein erkannten Grundproblematik ist aber auch heute noch das große Problem der Physik.

Eine erste Synthese der Maxwell-Hertzschen Elektrodynamik mit der Entdeckung der Elektronen war die Elektronentheorie von Lorentz (1895), deren Ausbau Emil Wiechert und Plancks Schüler Abraham stark förderten. Die Anwendung der Grundgesetze der Elektrodynamik auf die Bewegungsgleichungen der Elektronen führte, wie Lorentz, Abraham und Poincaré zeigten, auf ein Trägheitsverhalten, das von dem der klassischen Newtonschen Partikeln völlig verschieden ist. Die elektrodynamische Trägheit der Elektronen wurde durch die Versuche u. a. von Kaufmann, Bucherer und Wiechert experimentell bestätigt. Der Abschluß dieser Entwicklung war wiederum die spezielle Relativitätstheorie Einsteins und die auf Grund der Einsteinschen Prinzipien dann von Planck und Minkowski angegebene allgemeine Form einer relativistischen Mechanik (1905—1908).

Mit der Erforschung der Kathodenstrahlen waren einige umwälzende Entdeckungen verbunden, die die revolutionäre Krise der Physik um 1900 direkt auslösten, so die Entdeckung der Röntgenstrahlen 1895 mit ihren ungewöhnlichen und unerwarteten Eigenschaften. Diese Entdeckung war die direkte und indirekte Ursache für eine Anzahl weiterer fundamentaler Entdeckungen.

---

[1] Lenard führte hierbei eine unqualifizierte Polemik gegen seine Vorgänger. Eine noch schärfere Polemik führte er bald darauf gegen Röntgen, um sich selbst das Verdienst zuzuschreiben, der eigentliche Entdecker der Röntgenstrahlen zu sein. — In diesem Verhalten zeigten sich bereits die unerfreulichen Charaktereigenschaften Lenards, die mit seiner Haßkampagne gegen Einstein und die gesamte moderne Physik und seiner prononcierten Unterstützung des Hitler-Faschismus endeten.

Aus der bereits von RÖNTGEN erforschten Durchlässigkeit der Stoffe gegenüber seinen Strahlen und den von RÖNTGEN entdeckten ungefähren Absorptionsgesetzen war bereits erkennbar, daß die Atome keine kompakten Gebilde sein konnten, sondern ein Vakuum mit einigen Kräftezentren. — Diese Vorstellungen bestätigten LENARDs Untersuchungen über Absorption und Streuung der Kathodenstrahlen, und es zeichnete sich die Notwendigkeit dynamischer Atommodelle ab.

Daß die Atome eine komplizierte Struktur haben, ergaben auch die Untersuchungen der Spektroskopiker, also der Ausbau der von KIRCHHOFF begründeten Spektralanalyse. Die Vorstellungen über die Atomstruktur, wie sie die Untersuchungen der Röntgen- und Kathodenstrahlen und die Elektronentheorie einleiteten, mußten auch zu Atommodellen führen, nach denen die empirischen Regeln für die Spektren der einzelnen Elemente verständlich wurden, und gleichzeitig der Zusammenhang der Eigenschaften dieser Elemente gemäß dem periodischen System. Es war bereits um 1900 ein offenes Geheimnis, daß diese Struktur der Gesetze der Materie eine Dynamik erfordern würde, die sowohl von der NEWTONschen Mechanik wie von der MAXWELL-LORENTZschen Elektrodynamik verschieden war.

PLANCKs Entdeckung des elementaren Wirkungsquantums erwies sich als der Schlüssel für diese neue Dynamik. Während PLANCK aber zeitweilig noch versuchte, die Existenz des elementaren Wirkungsquantums — und damit die Quantlung der Energie — auf die inneratomare Struktur zurückzuführen, nahm als erster EINSTEIN den radikalen Standpunkt ein, daß vielmehr die atomare Struktur der Materie aus der PLANCKschen Quantlung der Wirkung herzuleiten sei. Entsprechend der PLANCKschen Quantlung des Phasenraumes müßten alle Größen, die die Dimension einer Wirkung hätten, gequantelt sein. EINSTEIN entwickelte 1905 auf Grund der PLANCKschen Quantenhypothese die Existenz einer atomaren Struktur des Lichtes und allgemein aller elektromagnetischen Wellenfelder. Das empirische Fundament dieser Lichtquantentheorie waren für EINSTEIN die Untersuchungen über den photoelektrischen Effekt von HERTZ, HALLWACHS und LENARD (1902).

EINSTEIN begründete auf Grund seiner Photonentheorie 1912 das photochemische Grundgesetz, nach dem jede photochemische Reaktion primär auf der Absorption eines einzigen Quants durch ein Molekül beruht. Dieses für die Photochemie, die Biochemie und die heutige Genetik und Molekularbiologie grundlegende Gesetz wurde besonders an den Berliner Instituten[1] durch den Physiker E. WARBURG, den Zellphysiologen O. WARBURG und die Physikochemiker M. BODENSTEIN und M. VOLMER in umfassenden Untersuchungen bestätigt und in seinen Konsequenzen ferner von JAMES FRANCK verfolgt.

[1] Hierbei handelt es sich um das Physikalische und das Physikalisch-Chemische Institut der Universität, die Physikalisch-Technische Reichsanstalt, das Physikalisch-Chemische Institut der Technischen Hochschule Charlottenburg und die Kaiser-Wilhelm-Institute für Physikalische Chemie und für Zellphysiologie.

Den ersten direkten Beweis für die Lichtquantentheorie erbrachte 1923 die Erforschung der Streuung von Röntgenstrahlen an Elektronen durch A. H. Compton. Die elementare Theorie des Compton-Effekts ist weiter nichts als die Anwendung der (notwendig relativistischen) Erhaltungssätze von Impuls und Energie auf die Stöße von Photonen in Elektronen. — Ein 1923 von Bohr und Mitarbeitern gemachter hypothetischer Versuch, statt durch die Einsteinsche Photonentheorie den Compton-Effekt durch eine statistische Interpretation des Energie- und des Impulssatzes zu deuten, wurde bereits 1924 in der Physikalisch-Technischen Reichsanstalt durch Koinzidenzversuche von Geiger und Bothe grundsätzlich widerlegt. (Die Bedeutung dieser Versuche wurde allerdings erst später allgemein erkannt. — Bothe selber führte später die Koinzidenz-Aufstellung als „Teleskop" für die kosmische Strahlung ein.)

Die entscheidende Wendung der Einsteinschen Auffassung, die dann durch Bohr in die Quantenmechanik der Atommodelle eingeführt wurde, war das Primat des Wirkungsquantums vor der atomaren Struktur. Plancks Konstante war gemäß Einstein nicht aus speziellen Eigenschaften der Atome herleitbar, sondern erschien als Ursache für die Existenz der Atome überhaupt und somit als die universelle, auf nichts mehr reduzierbare Naturkonstante.

Unmittelbar durch den Anstoß von Röntgens Entdeckung erfolgte — auf Grund hypothetischer Anregungen Henri Poincarés — (1896) durch Henri Becquerel die Entdeckung der radioaktiven Strahlung und, hierdurch veranlaßt, die Entdeckung der natürlichen radioaktiven Elemente und damit des radioaktiven Zerfalls durch Pierre und Marie Curie. Poincaré bezeichnete das Element Radium als „großen Revolutionär der Physik", da anhand der $\beta$-Strahlung die völlige Verschiedenheit der Dynamik schneller Partikeln von der Newtonschen sicher nachgewiesen werden konnte und besonders P. Curie das ständige Freiwerden von Energie, das mit der radioaktiven Strahlung verbunden war, nachwies. (Diese Energiebilanz wurde insbesondere auch durch Röntgen nachgeprüft und sichergestellt.) Diesen Teil der von Poincaré so genannten „Neuen Mechanik" stellte wiederum die spezielle Relativitätstheorie zur Verfügung. Die von Lorentz und Abraham für die Elektronen aus der Maxwellschen Feldtheorie hergeleitete Abhängigkeit der trägen Massen von ihren Geschwindigkeiten erwies sich nach Einstein als universelles Naturgesetz, nämlich als Folge des speziellen Relativitätsprinzips der Lorentz-Gruppe. (Ihre Konsequenzen ergaben sich deswegen bereits in der Elektrodynamik, weil die Maxwellschen Gleichungen implicite dem Einsteinschen und nicht dem Galileischen Relativitätsprinzip genügten.) Ferner leitete Einstein (1906) die universelle Proportionalität von Trägheit und Energie her und erkannte, daß bei sehr energiereichen Reaktionen, wie sie bei den radioaktiven Prozessen vorlagen, Energieströmungen mit „nachwägbaren" Massenänderungen verbunden sind und demnach die Masse der Atome selbst eine Energiequelle darstellen kann (deren Erschließung aber allen Physikern bis zu Hahns Entdeckung der Kernspaltung wohl als unmöglich erschien).

Hierdurch bekamen klassische Untersuchungen, die um 1900 von LANDOLT wie von EÖTVÖS über die Erhaltung der Massen bei chemischen Reaktionen durchgeführt worden waren, eine neue Bedeutung. Die Energieumsätze der von LANDOLT untersuchten Reaktion waren nicht groß genug, um nachweisbare Tönungen zu erzeugen, da zwischen Energieumsatz $\Delta E$ und Massentönung EINSTEINS Bezeichnung $\Delta E/c^2 = \Delta m$ besteht. Die allgemeinste Fassung der Äquivalenz zwischen Masse und Energie wurde von PLANCK formuliert, der dementsprechend die Fundamente der Thermodynamik und der Theorie der Wärmestrahlung relativistisch neu fundierte. PLANCK war der erste führende Physiker, der aktiv in die Entwicklung der Relativitätstheorie eingriff. Unter seinem Einfluß schrieb M. v. LAUE das erste Lehrbuch über die Relativitätstheorie (1911)[1].

Der Schwerpunkt der Erforschung der Radioaktivität lag sehr bald in England im Cavendish-Laboratorium von ERNEST RUTHERFORD. Bei RUTHERFORD arbeiteten (zunächst in Kanada und dann in England) die späteren hervorragenden Vertreter der Berliner Kernphysik, OTTO HAHN und HANS GEIGER. RUTHERFORD (1911) begründete (die Erkenntnisse von RÖNTGEN und LENARD aufnehmend) das planetare Atommodell, entdeckte den Atomkern und deutete gemeinsam mit seinen Mitarbeitern die Radioaktivität als Kernzerfall. Er begründete so die Atomkern-Physik, die sich im ersten Drittel des 20. Jahrhunderts entfaltete. Die Unverträglichkeit des RUTHERFORDschen Modells mit der klassischen Dynamik und Elektrodynamik lag auf der Hand. NIELS BOHR (1913) führte daher die PLANCKschen Quantenbedingungen in das RUTHERFORDsche Atommodell ein. SOMMERFELD ersetzte dann hierbei noch die NEWTONsche durch die EINSTEINsche Dynamik. BOHRS Kombination von klassischer Mechanik und Quantenbedingung erklärte die Grobstruktur des Wasserstoff-Spektrums; SOMMERFELDS Kombination von EINSTEINscher Dynamik und Quantenbedingung erklärte dessen Feinstruktur. (Diese Theorie wurde experimentell besonders durch die Präzisionsspektroskopie F. PASCHENS bestätigt.) PLANCK, EINSTEIN und SOMMERFELD hofften, daß die bei der Kombination von Elektronentheorie, Relativitätstheorie und Quantentheorie auftauchende SOMMERFELD-Konstante $\alpha = e^2/hc$ ein Schlüssel zum Verständnis der subatomaren Struktur der Materie überhaupt würde — eine programmatische Idee, die in der späteren Geschichte der Elementarteilchen- und Feldtheorie eine bedeutende Rolle gespielt hat.

Eine entscheidende experimentelle Bestätigung der Bedeutung der PLANCKschen Quantenbedingungen für die Struktur der Atome gelang wiederum in Berlin durch die berühmten Versuche (1913) von JAMES FRANCK und GUSTAV HERTZ im Universitätsinstitut von H. RUBENS. FRANCK und HERTZ bewiesen durch ihre Versuche über die elastischen und unelastischen Stöße von Elek-

---

[1] MAX von LAUE, Das Relativitätsprinzip; Braunschweig 1911; Neuauflage: Die Relativitätstheorie, Bd. 1 und 2, Braunschweig 1921—23.

tronen mit Atomen die Existenz der den PLANCKschen Quantenbedingungen entsprechenden Resonanzen (aus deren relativer Lage das PLANCKsche Wirkungsquantum angenähert herleitbar war). Obwohl FRANCK und HERTZ nur an die Bestätigung der PLANCKschen Quantenvorschriften überhaupt durch ihr Experiment dachten, erkannten sie später, daß ihre Versuche sogar das damals noch weitgehend unbekannte BOHRsche Atommodell quantitativ getestet hatten. Die Grundidee der Versuche von FRANCK und HERTZ, die Feststellung von Resonanzen, die angeregten Quantenzuständen in den Atomen entsprechen, waren das Vorbild späterer analoger Versuche über die innere Struktur der Atomkerne, und auch die heutigen Erforschungen über die Resonanzen, die angeregten Zuständen von Elementarteilchen entsprechen, sind die auf eine andere Energieskala transformierten Konsequenzen der FRANCK-HERTZschen Grundidee. —

Überhaupt entsprechen in den 75 Jahren, die seit der revolutionären Krise 1895 vergangen sind, die verschiedenen Entwicklungsepochen den verschiedenen Energieskalen, über die bei den Experimenten verfügt wurde.

Die erste Epoche der Quantenphysik der Atomhülle, deren charakteristisches Experiment der FRANCK-HERTZ-Versuch war und in der die Struktur der Atom- und Molekülspektren (F. PASCHEN, P. ZEEMAN) sowie die Eigenschaften der chemischen Verbindungen aufgeklärt wurden, hatte eine Energieskala von einigen $10^0$ bis $10^1$ Elektronen-Volt (eV). Die relativistischen Effekte waren hier sehr kleine Korrekturen. — Das Hervorrufen von Kernreaktionen mit natürlich und dann mit künstlich beschleunigten Teilchen, besonders in RUTHERFORDS Cambridger Institut, erforderte eine Energieskala von einigen $10^4$ eV bis $10^7$ eV. Diese Energieskala entsprach der Termstruktur im Atomkern. Die relativistischen Effekte wurden hier wesentlich für Teilchen kleiner Massen (für Leptonen), und die charakteristische Theorie war dementsprechend nicht mehr die Quantenmechanik, sondern die Quantenelektrodynamik und die Quantenfeldtheorie, die eine erneute Synthese zwischen den PLANCKschen und den EINSTEINschen Ideen darstellte und u. a. die Lichtquanten-Hypothese theoretisch unterbaute.

Die letzte Epoche, die Epoche der Elementarteilchenphysik, arbeitet mit einer Energieskala von $10^8$ eV bis $10^{12}$ eV. In diesem Energiebereich wird für alle Teilchen die Ruhenergie klein gegenüber den Energietönungen. Die innere Struktur der Elementarteilchen selber wird in diesen Energiebereichen — z. B. als Resonanzen im Sinne von FRANCK und HERTZ — manifest.[1] (Es entstand hierbei eine neue Problemlage, die vielleicht über die quantenphysikalischen und relativistischen Prinzipien hinaus auf noch unbekannte Wege führt und die offengebliebenen Fragen, wie die oben genannte von PLANCK, EINSTEIN und SOMMERFELD, neu beleuchtete.)

---

[1] Daß mit abnehmenden räumlichen (und zeitlichen) Abmessungen der Materiestrukturen die Energieskala anwächst, ist die direkte Konsequenz davon, daß das PLANCKsche Wirkungsquantum gemäß PLANCK die Zellen des Phasenraumes bildet.

Die Atommechanik, die in den zwanziger Jahren auf PLANCKS Quantlung der Wirkung aufbaute und die Gedanken von EINSTEIN, BOHR und SOMMERFELD weiterführte, war die Quanten- oder Wellenmechanik. Ihre erstere Form, die sich eng an BOHRS Einführung seines Korrespondenz-Prinzips zur Herstellung der Verbindung seines Atommodells mit der klassischen Elektrodynamik anschloß, entstand 1924 bis 1927 in Göttingen in der Schule von MAX BORN besonders durch die Arbeiten von WERNER HEISENBERG. Die Wellenmechanik, die auf der von EINSTEIN (1905, 1917 und 1924) und L. DE BROGLIE (1924) bemerkten prinzipiellen Dualität von Wellen- und Korpuskel-Eigenschaften von „Feld und Materie" aufbaute, wurde in Konsequenz der HAMILTON-JACOBIschen Form der analytischen Mechanik (und ihren von HAMILTON, JACOBI und HELMHOLTZ konstatierten Beziehungen zur Wellenoptik) von ERWIN SCHRÖDINGER (1926) begründet. Die mathematische Identität beider Darstellungen wies SCHRÖDINGER 1928 nach. Ihre physikalischen Beziehungen klärten BOHRS Komplementaritätsbegriff (1927), HEISENBERGS Unbestimmtheitsrelation (1927) und BORNS (1928) statistische Interpretation der SCHRÖDINGERschen Materiewellen.

Die Wellenmechanik erwies sich als mathematisch besonders leistungsfähig; ihrem Ausbau stand die von HILBERT begründete Funktionalanalysis und Spektraltheorie mit dem HILBERTschen Funktionsraum zur Verfügung. Durch die Verschmelzung der Wellenmechanik mit der speziellen Relativitätstheorie (DIRAC 1928) konnte auf der Basis der Wellenmechanik eine Quantentheorie der Felder begründet werden (HEISENBERG und PAULI 1929). Hier wies dann HEISENBERG (1932) die mathematische Äquivalenz des Teilchen- und Feldbildes nach und gab so eine vertiefte Begründung der PLANCK-EINSTEIN-DE BROGLIEschen Beziehungen.

Die grundlegenden physikalischen Fragen, die hinter den großen Erfolgen der Quantentheorie standen, führten zu umfassenden und tiefgreifenden Diskussionen. Bei diesen Diskussionen vertraten PLANCK, EINSTEIN, SCHRÖDINGER und LAUE im Grunde dieselben erkenntnistheoretischen Positionen. Erst durch diese Diskussionen kamen der neue Inhalt und die neuen Fragestellungen, die PLANCKS Entdeckung des Wirkungsquantums der Physik gebracht hatte, voll zu Bewußtsein.

In der Zeit nach 1912 wurde in Berlin das Kaiser-Wilhelm-Institut für Chemie mit OTTO HAHN und seiner physikalischen Mitarbeiterin, PLANCKS Schülerin LISE MEITNER, zu einem Zentrum der Atomkernphysik, in dem wesentliche Grundlagen der Kernchemie geschaffen wurden. Die Zerfallsreihen der natürlichen radioaktiven Elemente wurden untersucht und vervollständigt und ferner u. a. die Energiebilanz beim $\beta$-Zerfall aufgeklärt. —

In der Physikalisch-Technischen Reichsanstalt wirkten u. a. Anfang der zwanziger Jahre GEIGER und BOTHE als Kernphysiker. — Ein weiteres Zentrum der Kernphysik wurde Ende der zwanziger Jahre das Physikalische Institut der Technischen Universität (Berlin-) Charlottenburg unter der Leitung von GUSTAV HERTZ. Als fundamental für die Entwicklung der Kerntechnik erwiesen sich später besonders die Arbeiten von Hertz zur Isotopentrennung. Hierzu kam auf dem Telegraphenberg in Potsdam die Forschungsstelle, die unter der Leitung von Kolhörster die Höhenstrahlung erforschte (seit 1914). Kolhörster hat gemeinsam mit V. Hess das Verdienst, die kosmische Herkunft der Höhenstrahlung nachgewiesen zu haben. Aus Kolhörsters Forschungsgruppe gingen namhafte internationale Physiker hervor. Vor allem Laue förderte Kolhörsters Arbeiten sehr.

Das folgenreichste Experiment der Kernphysik überhaupt führten 1938 Hahn und sein Mitarbeiter Strassmann im Kaiser-Wilhelm-Institut für Chemie durch. Bei der Untersuchung der angeblichen Erzeugung von Transuran-Atomkernen durch unelastische Neutronenstöße wiesen sie die Kernspaltung mit Hilfe radiochemischer Methoden nach, deren großer Meister Hahn war.

Neben der Atomphysik war die Struktur des festen Körpers das Hauptanwendungsgebiet der Quantentheorie. — Durch Laues Entdeckung der Raumgitter-Interferenzen von Röntgenstrahlen in Kristallen und die daran anschließenden Arbeiten von W. H. und W. L. Bragg und von P. Debye wurde die atomistische Struktur der festen Körper der direkten Beobachtung zugänglich. Es begann die Röntgen-Struktur-Analyse der Körper. (Die Entdeckung der Materiewellen der Quantenphysik erweiterte die Erforschung der Körperstruktur durch die Raumgitter-Interferenzen und Beugungsexperimente mit Elektronen-Wellen.) Am Ausbau der Theorie der Röntgen- und Materiewellen-Interferenzen war Laue selber führend beteiligt. — Aus der Schule Röntgens ging der führende sowjetische Vertreter der Kristall- und Festkörperphysik, A. E. Joffé, hervor. (Joffé hatte auch größte Verdienste um den Aufbau der physikalischen Forschung in der Sowjetunion und um die Zusammenarbeit der sowjetischen und der deutschen Physiker. Hierbei unterstützte ihn besonders Planck.)

Für das theoretische Verständnis dieser Kristallgitter war Walther Nernsts Entdeckung des dritten Hauptsatzes der Thermodynamik (1905) am Berliner Physikalisch-Chemischen Institut der Universität und die Ableitung dieses dritten Hauptsatzes auf Grund der Planckschen Quantentheorie durch Einstein (1907) und P. Debye (1911) bahnbrechend. Die Ansätze von Einstein und Debyes Phononen-Konzeption waren zunächst der Schlüssel für die Erforschung der Zustandsgleichungen des Festkörpers. Max Born baute in seinen Berliner Jahren eine quantentheoretische (noch halb klassische) Theorie der Kristall-Gitterschwingungen auf; ihre Einführung in die Physikalische Chemie gelang Born und Haber. — Ein weiterer entscheidender Beitrag zur Theorie der kondensierten Phase, der in der Akademie vorgetragen wurde, waren Einsteins Arbeiten von 1924/25 zur Quantenstatistik von Teilchen mit Ruhmasse (Bose-Einstein-Statistik). Einstein wies hierin die Existenz eines neuen physikalischen Grundzustandes, der Quantenflüssigkeit als energieärmstem Zustand (Einstein-Kondensation) eines Bose-Einstein-Gases nach.

Aus dem Nernstschen Wärmetheorem und seiner quantentheoretischen Begründung durch Planck folgt allgemein, daß für Temperaturen in der Nähe des absoluten Nullpunktes die Quanteneffekte entscheidend werden; die Gleichungen der klassischen kinetischen Gastheorie entarten hier. Bei sehr niederen Temperaturen können neue Kollektiv-Phänomene auftreten, von denen die Quantenflüssigkeit der EINSTEIN-Kondensation ein Prototyp ist; dieser hängt eng mit der später von P. KAPITZA entdeckten Super-Fluidität des Heliums zusammen. — Ein weiteres wichtiges Quanten-Kollektiv-Phänomen hat schon in den Jahren 1911—1914 der Begründer der Physik niedrigster Temperaturen H. KAMERLINGH-ONNES entdeckt: die Supra-Leitfähigkeit. Ihre theoretische und experimentelle Erforschung sowie technische Anwendung steht noch heute im Mittelpunkt der physikalischen Forschung. Bereits die phänomenologische Elektrodynamik von Supra-Leitern bedarf einer Ergänzung der MAXWELLschen Theorie, die F. LONDON und besonders M. VON LAUE (seit 1932) entwickelten.

Die Quantenmechanik führte zur grundsätzlichen Erklärung der chemischen Valenzkräfte sowie der zwischenmolekularen Wechselwirkungen, wie sie bereits 1873 in die semiphänomenologisch begründete Zustandsgleichung realer Gase von J. D. VAN DER WAALS eingeführt wurden. Die VAN DER WAALS'sche Gleichung erlaubte auch die phänomenologische Beschreibung des Übergangs von der Gas- zur kondensierten Phase. Ihre thermodynamische Bedeutung wurde von PLANCK diskutiert; Begründungen und Erweiterungen der VAN DER WAALS'schen Gleichungen auf Grund der kinetischen Gastheorie gelangen später LORENTZ und HILBERT (1912).

Die klassische Theorie des festen Zustandes wurde durch die Entwicklung der Kontinuums-Mechanik und der Kristall-Physik gefördert. Neben LAUES Entdeckung der RÖNTGEN-Interferenzen mit Kristallgitter waren hier die mechanischen und mathematischen Untersuchungen von BOLTZMANN und W. VOIGT wegweisend. VOIGTS Lehrbuch der Kristall-Physik (1910)[1] kodifizierte die makroskopische Physik anisotroper Körper. Mathematisch fußten BOLTZMANNS und VOIGTS Arbeiten auf HELMHOLTZ' Analyse aller möglichen Bewegungen eines Kontinuums. Ihr mathematischer Zusammenhang mit dem Raumproblem und der Analyse der geometrischen Strukturen in der Physik war dadurch evident. (VOIGT war in der Tat einer der Begründer der Tensor-Analysis in der Physik und ein Vorläufer der relativistischen Kinematik.)

EINSTEIN hat in den zwanziger Jahren wiederholt auf die Zusammenhänge von Kontinuums-Mechanik und allgemein-relativistischer Feldtheorie besonders hingewiesen. — Die heutige Kontinuums-Physik des realen Festkörpers nahm die Ansätze von BOLTZMANN, VOIGT u. a. wieder auf und fußt nunmehr mathematisch tatsächlich auf den Errungenschaften der allgemein-relativistischen Feldtheorien.

Auf Grund der LORENTZschen Elektronentheorie und der statistischen Physik (und dann besonders der Quantenstatistik) entstanden in den Jahren von 1900 bis 1930 die Grundlagen der Theorie der Metalle. Die ersten fundamentalen Ar-

---

[1] W. VOIGT, Lehrbuch der Kristallphysik, Leipzig 1910.

beiten hierzu, die auf der LORENTZschen Elektronentheorie und der BOLTZMANN-GIBBSschen statistischen Thermodynamik aufbauten, wurden an der Berliner Universität von P. DRUDE geschaffen, der auch die experimentellen Grenzen der klassischen Elektronentheorie der Metalle erkannte.

Die Theorie des Ferromagnetismus wurde zunächst mit semiphänomenologischen Mitteln im Rahmen der klassisch-physikalischen Vorstellungen von LANGEVIN und P. WEISS entwickelt; ihr Fundament fanden diese Ansätze in der Quantenmechanik durch HEISENBERGS Theorie der Austauschkräfte (1927).

Ein erster Abschluß der von DRUDE begonnenen Untersuchungen zur Elektronentheorie der Metalle war Ende der zwanziger Jahre die Quantentheorie der Metallelektronen von SOMMERFELD (zum Teil zusammen mit BETHE), die DRUDES Vorstellungen mit der neu entstandenen Quantenstatistik vereinigte und damit auch die Problematik der thermodynamischen Eigenschaften der Metalle im Vergleich zu ihren elektrischen grundsätzlich klärte.

Ein Hauptanwendungsgebiet der kinetischen Theorie der Materie, der Atomphysik und dann der Relativitäts- und Quantentheorie waren die verschiedenen Bereiche der kosmischen Wissenschaften. In den Jahren nach 1870 entstanden sowohl die Astrophysik wie die Geophysik als Anwendungsgebiete der Physik und wirkten auf diese zurück.

Die Meteorologie wurde zur Aerologie und Physik der Atomosphäre: Sie fand einerseits ihr physikalisches Fundament in den Untersuchungen von HELMHOLTZ und KELVIN zur Wirbeldynamik und andererseits in den Arbeiten von MAXWELL, BOLTZMANN und KELVIN und den darauf aufbauenden Arbeiten von Lord RAYLEIGH und W. RAMSAY zur Atomistik. HELMHOLTZ, RAYLEIGH u. a. schufen die Grundlagen der meteorologischen Optik; Physiker wie RÖNTGEN und HERTZ begründeten experimentell die Thermodynamik der Atmosphäre. Die Aerologie erhielt ihre physikalischen Grundlagen durch die Arbeiten von J. J. THOMSON, LENARD und C. T. R. WILSON u. a., die die „Gasentladungsphysik" in die Physik der Atmosphäre einführten. — Der erste Direktor des meteorologischen Instituts in Berlin, W. v. BEZOLD, war ein Physiker, dem bedeutende Beiträge zur Elektrodynamik zu verdanken sind (BEZOLD war ein von HERTZ hoch anerkannter Vorläufer bei der Erforschung der elektromagnetischen Wellen). — Auch der eigentliche Begründer der dynamischen Meteorologie, V. BJERKNES, war von Hause aus theoretischer Physiker mit bedeutenden Beiträgen zur Hydrodynamik und zur klassischen Feldtheorie im HERTZschen Sinne.

Die Geophysik als Lehre vom inneren Aufbau des Erdkörpers stützte sich historisch auf die Himmelsmechanik und geodätische Astronomie. Mit A. v. HUMBOLDT und GAUSS begann die systematische Beobachtung und die mathematische Theorienbildung zum erdmagnetischen Feld.

Besonders die aus der Geodäsie hervorgehende Bestimmung des Schwerefeldes der Erde gewann eine neue Stufe der Präzision durch R. v. EÖTVÖS' Konstruktion der Torsions-Drehwaage. Die Hochpräzisionsmessungen von EÖTVÖS über das Schwerefeld waren, später, fundamental für die allgemeine

Relativitätstheorie, sie waren aber ebenfalls bahnbrechend für die Geophysik des Erdfeldes.

Als eigentlicher Begründer der Geophysik als selbständiger Disziplin gilt E. WIECHERT. WIECHERT entwickelte auf Grund seiner seismologischen Forschungen das erste physikalisch fundierte Modell des Erdkörpers, das Schalenmodell des Erdinneren. Gemeinsam mit den astronomisch-geodätischen Arbeiten von STOKES, AIRY, HELMERT u. a. führte dies zu der heutigen Problemstellung nach dem Zustand der Materie im Inneren der Erde und der erdähnlichen Planeten.

Die grundsätzliche Frage der physikalischen Begründung der geologischen Zeitskala konnte in älteren Arbeiten etwa von KELVIN wegen der Unkenntnis der Radioaktivität nicht gelöst werden; es bestanden krasse Diskrepanzen zwischen dem physikalisch und dem geologisch erschlossenen Erdalter. Diese Diskrepanzen wurden überwunden durch die Entdeckung der natürlichen Radioaktivität, und die Untersuchung der Isotopenverteilung unter Bezug auf die radioaktiven Zerfallsreihen ermöglichte den Aufbau einer absoluten geologischen Zeitskala. Erste prinzipielle Schlüsse hieraus zog neben W. NERNST O. HAHN bereits in den frühen zwanziger Jahren.

Die Jahre von 1874 (Arbeitsbeginn des Astrophysikalischen Observatoriums in Potsdam) bis zu SCHWARZSCHILDS Tod (1916) waren die größte Zeit der Berliner und der Potsdamer Astrophysik, die durch so große Forscher wie KIRCHHOFF, VOGEL und SCHWARZSCHILD geprägt wurde. Auf Grund der KIRCHHOFFschen Entdeckung der Spektralanalyse und auf Grund der Theorie der Wärmestrahlung von KIRCHHOFF über WIEN bis PLANCK gelang dem Astrophysikalischen Observatorium Potsdam — neben dem Nachweis der radialen Bewegung der Fixsterne durch den DOPPLER-Effekt — die exakte physikalische Bestimmung der Sterntemperaturen (Arbeiten von VOGEL und von WILSING und SCHEINER). SCHWARZSCHILD schuf u. a. die Grundlagen der Theorie der Sternatmosphären und besonders der Atmosphäre der Sonne. Er begründete umfassend neue Methoden der Stellardynamik und der Stellarstatistik und förderte die breite Einführung der neuesten Entwicklungen der theoretischen Physik in die Astronomie. Gleichbedeutend auch als Beobachter entwickelte SCHWARZSCHILD u. a. die wissenschaftlichen Grundlagen der astronomischen Photographie mit weitreichenden Konsequenzen für die angewandte Photochemie. Am Astrophysikalischen Observatorium in Potsdam unter der Leitung von KARL SCHWARZSCHILD schuf HERTZSPRUNG die empirischen Grundlagen für die physikalische Klassifikation der Sterne, das HERTZSPRUNG-RUSSELL-Diagramm. — SCHWARZSCHILD war auch ein bedeutender theoretischer Physiker, dem wichtige Beiträge zum Atommodell und zur Relativitätstheorie zu verdanken sind.

Bis zum ersten Weltkrieg war die Deutsche Astronomische Gesellschaft identisch mit einer internationalen Vereinigung aller Astronomen. Diese wissenschaftsorganisatorische Stellung ging mit dem ersten Weltkrieg verloren. Es ist aber festzustellen, daß gleichzeitig die wissenschaftliche Spitzenstellung in der Astrophysik, wie sie durch Vogel und Schwarzschild markiert wurde, auch inhaltlich verloren ging.

Schwarzschilds Nachfolger im Institut (und damit seine Nachfolger in der Akademie) waren nicht bahnbrechende Forscher, sondern auf Grund ihrer Anciennität beförderte Wissenschaftler; an die Stelle des Genies trat das solide Mittelmaß. —

Eine epochemachende Leistung an der Universitäts-Sternwarte Berlin-Babelsberg war in dieser Zeit die Begründung der objektiven photoelektrischen Sternphotometrie durch P. Guthnick und Mitarbeiter. In zeitweilig methodisches Neuland führte auch die Konstruktion und Aufgabenstellung des Turmteleskops des mit dem Astrophysikalischen Oberservatorium verbundenen Einstein-Turmes (Sonnenobservatorium), zu dessen Kuratoren Einstein selber und der namhafte Industriechemiker Carl Bosch gehörten und dessen erster Leiter E. F. Freundlich sich Verdienste um die astronomische Prüfung der Relativitätstheorie erwarb. Auch durch die späteren spektroskopischen Arbeiten am Einstein-Turm blieb Potsdam ein Zentrum der physikalischen Erforschung der Sonne.

Um das Verständnis des inneren Aufbaues der Sterne und insbesondere um die Klärung des Energiehaushalts der Sonne und der übrigen Sterne hatte sich schon H. v. Helmholtz bemüht, der erstmals (1871) die mechanische Wärmetheorie für die Theorie der Sternentwicklung und des Sternaufbaues einsetzte. Helmholtz' Ansätze beschreiben tatsächlich völlig korrekt die ersten Phasen der Sternentwicklung bis zur Zündung von thermonuklearen Prozessen im Stern innern.

Die weitere Enwicklung der Theorie des Sternaufbaues ist eng verwoben mit der Entwicklung der Kernphysik. Die entscheidenden Fortschritte sind besonders mit den Namen von R. Emden und von Sir Arthur Eddington verbunden. Pionierleistungen auf diesem Gebiet verdankt man aber auch Walther Nernst, der (1921) als erster mit kernphysikalischen Argumenten zu einer rationalen Abschätzung der Lebensdauer der Sonne und der sonnenähnlichen Sterne gelangte. (S. Arrhenius wies wohl als erster darauf hin, daß die Quelle der Strahlungsenergie der Sterne nicht der radioaktive Zerfall, sondern vielmehr der Aufbau schwerer Elemente aus Wasserstoff sein müßte; demselben Gedanken ging auch Nernst nach.)

Gleichzeitig mit der Theorie des Sternaufbaues und der Sternentwicklung kam die klassische Himmelmechanik vor neue Probleme, zunächst aus der Kritik an den Grundlagen der Newtonschen Gravitationstheorie, die etwa mit H. v. Seeliger und C. Neumann (um 1895) verbunden ist. Eine neue Fundierung der grundlegenden Begriffe der Himmelsmechanik und eine prinzipielle Korrektur des Newtonschen Gravitationsgesetzes brachte Einsteins allgemeine Relativitätstheorie, deren Hauptanwendungsgebiete die Himmelsmechanik und die Astrometrie wurden. Die ersten Astronomen, die dies erkannten, waren E. F. Freundlich, damals an der Universitäts-Sternwarte Berlin-Babelsberg, und K. Schwarzschild; ihnen folgten W. de Sitter

(1917) und A. S. EDDINGTON. EINSTEIN erkannte auch, daß die von HELMHOLTZ, MACH, SEELIGER, SCHWARZSCHILD u. a. aufgeworfene Frage nach der geometrischen Struktur des Weltraumes — und damit das schon von KANT (1755) und LAMBERT (1761) aufgeworfene Problem des Aufbaues des Universums — durch seine allgemeine Relativitätstheorie neuer Antworten fähig war, die ihrerseits zu konkreten Fragen an die beobachtende Astronomie und somit zu einer wissenschaftlichen Kosmologie führten. EINSTEINS diesbezügliche Akademie-Mitteilung von 1917[1] ist der Beginn der modernen theoretischen Kosmologie, die bereits in den zwanziger Jahren einen Höhepunkt ihrer Entwicklung hatte, nach der Entdeckung der Expansion des Universums und damit dem Nachweis, daß unser Kosmos ein historischer Evolutionskosmos ist.

Diese Entdeckung gelang theoretisch dem Leningrader Mathematiker A. A. FRIEDMANN, dessen erste Mitteilung das Unglück hatte, wegen eines kleinen Versehens von EINSTEIN 1922 scharf abgelehnt zu werden. Jedoch nahm EINSTEIN bereits 1923 seine Kritik an FRIEDMANN zurück und erkannte die fundamentale Bedeutung von FRIEDMANNS Arbeiten für die relativistische Kosmologie voll an. Am weiteren Aufbau der theoretischen Kosmologie waren in den zwanziger Jahren besonders A. S. EDDINGTON sowie EINSTEIN selber (z. T. zusammen mit W. DE SITTER) beteiligt. EINSTEINS und DE SITTERS Mitteilungen von 1931[2] und 1932[3] gaben die elementarste Darstellung eines sich entwickelnden relativistischen Kosmos.

Die Optik und Elektrodynamik eines solchen Kosmos wurde von M. v. LAUE 1931 begründet, ebenfalls in einer Akademie-Mitteilung.[4]

LAUE gab hier die allgemeine Theorie der inzwischen durch die Arbeiten von C. WIRTZ (1924), K. LUNDMARK (1925) und besonders von E. P. HUBBLE (1929) astronomisch nachgewiesenen Rotverschiebung der Spektrallinien der Galaxien und damit eine abschließende theoretische Begründung der von HUBBLE empirisch entdeckten Relation zwischen Entfernung und Rotverschiebung auf Grund der relativistischen Weltmodelle von FRIEDMANN, EINSTEIN und DE SITTER.

Bereits 1921 hatte WALTHER NERNST eine erste Synthese zwischen der neuen Kosmologie und der atomphysikalisch begründeten Kosmogonie der Sterne und Sternsysteme versucht, die zu einer größenordnungsmäßig richtigen Abschätzung des später so genannten „Weltalters", d. h. der gegenwärtigen Ex-

---

[1] Kosmologische Betrachtungen zur allgemeinen Relativitätstheorie; SB, 1917, I S. 142—152.

[2] Zum kosmologischen Problem der allgemeinen Relativitätstheorie, SB, phys.-math. Klasse, 1931, S. 235—237.

[3] A. EINSTEIN und W. de SITTER, On the relation between the expansion and the mean density of the universe; Proc. Nat. Acad. Sci. USA 18, 1932.

[4] MAX von LAUE, Die Lichtfortpflanzung in Räumen mit zeitlich veränderlicher Krümmung nach der allgemeinen Relativitätstheorie, SB, phys.-math. Klasse, 1931, S. 123—131.

pansionsphase des unsichtbaren Kosmos führte. — EINSTEIN betrachtete das kosmologische Problem als integrierenden Teil der allgemeinen Theorie der Raumstruktur, wie sie von HELMHOLTZ konzipiert worden war.

Daß die NEWTONsche Gravitationstheorie auf Grund der Feldkonzeption und der damit verbundenen Postulate von der Lokalität und endlichen Ausbreitungsgeschwindigkeit der Wechselwirkungen einer grundsätzlichen Revision zu unterziehen sei, bemerkten u. a. schon HERTZ und C. NEUMANN. — Im Rahmen der speziellen Relativitätstheorie erkannten LORENTZ, MINKOWSKI und besonders POINCARÉ die Notwendigkeit einer Nahwirkungstheorie der Gravitation, die das Prinzip berücksichtigte, daß sich keine Signale mit höherer als der Lichtgeschwindigkeit fortpflanzen könnten. An die Stelle des NEWTONschen Potentials müßten dann Potentiale von der Art treten, wie sie A. M. LIÉNARD und E. WIECHERT (1898, 1900) für die MAXWELLsche Theorie hergeleitet hatten.

POINCARÉ, MINKOWSKI, G. MIE, NORDSTRÖM sowie EINSTEIN und FOKKER legten derartige speziell-relativistische Gravitationstheorien vor. — Aber bereits in den Jahren von 1907 bis 1909 gelangten PLANCK, EINSTEIN und ABRAHAM zu der Erkenntnis, daß die durch die Versuche von v. EÖTVÖS (seit 1891) mit damals phantastischer Genauigkeit von $1:10^{11}$ bis $1:10^{12}$ experimentell bestätigte Äquivalenz von trägen und schweren Massen zusammen mit dem von EINSTEIN und PLANCK formulierten Prinzip der Äquivalenz von Masse und Energie jeden Versuch einer Einbeziehung der Gravitation in die spezielle Relativitätstheorie ausschließen mußte.

EINSTEIN stellte 1911 fest, daß diese Äquivalenzen gerade die Abhängigkeit der Fundamentalkonstante der speziellen Relativitätstheorie, der Vakuum-Lichtgeschwindigkeit, vom Gravitationspotential implizieren mußten. Er verband diese Feststellung mit MACHS Frage nach den Beziehungen zwischen Gravitation und Bezugssystem. — Diese Problemstellung brachte EINSTEIN nach Berlin, und es gelang ihm, den Astronomen E. F. FREUNDLICH für die Nachprüfung dieses Effektes — nämlich der Abhängigkeit der Lichtgeschwindigkeit vom Gravitationspotential der Sonne — durch astrometrische Messungen der Sternpositionen bei Sonnenfinsternissen zu interessieren. FREUNDLICHS für 1914 geplante Sonnenfinsternis-Expedition wurde aber durch den Ausbruch des ersten Weltkrieges verhindert. — (Erst 1919 wiesen zwei englische Sonnenfinsternis-Expeditionen den EINSTEIN-Effekt in Übereinstimmung mit der von EINSTEIN 1915 verbesserten Theorie nach.)

Überhaupt waren die Begründung und der Ausbau der allgemeinen Relativitäts- und Gravitationstheorie durch EINSTEIN im wesentlichen ein Teil der Geschichte der Berliner Physik. Als EINSTEIN 1913 nach Berlin kam, brachte er die Idee einer allgemein-relativistischen Gravitationstheorie mit, die neben der speziellen Relativität auch MACHS historisch-kritische Analyse der Mechanik aufnehmen sollte. In den Jahren 1914/15 gelang EINSTEIN (zum Teil im Wettbewerb mit der Göttinger Mathematiker-Gruppe um HILBERT) durch konsequente Anwendung des Äquivalenzprinzips die Herleitung der endgültigen allgemein-relativistischen Gravitationsgleichungen, die EINSTEIN im November 1915 der Akademie in zwei Mitteilungen vorlegte.[1]

Hierbei zeigte EINSTEIN, daß die allgemein-kovariante Darstellung der Bewegungsgleichungen der Materie (und des elektromagnetischen Feldes) in der RIEMANN-MINKOWSKIschen Raum-Zeit-Welt das universelle Prinzip für die „Gravitationskopplung" ist, d. h. für die Berücksichtigung des Einflusses der Gravitation auf die materiellen Prozesse.[2] EINSTEIN gab hierbei — im Sinne der von HELMHOLTZ formulierten Aufgabenstellung — das HAMILTONsche Prinzip für die Gravitationstheorie (wiederum im Wettbewerb mit HILBERT) an und bestimmte den Energie-Impuls-Komplex für die Gravitation. Ferner legte EINSTEIN 1918 die Grundlage zu einer Theorie der Gravitationsstrahlung (die aber noch heute mehr offene als gelöste Fragen enthält).

Durch die Anwendung der EINSTEINschen Gravitationstheorie und der Himmelsmechanik gelang EINSTEIN und SCHWARZSCHILD 1915/16 die Erklärung des in der NEWTONschen Mechanik (trotz der Untersuchungen von SEELIGER u. a.) ungeklärten Rests der Bewegung des Merkur-Perihels. EINSTEINS quantitative Aussagen der durch die Schwere des Lichtes einerseits und die RIEMANNsche Raumstruktur andererseits bestimmten Krümmung der Lichtstrahlen durch das Gravitationsfeld der Sonne wurden 1919 durch die englischen Sonnenfinsternis-Expeditionen unter DYSON und EDDINGTON bestätigt. Dieser Nachweis bedeutete eine wissenschaftliche Sensation und rückte die EINSTEINsche Theorie in den Mittelpunkt des Weltinteresses. Die der Relativitätstheorie gewidmeten wissenschaftlichen Sitzungen von Gremien der Berliner Akademie standen daher teilweise ebenfalls im Zentrum des wissenschaftlichen Weltinteresses. Noch 1929 wurden EINSTEINS neue Mitteilungen über mögliche prinzipielle Erweiterungen der geometrischen Grundlagen seiner Gravitationstheorie vor dem Plenum der Akademie unmittelbar von der Weltpresse Wort für Wort telegraphisch verbreitet.

Ein solcher Höhepunkt des wissenschaftlichen Lebens waren schon 1918 die Akademiesitzungen, in denen EINSTEIN den ersten Ansatz von H. WEYL zu einer einheitlichen geometrischen Feldtheorie vorlegte und dabei die Diskussion über diejenigen geometrischen Strukturen von Raum und Zeit begann, die für jede physikalische Theorie notwendig sind.[3] Diese Diskussion schloß direkt an HELMHOLTZ' Untersuchung „Über die Tatsachen, die der Geometrie

---

[1] A. EINSTEIN, Zur allgemeinen Relativitätstheorie, SB, phys.-math. Klasse, 1915, S. 778—786 u. S. 799—801. drs., Feldgleichungen der Gravitation, ebd., S. 844—847.

[2] Zu der (sehr komplexen) Problem-Geschichte der allgemeinen Relativitätstheorie mit den Wechselbeziehungen von Relativitäts-, Äquivalenz- und MACHschem Prinzip vgl. H.-J. TREDER, Die ersten Kritiker des allgemeinen Relativitätsprinzips, Moskau 1971; Die Relativität der Trägheit, Berlin 1972; Der physikalische Raum, Berlin 1974.

[3] H. WEYL, Gravitation und Elektrizität, SB, 1918, 1, S. 465—480.

zu Grunde liegen" an.[1] Einen gewissen Abschluß bildete der in die Geschichte der Mathematik und Physik eingegangene Vortrag von EINSTEIN am Friedrichstag, dem 27. Januar 1921, über „Geometrie und Erfahrung"[2], der eine Synthese der Gedanken von RIEMANN, HELMHOLTZ, HILBERT, POINCARÉ und MACH gab.

Im Mittelpunkt der weiteren Arbeiten EINSTEINS standen neben den Fragen der Kosmologie seine Untersuchungen über die Beziehungen zwischen Gravitationsfeld und Materie. Hierbei waren EINSTEINS Mitarbeiter in dem von EINSTEIN geleiteten, aber tatsächlich nur nominell bestehenden Kaiser-Wilhelm-Institut, J. GROMMER und W. MAYER, beteiligt. EINSTEINS Bemühungen zur Herleitung der Partikel-Dynamik aus seinen Gravitationsfeldgleichungen führten anschließend in Princeton (1938/39) zum abschließenden Erfolg. — Hingegen gelang es EINSTEIN bekanntlich nicht, die Quantenstruktur der Materie aus der Weltgeometrie verständlich zu machen und eine einheitliche geometrische Feldtheorie der Materie durch Erweiterung der Grundlagen seiner Gravitationstheorie zu entwickeln. Hieran anschließende Bemühungen wurden in Berlin auch von den Mathematikern R. WEITZENBOECK und T. LEVI-CIVITA (1928) vorgetragen; besonders widmete sich ihr später E. SCHRÖDINGER.

Charakteristisch für die gesamte Epoche der Physik zwischen 1870 und 1930 waren der quantitativ und qualitativ wachsende Einfluß und die zunehmende Verflechtung von reiner Physik und technischer Physik. Dieser Verflechtung wurde in Berlin schon sehr früh wissenschaftsorganisatorisch durch die Gründung (1887) der Physikalisch-Technischen Reichsanstalt unter dem Einfluß von WERNER V. SIEMENS Rechnung getragen. HELMHOLTZ war der Gründungspräsident dieser Reichsanstalt, und seine Nachfolger im Präsidentenamt, die Akademiemitglieder F. KOHLRAUSCH[3], E. WARBURG, W. NERNST und F. PASCHEN, waren ebenfalls führende Physiker ihrer Zeit. In der Physikalisch-Technischen Reichsanstalt entstanden auch bahnbrechende Beiträge zur Experimentalphysik, so die Messung der Energieverteilung der schwarzen Strahlung, die zum WIENschen und zum PLANCKschen Strahlungsgesetz führte, die spektroskopischen Untersuchungen zur Hyperfeinstruktur des Atomaufbaues, die Koinzidenz-Versuche von GEIGER und BOTHE sowie die Untersuchungen über die „BOTHE-BECKER-Strahlung", die der Anlaß zur Entdeckung der Neutronen durch CHADWICK im RUTHERFORDschen Institut waren (1932).

---

[1] H. v. HELMHOLTZ, Über die Tatsachen, die der Geometrie zu Grunde liegen, Nachr. Gesell. der Wiss. zu Göttingen, 1868, Nr. 9, S. 193—221.

[2] A. EINSTEIN, Geometrie und Erfahrung, SB, phys.-math. Klasse, 1921, S. 123—130.

[3] FRIEDRICH KOHLRAUSCH wurde Generationen von Physikern zum Begriff durch den „Kohlrausch", sein „Lehrbuch der praktischen Physik", das zunächst von ihm selbst und dann später von Mitarbeitern der Physikalisch-Technischen Reichsanstalt in vielen Neuausgaben herausgegeben wurde. In diesem Buch wurde die physikalische Experimentier- und Meßtechnik als ein lehrbares Fach dargestellt. Der „Kohlrausch" bestimmte die physikalischen Praktika in den Hochschulen und war das „Kochbuch" der physikalischen Laboratorien.

Die wissenschaftlichen Grundlagen der Technik umfaßten jetzt neben Mechanik, Hydrodynamik, Thermodynamik und Optik neu die Elektrodynamik und Elektronik sowie zunächst auf dem Gebiet der medizinischen Physik und der Materialprüfung Röntgenologie und Radiologie. Einige bedeutende Entdeckungen der Physik entstanden aus technisch-physikalischen Fragestellungen, zu dieser Zeit zunächst in der Elektrotechnik (Entdeckung und Verwendung des dynamoelektrischen Prinzips durch W. v. SIEMENS und F. v. HEFNER-ALTENECK), dann besonders in der Nachrichtentechnik und Elektronik. (SIEMENS und nach ihm HEFNER-ALTENECK vertraten in der Akademie als ordentliche Mitglieder Technik und technische Physik). –

Eine der Hauptaufgaben der Physikalisch-Technischen Reichsanstalt war die – möglichst „kohärente" – Definition und exakte experimentelle Realisierung von gut reproduzierbaren physikalischen und technischen Einheiten. Auf Grund der Bedürfnisse der Elektro- und der Beleuchtungstechnik schufen schon vor der Gründung der Physikalisch-Technischen Reichsanstalt SIEMENS und HEFNER-ALTENECK „praktische" Einheiten dieser Art (das „Siemens" für den elektrischen Widerstand und die „Hefner-Kerze" (1884)), die jahrzehntelang internationale Verwendung fanden.

Das Hauptverdienst um die Definition kohärenter („absoluter") elektrodynamischer Einheiten hatte W. WEBER (seit 1842); sein Maßsystem wurde 1881 auf dem internationalen elektrischen Kongreß in Paris, auf dem Deutschland durch HELMHOLTZ vertreten war, im Grundsätzlichen angenommen.

Ein erster namhafter Vertreter der Elektronik in der Akademie war F. BRAUN, der Erfinder der BRAUNschen Elektronenbildröhre und wissenschaftlicher Pionier der drahtlosen Telegraphie, der eng mit der Elektroindustrie verbunden war. BRAUNS Arbeit[1] (1887) zum sogenannten „LE CHATELIER-BRAUNschen Prinzip" in der Thermodynamik nahm übrigens Gedanken vorweg, die heute als „Systemtheorie" oder „Theorie der selbstregulierenden oder offenen Systeme" bekannt geworden sind. (Die Aufdeckung des physikalischen Hintergrundes dieser Gedanken gelang erst PLANCK (1934/35),[2] und zwar wieder auf Grund des Prinzips der kleinsten Wirkung.)

Wie in der Entstehungszeit der klassischen Physik bestanden in den Jahren von 1870 bis 1930 engste Wechselbeziehungen zwischen Physik und Mathematik, die eine neue Entwicklung der mathematischen Physik begründeten. Diese Beziehungen der gegenseitigen Förderung und geistigen Abhängigkeit bestanden, obwohl die Mathematik seit Ende des vorigen Jahrhunderts durch die Entwicklung der Mengenlehre und der mathematischen Grundlagenforschung eine erkenntnistheoretische Unabhängigkeit von der Physik zu gewinnen unternahm. Begründung und Ausbau der statistischen Physik, der Quantenphysik und der

---

[1] Vgl. F. BRAUN in: Z. physik. Chemie **1** (1887) S. 259.

[2] M. PLANCK in: Ann. d. Phys. **19** (1934) S. 759; Physica **11** (1935) S. 1029. – Vgl. H.-J. TREDER in: Monatsber. d. DAW zu Berlin **12** (1970) S. 675.

Relativitätstheorie wurden ermöglicht durch die Fortschritte der Analysis, besonders durch die Begründung der Integral-Invarianten (Poincaré) und den Ausbau der Theorie der Integralgleichungen und Begründung der Funktionalanalysis durch Hilbert und seine Schule (C. Carathéodory, R. Courant, G. Hamel, J. v. Neumann, E. Schmidt, H. Weyl u. a.). Von diesen Mathematikern wirkten nach 1918 Carathéodory und v. Neumann zeitweilig und Erhard Schmidt (der Mitbegründer der Theorie der Integralgleichungen) sowie der Mechaniker Hamel dauernd in Berlin. — Die Entwicklung der allgemeinen Relativitätstheorie fußte auf der Entdeckung der Riemannschen Geometrie und den Arbeiten der deutschen, französischen und vor allem auch der italienischen Schule von Differential-Geometern. Die für die Quanten- und Atomphysik entscheidenden Mittel der modernen Algebra wurden zuerst durch die Arbeiten von H. Weyl und J. v. Neumann über Gruppentheorie und Quantenphysik der Physik erschlossen.

Die Mehrzahl der großen Mathematiker dieser Zeit gab selber wichtige Beiträge zur theoretischen Physik, C. Neumann zur Elektrodynamik, F. Klein und T. Levi-Civita zur Mechanik, Hilbert zur kinetischen Gastheorie und zur Theorie der Wärmestrahlung, Minkowski zur Elektrodynamik und Carathéodory zur Thermodynamik usf. Fundamental waren die Beiträge von Poincaré, Minkowski, Hilbert, Klein, Levi-Civita und Weyl für die Entwicklung der allgemeinen Relativitätstheorie und von Weyl und v. Neumann für die Entwicklung der Quantenphysik.

Umgekehrt erhielten Analysis, Algebra und Geometrie fundamentale Gedanken und Probleme aus der statistischen Physik, der Quantenmechanik und der Relativitätstheorie. Nach Hilberts Urteil sind die Beiträge von Helmholtz und Einstein zur Geometrie von derselben Bedeutung wie etwa diejenigen von Euklid, Gauss und Riemann. Die drei Träger des Bolyai-Preises der Budapester Akademie der Wissenschaften, der den hervorragendsten Beitrag zur Geometrie auszeichnen sollte, waren Poincaré, Hilbert und Einstein.

Genauso, wie mit den Namen von Helmholtz und Einstein Grundbegriffe und fundamentale Theoreme der Geometrie verbunden sind, wurden solche Begriffe und Theoreme in der Analysis mit den Namen von Helmholtz, Hertz, Sommerfeld, Debye u. a. verknüpft.

Die geistige Haltung der führenden Vertreter der Berliner Physik in den zwanziger Jahren stand in einem gewissen und bewußten Gegensatz zu den Grundideen der neuen Physikzentren in Göttingen, Cambridge und Kopenhagen. Planck, Einstein, Laue und Schrödinger waren genauso wie etwa Nernst der Ansicht, daß die von der neuen Physiker-Generation der „Zwanzigjährigen" (Dirac, Pauli, Heisenberg u. a.) und deren Lehrern Bohr und Born vertretenen, aus der Quantenmechanik hergeleiteten, erkenntnistheoretisch von Mach abhängigen neopositivistischen Vorstellungen mit ihrem Verzicht auf die Objektivierbarkeit und kausale Bestimmtheit des physikalischen Geschehens noch nicht die endgültige abschließende Antwort auf die Quantenprobleme sind. Planck und Einstein verfolgten das Helmholtzsche Erkenntnisziel einer objektiven, grundsätzlich unabhängig von Beobachtern und Beobachtungen darstellbaren Physik. Sie hielten dementsprechend die in der Kopenhagener und Göttinger Deutung der Quantenmechanik betonten, ein eprinzipielle Unbestimmtheit bedingenden, Wechselbeziehungen zwischen Subjekt und Objekt nur für einen vorläufigen Schritt auf dem Wege zu einer neuen und umfassenden objektivierbaren Theorie, für die EINSTEIN das Ideal einer unitären Feldtheorie konzipierte.

Die Kritik von PLANCK, EINSTEIN, LAUE und SCHRÖDINGER war aber nicht nur erkenntnistheoretisch und naturphilosophisch fundiert, sondern wies auf die immanente Problematik der neuen Quantenmechanik hin, die in der berechtigten Begeisterung über ihre großen überraschenden Erfolge jahrzehntelang nicht gesehen wurde. Insbesondere war für PLANCK, EINSTEIN und SCHRÖDINGER die Quantentheorie insofern eine Enttäuschung, als sie die fundamentalen Fragen, die die Feldphysik und Relativitätstheorie nach 1900 aufgeworfen hatte: die Beziehungen zwischen Feld und Feldquelle, die aus einer Nichtlinearität folgende Nicht-Superponierbarkeit der physikalischen Wirkungen und insbesondere die Größen der Massen und Ladungen der Elementarteilchen, nicht nur nicht löste, sondern — bezüglich der Ladungen und Kopplungskonstanten — überhaupt keine Mittel zur Verfügung zu stellen schien, diese Fragen behandelbar zu formulieren. Auch stand die neue Quantenphysik der etwa von EINSTEIN und NERNST erkannten notwendigen kosmologischen Einordnung der Elementarteilchenpyhsik nur achselzuckend gegenüber. (Die in den dreißiger Jahren versuchte Synthese von Kosmologie und Relativitätstheorie mit der Quanten- und Elementarteilchenphysik durch EDDINGTON blieb ein inhaltlich verfrühtes spekulatives Programm und wurde in ihrem physikalischen Inhalt von DEBYE und BORN kritisiert; sie war jedoch durchaus anregend.)

EINSTEIN und SCHRÖDINGER waren der Ansicht, daß die allgemeine Relativitätstheorie als nichtlineare Feldtheorie, die es gestattete, die Partikeldynamik aus den Feldgleichungen herzuleiten und die in der von EINSTEIN aufgeworfenen Problematik der singularitätsfreien Lösungen der quellfreien Feldgleichungen Mittel zur Lösung der Dualität Partikel—Feld zu bieten schien, im Prinzip auf einer wesentlich höheren Stufe der Problemstellung stehen würde als die physikalisch überaus erfolgreiche Quantenmechanik, die aber doch nur eine rein lineare Annäherung an die physikalische Wahrheit sei.

Es war für EINSTEIN daher eine große Enttäuschung, daß die seiner Ansicht nach viel tiefer fundierte allgemeine Relativitätstheorie im Gegensatz zur speziellen Relativitätstheorie und besonders zur Quantenmechanik viele Jahrzehnte lang so wenige physikalische Erfolge aufweisen konnte.[1]

---

[1] Dies hat sich seit etwa einem Jahrzehnt wesentlich geändert. Extreme Konsequenzen der allgemein-relativistischen Gravitationstheorie wurden durch die (sich auf Radar- und Rechentechnik stützende) Himmelmechanik, die Astrophysik und die Kosmologie verifiziert. — Grundlagenprobleme der Gravitationstheorie sind auch (mit in der Kernphysik entstandenen Methoden) im irdischen Laboratorium untersuchbar geworden.

Einen großen Erfolg hatte hingegen die Verschmelzung von Quantentheorie und spezieller Relativitätstheorie, die bereits in der halbklassischen Stufe des BOHRschen Atommodells schon von SOMMERFELD (1916) unternommen wurde und hier eine Deutung der Feinstruktur der Spektrallinien ermöglichte. — Eine neue Entwicklungsetappe der Physik begann dann mit DIRACS Begründung (1928) seiner relativistischen Quantentheorie des Elektrons, die die Existenz des Elektronen-Spins verständlich machte, die Feinstruktur und die Hyperfeinstruktur der Spektrallinien, wie sie besonders PASCHEN erforscht hatte, grundsätzlich quantitativ aufklärte und vor allem auch die Quantenstatistik theoretisch fundierte. DIRACS Synthese von spezieller Relativitätstheorie und Quantenmechanik führte darüber hinaus zu seiner neuen Konzeption von „Materie und Antimaterie" (Teilchen und Antiteilchen), wodurch eine Theorie der Elementarteilchen — auch im Sinne von EINSTEINS Programm einer einheitlichen Feldtheorie — als möglich erschien (1930). DIRACS Quantentheorie des Elektrons war der Ausgangspunkt für die in den dreißiger und vierziger Jahren entwickelte Quantenelektrodynamik und das Vorbild für den Aufbau der speziell-relativistischen Quantentheorie der Wellenfelder, deren Anfangserfolge ebenfalls höchst eindrucksvoll waren.

Dem formalen Einbau der DIRACschen speziell-relativistischen Quantentheorie in die allgemeine Relativitätstheorie waren die letzten Berliner Arbeiten von EINSTEIN und W. MAYER (1932) gewidmet. Etwa gleichzeitig erschienen in den Sitzungsberichten der Akademie hierzu Beiträge von SCHRÖDINGER, INFELD und VAN DER WAERDEN sowie eine vorläufig abschließende Arbeit von BARGMANN. (INFELD und BARGMANN wurden später Mitarbeiter EINSTEINS in Princeton.) Die weiteren Arbeiten von EINSTEIN und SCHRÖDINGER über die Beziehungen von Quanten- und Relativitätstheorie konnten nicht mehr in der Berliner Akademie vorgetragen werden.

Über alle diese Grundfragen der Physik begannen bereits 1928 die die moderne Erkenntnistheorie der Naturwissenschaften mitprägenden Diskussionen zwischen EINSTEIN und BOHR über die Vollständigkeit und Endgültigkeit der Quantenmechanik. Diese Diskussionen führten nicht nur zur Klärung der denkmöglichen Positionen, sondern insbesondere auch dazu, daß der physikalische Inhalt der Quantenmechanik klar herausgearbeitet wurde. Die fundamentalen Differenzen zwischen den Auffassungen von EINSTEIN, SCHRÖDINGER und LAUE einerseits und BOHR und BORN und deren Schülern (besonders HEISENBERG und PAULI) andererseits konnten sie nicht überbrücken. Längere Zeit war die Ansicht verbreitet, daß PLANCK, EINSTEIN und SCHRÖDINGER veraltete wissenschaftliche Positionen einnehmen würden.

---

[1] M. PLANCK in: Ann. d. Phys. **38** (1940) S. 261; **40** (1941) S. 481
[2] s. A. EINSTEIN, Physik und Realität; Franklin Institute, Journal **221** (1936) S. 313.

Für PLANCK selbst war hingegen sein von ihm noch 1940/41 erbrachter Nachweis[1] ausschlaggebend, daß — im Gegensatz zu den Korrespondenz-Erwartungen — der Grenzübergang: das Wirkungsquantum $h$ geht gegen Null bzw. die Quantennummern gehen gegen Unendlich, im allgemeinen nicht auf klassisch-physikalisch interpretierbare Lösungen der quantenmechanischen Gleichungen führt. Etwa gleichzeitig hob auch EINSTEIN[2] dies in einer mehrjährigen Polemik mit BORN hervor, wobei EINSTEIN zeigte, daß diese nichtklassischen Zustände die Nichtlokalisierbarkeit der makrophysikalischen Körper bedeuten würden. EINSTEIN forderte eine nichtlineare Verallgemeinerung der quantentheoretischen Grundgleichungen.

So wiesen die Diskussionen, die um 1930 mit den Akademie-Ansprachen von PLANCK und SCHRÖDINGER und den verschiedenen Disputationen zwischen EINSTEIN und BOHR begannen[1], letztlich bereits auf eine neue Etappe der Physik hin, die in diesen Diskussionen auf ähnliche Weise vorbereitet wurde wie in den historisch-kritischen Analysen der klassischen Physik im letzten Drittel des vorigen Jahrhunderts die Relativitäts- und Quantentheorie.

Die Untersuchungen der erkenntnistheoretischen und methodischen Grundlagen der Physik wurden in den Arbeiten von HELMHOLTZ bis SCHRÖDINGER verbunden mit eingehenden und umfassenden Studien über die Geschichte der Physik und über das Wirken großer Physiker. Die wissenschaftlichen Selbstbiographien von HELMHOLTZ, PLANCK, EINSTEIN, LAUE sowie von OTTO HAHN gewannen den Charakter wissenschaftlicher Vermächtnisse. Zu den biographischen Studien gehören auch die von diesen Gelehrten verfaßten Laudationes zu den Akademie-Wahlen. — Hochbedeutsam waren spezielle Arbeiten zu Problemen der Physikgeschichte wie HELMHOLTZ' Untersuchung über „Goethes naturwissentschaftliche Arbeiten"[2] und die historisch-kritischen Analysen von HELMHOLTZ und von PLANCK zur Geschichte des Prinzips der Erhaltung der Energie und des Prinzips der kleinsten Wirkung und von LAUE[3] zur Geschichte des Problem-Komplexes „Trägheit und Energie".

---

[1] Der Verlauf der Diskussionen zwischen EINSTEIN und BOHR wurde oft so dargestellt, daß es BOHR gelungen sei, die immer „raffinierter gebauten Anschläge" EINSTEINS auf die Grundposition der Quantenmechanik und ihrer „Kopenhagener Deutung" abzuwehren. In dieser Allgemeinheit ist dies nicht richtig: Das Ergebnis der Diskussionen zwischen EINSTEIN und BOHR (und zwischen EINSTEIN, BORN und PAULI) war vielmehr die klare Herausarbeitung der von der gegenwärtigen Quantenphysik implizierten Grundannahmen, gegen die sich aber gerade EINSTEINS Bedenken richteten. (Vgl. hierzu meine Analyse des „EINSTEIN-BOHR-Box-Experiments" in „Perspectives in Quantum Theory-Essays in Honor of Alfred Landé", Cambridge, Mass., 1971; s. auch H.-J. TREDER, Der physikalische Raum, Berlin 1974.)

[2] H. v. HELMHOLTZ, Über Goethes naturwissenschaftliche Arbeiten. Ein Vortrag, gehalten in der Deutschen Gesellschaft in Königsberg, 1853, in: Kieler Allg. Monatsschr. für Wissenschaft und Literatur, Jg. 1853, S. 383—398.

[3] M. v. LAUE, Trägheit und Energie, in: Albert Einstein als Philosoph und Naturforscher, hrsg. von P. A. SCHILPP, Stuttgart 1955.

Das allgemeine naturwissenschaftliche Weltbild wurde später mitgeformt durch die großen Monographien zur Physikgeschichte, in denen EINSTEIN und L. INFELD (1938) „Die Evolution der Physik von Newton bis zur Quantentheorie"[1] und später SCHRÖDINGER die Enwicklung des griechischen Naturbildes und seinen Einfluß auf die heutige Physik („Die Natur und die Griechen")[2] schilderten. Eine besondere Bedeutung kommt hier der „Geschichte der Physik" (1947/1958) von v. LAUE zu, in der LAUE die Entwicklung der Physik anhand der Geschichte ihrer großen Problem-Komplexe darstellt.[3]

---

[1] A. EINSTEIN und L. INFELD, Die Physik als Abenteuer der Erkenntnis, Leiden 1938.
[2] E. SCHRÖDINGER, Die Natur und die Griechen, Hamburg 1956.
[3] M. v. LAUE, Geschichte der Physik, 1. Auflage, Bad Godesberg, 1947, 4. Auflage, Berlin (West) 1958.

# Quellenkundliche Erläuterungen

Die Wahlvorschläge zur Aufnahme von Mitgliedern in die Berliner Akademie — im 18. Jahrhundert Laudationes genannt — haben als Quellen für die Wissenschaftsgeschichte hervorragende Bedeutung. Was W. KRAUSS über den Quellenwert der Gedächtnisreden (auch Elogen, Laudationes) des 18. Jahrhunderts sagte[1], daß sie durch FONTENELLE zu einer Rechenschaftsablage über die Errungenschaften, die vergangenen und künftigen Fragestellungen des Wissenschaftsgebietes geworden, daß sie als Dokumentierung der jeweils erreichten Fortschritte ein Stück lebendiger Wissenschaftsgeschichte seien, trifft in vollem Umfang und eher noch stärker auf die Wahlvorschläge des 19. und 20. Jahrhunderts der Berliner Akademie zu. Von den hier abgedruckten 73 Wahlvorschlägen wurden z. B. allein 7 von HERMANN VON HELMHOLTZ, 9 von MAX PLANCK, 4 von MAX VON LAUE und 4 von ALBERT EINSTEIN verfaßt. Die wissenschaftshistorische Forschung hat diese Quellengattung noch nicht erschöpfend ausgewertet. Bisher wurden Wahlvorschläge meist als Einzelstücke im Zusammenhang mit biographischen Untersuchungen oder Darstellungen veröffentlicht.[2] Aber gerade in ihrer Zusammenfassung, in ihrer zeitlichen Abfolge und fachlichen sowie institutionellen Bezogenheit stellen sie eindrucksvolle Zeugnisse zur Entwicklungsgeschichte der Wissenschaft dar.

Allerdings mußte auch in der vorliegenden Edition das Prinzip der Auswahl gelten. Aus den archivalisch fast lückenlos[3] überlieferten Wahlvorschlägen der physikalisch-mathematischen Klasse[4] wurden zu denen der Fachphysiker noch

---

[1] WERNER KRAUSS, Studien zur deutschen und französischen Aufklärung, Neue Beiträge zur Literaturwissenschaft. Bd. 16, Entwicklungstendenzen der Akademien im Zeitalter der Aufklärung, S. 41.

[2] Eine Ausnahme bildet KURT-R. BIERMANN, Vorschläge zur Wahl von Mathematikern in die Berliner Akademie; Ein Beitrag zur Gelehrten- und Mathematikgeschichte des 19. Jahrhunderts, in: Abh. der Dt. Akad. Wiss. Berlin, Klasse für Math., Phys. u. Techn., Berlin, Jg. 1960 Nr. 3, insbes. S. 7 f.

[3] Die Überlieferungslücken betreffen die Wahlvorschläge zu KM für HERMANN von HELMHOLTZ (1857), GEORG QUINCKE (1879), GUSTAV WIEDEMANN (1879) und JULES HENRI POINCARÉ (1896), die sonst in die Auswahl einbezogen worden wären.

[4] Seit 1829 war die Berliner Akademie in zwei Klassen gegliedert: die physikalisch-mathematische und die philosophisch-historische Klasse. Diese Struktur blieb bis 1945 bestehen.

jene ausgewählt, die die immer stärker werdende Verflechtung der naturwissenschaftlichen Disziplinen besonders deutlich hervortreten lassen und die dadurch den in der Einleitung gegebenen Abriß der Physikgeschichte für die in dieser Hinsicht höchst bedeutsamen Jahre zwischen 1870 und 1930 an der Berliner Akademie quellenmäßig am eindrucksvollsten belegen.

Die Zuwahl von Mitgliedern gehört zu den wesensbestimmenden Merkmalen von Akademien. Die ausführlichen Regelungen, die für die Mitgliedswahlen in den jeweiligen Statuten der Berliner Akademie der Wissenschaften niedergelegt sind, geben ein beredtes Zeugnis von der Bedeutung, die ihnen im Leben der Akademie in ihren verschiedenen historischen Entwicklungsphasen beigemessen wurde.

Die in der vorliegenden Edition zusammengestellten Wahlvorschläge der physikalisch-mathematischen Klasse haben ebenso wie die Wahlvorschläge der philosophisch-historischen Klassen ihre rechtliche Grundlage in den Statuten der Akademie von 1881[1] (sowie der 1884 erlassenen Geschäftsordnung), die im Hinblick auf die Wahlbestimmungen im wesentlichen mit den vorhergehenden Statuten von 1838 übereinstimmen und mit einigen wenigen Ergänzungen aus den Jahren vor 1914 auch nach Beendigung des imperialistischen Weltkrieges ihre Gültigkeit behielten.

Demnach bestand die Akademie aus verschiedenen Mitgliederkategorien:

1. Ordentlichen Mitgliedern (OM), 2. Auswärtigen Mitgliedern (AM), 3. Ehrenmitgliedern (EM), 4. Korrespondierenden Mitgliedern (KM). Mit Ausnahme der Ehrenmitglieder wurden sie für eine bestimmte Klasse ernannt, die physikalisch-mathematische oder die philosophisch-historische. Jede der beiden Klassen hatte nach dem Statut von 1881 zunächst 27 Stellen für Ordentliche Mitglieder. In den folgenden Jahren wurde die Zahl der OM-Stellen einige Male erhöht, z. B. wurde aus Anlaß des 200. Jubiläums der Berliner Akademie im Jahre 1900 die Zahl der OM in jeder Klasse auf 30 erweitert. Die physikalisch-mathematische Klasse erhielt die Auflage, diese drei Stellen mit Vertretern der technischen Wissenschaften zu besetzen.

Im Zusammenhang mit der Gründung der Kaiser-Wilhelm-Gesellschaft erhielt sie drei weitere OM-Stellen, sogar ohne eigenen Antrag, zugesprochen, speziell zur Aufnahme von Direktoren der Institute dieser Gesellschaft in die Akademie. Die Zahl der OM war also folgendermaßen gewachsen:[2]

---

[1] Statuten der Kgl. Preußischen Akademie der Wissenschaften zu Berlin vom 28. März 1881; abgedr. in A. Harnack, Geschichte der Kgl. Preußischen Akademie der Wissenschaften zu Berlin, Bd. 2, Berlin 1900.

[2] Die Mitglieder der Deutschen Akademie der Wissenschaften zu Berlin, 1700—1950; im Auftrage der Dt. Akad. Wiss. bearb. von Erik Amburger, Berlin 1950, S. IX.
' Die in Klammern gesetzten Zahlen geben die Verteilung der OM auf die beiden Klassen der Akademie an.

| | | | | | |
|---|---|---|---|---|---|
| 1838 | — 50 | (25 + 25) | 1911 | — 67 | (35 + 32) |
| 1881 | — 54 | (27 + 27) | 1913 | — 70 | (35 + 35) |
| 1900 | — 60 | (30 + 30) | 1935 | — 76 | (38 + 38) |
| 1906 | — 64 | (32 + 32) | | | |

Eine Anzahl dieser OM-Stellen war einzelnen Fächern zugeteilt, die übrigen waren für alle Gelehrten zugänglich, deren wissenschaftliche Tätigkeit in das Gebiet der Klasse fiel.

Die Wahl zum OM bedingte Berlin — oder die nähere Umgebung Berlins — als Wohnsitz. Hatte der Gewählte in einer Frist von sechs Monaten seinen Wohnsitz nicht nach Berlin verlegt, so erhielt er den Status eines EM. Zu den Rechten der OM gehörte auch die Befugnis, an der Berliner sowie an jeder anderen preußischen Universität Vorlesungen zu halten. Sie waren dabei rechtlich den Universitätsprofessoren gleichgestellt. Jedes OM bezog für seine Tätigkeit in der Akademie ein Jahresgehalt (lt. Statut von 1881) von 900 Mark. Zwei Mitglieder aus jeder Klasse (ein Botaniker und ein Chemiker, ein Philologe und ein Historiker) bezogen neben dem gewöhnlichen Jahresgehalt besondere Gehälter, die für die mit diesen Stellen verbundenen besonderen Aufgaben gezahlt wurden. Außerdem konnte die Akademie aus den dazu bestimmten Fonds Ordentlichen Mitgliedern ein besonderes persönliches Gehalt zahlen.

Die Bestimmung über den Wohnsitz der OM in Berlin (oder Umgebung) bewirkte eine enge personelle Verflechtung der OM der Akademie mit Funktionen an den übrigen in Berlin konzentrierten wissenschaftlichen Institutionen, insbesondere mit der Universität, der Physikalisch-Technischen Reichsanstalt und den Instituten der Kaiser-Wilhelm-Gesellschaft. De facto setzte die Wahl zum OM der Akademie die Berufung an eine Berliner Lehr- oder Forschungsanstalt, in den meisten Fällen an die Universität, voraus oder folgte ihr.

Jede Klasse verfügte nach dem Statut von 1881 über 10 Stellen für Auswärtige Mitglieder. AM konnten nur solche Gelehrte sein, die nicht in Berlin (oder Umgebung) ansässig waren. Mit Ausnahme des Akademiegehaltes, das allein den OM zustand, waren sie den OM gleichgestellt. Verlegte ein AM seinen Wohnsitz nach Berlin, so wurde es ohne neue Wahl unter die OM aufgenommen.

Die Zahl der EM war keiner Beschränkung unterworfen. Zu EM wurden hervorragende Persönlichkeiten ernannt, die bei vorhandener Qualifikation aus irgendwelchen Gründen nicht in der Lage waren, die Pflichten eines OM zu erfüllen.

Zu KM wurden außerhalb Berlins (oder Umgebung) wohnende Gelehrte gewählt, mit denen die Akademie nähere wissenschaftliche Kontakte wünschte. Jede Klasse verfügte laut Statut von 1881 über 100 KM-Stellen, die durch besondere Ordnungen für bestimmte Fächer vorgesehen waren.

Die schnelle Entwicklung der Physik in diesen Jahren und die Bedeutung, die die OM der physikalisch-mathematischen Klasse dem wissenschaftlichen Wirken der KM ihrer Klasse beimaßen, zeigte sich in dem Bestreben, die Aufteilung der Fachstellen im Rahmen der der Klasse zur Verfügung stehenden

100 KM-Stellen möglichst zugunsten der Physik zu verändern. In einem eigenhändig von MAX PLANCK verfaßten und von LAUE, WARBURG, EINSTEIN, RUBENS und MÜLLER mitunterzeichneten Antrag aus dem Jahre 1921 wurde die Notwendigkeit begründet, die 10 für die Physik vorgesehenen Fachstellen (im Rahmen der 100 verfügbaren KM-Stellen) auf 15 zu erhöhen.[1]

Die Geschäfte der Akademie wurden von den vier beständigen Sekretaren, je zwei aus jeder der beiden Klassen, geführt. Die Sekretarstellen wurden auf Lebenszeit verliehen. Der Vorsitz und die damit verbundene Leitung der Geschäfte der Gesamtakademie wechselte alle vier Monate. Im Vorsitz der Klasse wechselten die beiden Sekretare einer Klasse einander ebenfalls im Turnus von vier Monaten ab. In dem hier dokumentierten Zeitraum wurde die physikalisch-mathematische Klasse 17 Jahre hindurch gemeinsam bzw. im Wechsel von E. DU BOIS-REYMOND und ARTHUR v. AUWERS (1878—1895), von 1896 bis 1912 von AUWERS und WALDEYER-HARTZ geleitet. 1912 trat PLANCK an die Stelle von AUWERS und leitete bis 1938 die Klasse, zunächst bis 1919 weiter mit WALDEYER, danach mit RUBNER (bis 1932), HEINRICH v. FICKER (bis 1937) und HANS STILLE (bis 1938).[2]

Das Vorschlagsrecht für die Zuwahl von Mitgliedern aller Kategorien in die Akademie war den Ordentlichen Mitgliedern vorbehalten. Zu diesem Zweck war in einer ordentlichen Sitzung der betreffenden Klasse ein Antrag einzureichen, in dem zunächst lediglich „auf eine Wahl" (ohne Nennung der Person) angetragen und die zu besetzende Stelle bezeichnet werden mußte. Der vorsitzende Sekretar gab diesen Antrag in der Klassensitzung bekannt. Bis zum Beginn der Verhandlung in der folgenden ordentlichen Klassensitzung stand nun jedem einzelnen OM der Klasse das Recht zu, einen Wahlvorschlag (nunmehr mit Namensnennung und Begründung) für die zu besetzende Stelle schriftlich einzureichen. In der Regel fanden mündliche Vorabsprachen unter den Mitgliedern statt; die überwiegende Mehrzahl aller uns bekannten Wahlvorschläge ist von mehreren Mitgliedern zugleich unterzeichnet. Diese Gemeinsamkeit drückt sich auch im Stil der Wahlvorschläge aus, wenn es zu Beginn oder am Ende heißt: „. . . Die Unterzeichneten beehren sich. . .", oder „. . .Wir zweifeln nicht, daß er würdig ist, einen Platz in der Akademie einzunehmen. . .". Der Wahlvorschlag für GABRIEL STOKES zum KM, der von GUSTAV MAGNUS im Ich-Stil abgefaßt ist und keine Mitunterzeichner hat, erscheint als Ausnahme.

Ein Wahlvorschlag galt als angenommen, wenn ihm sowohl in der betreffenden Klasse als auch in der Gesamtakademie die absolute Mehrheit aller anwesenden OM und der an der Sitzung teilnehmenden AM zugestimmt hatte. Zur Aufnahme

---

[1] AAW II-Ia-Bd. 8, Bl. 184.

[2] 1938 legten die vier Sekretare beider Klassen ihr Amt im Zusammenhang mit der Forderung des faschistischen Staats, die Satzungen der Preußischen Akademie der Wissenschaften entsprechend dem faschistischen Führerprinzip umzugestalten, nieder (AAW II-Ia-Bd. 14, Bl. 18).

in die Akademie war für OM, AM und EM außerdem noch die Bestätigung durch den preußischen König bzw. das betreffende Ministerium erforderlich.

Die statutenmäßig geregelte Verfahrensweise bei der Zuwahl von Mitgliedern macht deutlich, daß die Wahlvorschläge als Schriftstücke des internen Geschäftsablaufes entstanden sind und daher nicht zur Veröffentlichung, nicht einmal zur Ausfertigung bestimmt waren. Ihr Inhalt wurde im engsten Kreis der OM der betreffenden Klasse beraten und ging — nach einer entsprechenden Mitteilung an die Gesamtakademie — zu den Akten.[1] Der durch dieses Schriftstück zur Wahl vorgeschlagene Gelehrte erhielt keine Kenntnis vom Inhalt.

Im Sinne der systematischen Aktenkunde[2] könnte man die Wahlvorschläge am ehesten als „Votum" ansprechen, als die mündlich oder schriftlich abgegebene Stimme zur Meinungsäußerung einer dazu befugten Person gegenüber einer ihr gleichgestellten Instanz, die von ihr beraten werden soll.

Die Verfasser selber gaben diesen Schriftstücken verschiedenartige Bezeichnungen, z. B. motiviertes Votum, Entwurf, Vorschlag, Bericht, oder unterließen die Kennzeichnung ganz.

Der Form nach ähneln die Wahlvorschläge Konzepten. In den meisten Fällen sind sie handschriftlich, meist eigenhändig vom Autor, gelegentlich aber auch von Schreiberhand abgefaßt, tragen vielfach Korrekturen, Streichungen oder Einfügungen von der Hand des Autors oder auch der Mitunterzeichnenden. Von den Wahlvorschlägen, die nach 1905 entstanden sind, sind einige maschinenschriftlich angefertigt; hier ist der „Konzeptcharakter" nicht mehr so deutlich ausgeprägt.

Für die vorliegende Edition ist lediglich von Bedeutung, daß zu keinem der Wahlvorschläge eine Ausfertigung mit höherer Authentizität in den Akten der Akademie vorhanden ist als das dem Druck zugrunde gelegte konzeptartige Original und daß eine solche aus den angeführten Gründen (Geschäftsordnung, Wahlmodus, Schriftstücke des Innenlaufes) auch nicht angefertigt worden ist. Für die Anordnung der Wahlvorschläge ist möglichst die chronologische Folge nach dem Jahr des Eintritts in die Berliner Akademie gewählt worden, wobei aber die Wahrung des inneren physikgeschichtlichen Zusammenhangs stets im Vordergrund der Überlegungen gestanden und an einigen Stellen eine Änderung in der Anordnungsweise bewirkt hat. Ausnahmen in der chronologischen Folge haben sich auch dort ergeben, wo für ein und denselben Gelehrten sowohl der Wahlvorschlag zum KM als auch zum OM oder AM bzw. EM für den Druck ausgewählt worden ist; die betreffenden Dokumente sind aufeinanderfolgend angeordnet, um ein geschlossenes Bild zu erzielen.

Bei der Wiedergabe der handschriftlichen Texte sind Eigentümlichkeiten der Schreibweise und Interpunktion des Originals beibehalten worden. Heraus-

---

[1] Die Verfahrensweise wurde in allen Einzelheiten durch entsprechende Geschäftsordungen geregelt.

[2] H. O. Meisner, Archivalienkunde, Leipzig 1969, S. 327.

hebungen im Original durch Unterstreichungen, Sperrungen oder Großbuchstaben sind durch kursiven Satz gekennzeichnet. Die äußere Form ist vereinheitlicht; Adresse und Absenderangaben sowie Registraturvermerke sind weggelassen worden, desgleichen Streichungen im Text, die den Inhalt des Dokuments nicht beeinflussen. Die Namen der Unterzeichner werden in der im Dokument enthaltenen Form und Reihenfolge gebracht; falls nichts anderes vermerkt ist, sind alle Unterschriften in den Dokumenten eigenhändig vollzogen worden. Die Reihenfolge der Unterzeichner gestattet nicht ohne weiteres eine Schlußfolgerung auf die Urheberschaft des an erster Stelle Unterzeichnenden. Oft richtet sich die Reihenfolge nach der Rangfolge oder der Ancienität; dem Sekretar wurde vielfach eine besondere Stellung eingeräumt. Zur Bestimmung des Urhebers eines Wahlvorschlages mußten in jedem einzelnen Fall die Verhandlungsakten und die Klassenprotokolle herangezogen und die Identität mußte durch Schriftvergleich erhärtet werden.

Den einzelnen Dokumenten ist eine Überschrift vorangestellt, die die Lebensdaten der betreffenden Gelehrten, die Art der vorgesehenen Mitgliedschaft, das Austellungsdatum des Wahlvorschlags und dessen Verfasser enthält. Die Legende bringt Angaben über Fundort, Überlieferungsform und Wahldaten, Nachweise der Antrittsreden bzw. Nachrufe. Ausschlüsse von Mitgliedern auf Grund der faschistischen Rassengesetzgebung werden nicht angegeben, da die Mitgliedschaft mit der Wiedereröffnung der Akademie am 1. 7. 1946 wiederhergestellt wurde.

Die Kommentierung der Wahlvorschläge bleibt im wesentlichen auf den Nachweis der in den Texten erwähnten wissenschaftlichen Arbeiten beschränkt, wobei nach Möglichkeit Schriftenverzeichnisse über die Werke der betreffenden Forscher angeführt sind, jedoch in der Regel keine Sekundärliteratur genannt wird. Die benutzten Abkürzungen werden im Abkürzungsverzeichnis nachgewiesen, biographische Angaben zu den in der Einleitung und in den Dokumenten erwähnten Namen im Namensverzeichnis.

# Alphabetisches Verzeichnis der zur Wahl in die Berliner Akademie der Wissenschaften vorgeschlagenen Gelehrten

einschließlich der Verfasser und Mitunterzeichner der Wahlvorschläge

| Name | Nr. des Dokuments | gewählt zum | Verfasser | Mitunterzeichner | Seite |
|---|---|---|---|---|---|
| Becquerel, H. | 37 | KM 1904 | E. Warburg | Kohlrausch, Planck, van't Hoff | 156 |
| Bezold, W. v. | 16 | OM 1886 | Kirchhoff | Helmholtz, Siemens, Du Bois-Reymond | 105 |
| Bjerknes, V. | 66 | KM 1928 | Ficker | Hellmann, Planck | 245 |
| Bohr, N. | 61 | KM 1922 | Einstein | Laue, Planck, Rubens, Nernst | 232 |
| Boltzmann, L. | 18 | OM (EM) 1888 | Helmholtz | Bezold, Kronecker, Siemens | 109 |
| Born, M. | 69 | KM 1929 | Schrödinger | Laue, Nernst, Planck | 250 |
| Bragg, W. H. | 70 | KM 1929 | Laue | Einstein, Johnsen, Nernst, Paschen, Planck, Schrödinger | 252 |
| Braun, F. | 55 | KM 1914 | Rubens | Einstein, Hellmann, Nernst, Planck, Warburg | 214 |
| Carathéodory, K. | 56 | OM 1919 | E. Schmidt | Einstein, Engler, Liebisch, G. Müller, Orth, Penck, Planck, Rubens, Schottky, Schwarz, Struve, Warburg | 216 |
| Clausius, R. | 9 | KM 1876 | Kirchhoff | Helmholtz, Siemens | 87 |
| Debye, P. | 59 | KM 1920 | Einstein | Haber, Planck, Rubens, Warburg | 228 |
| Drude, P. | 39 | OM 1905 | E. Warburg | C. Klein, Planck | 163 |
| Einstein, A. | 52 | OM 1913 | Planck | Nernst, Rubens, Warburg | 201 |

| Name | Nr. des Dokuments | gewählt zum | Verfasser | Mitunterzeichner | Seite |
|---|---|---|---|---|---|
| Evötös, L. | 47 | KM 1910 | Helmert | Penck, Warburg | 184 |
| Franck, J. | 71 | KM 1929 | Paschen | Bodenstein, Einstein, Hahn, Nernst, Planck, Schrödinger | 254 |
| Gibbs, J. W. | 32 | KM 1900 | van't Hoff | Bezold, Kohlrausch, Planck, Warburg | 147 |
| Haber, F. | 54 | OM 1914 | Nernst | Beckmann, Einstein, E. Fischer, Planck, Rubens Warburg | 212 |
| Hahn, O. | 64 | OM 1924 | Haber | Einstein, Laue, Planck, Schlenk | 238 |
| Helmholtz, H. v. | 1 | AM 1870 | Du Bois-Reymond | Borchardt, Dove, Ehrenberg, Kronecker, Kummer, Magnus, Poggendorff, Reichert, Riess, Weierstrass | 63 |
| Hertz, H. | 20 | KM 1899 | Helmholtz | Bezold, Kundt | 114 |
| Hilbert, D. | 53 | KM 1913 | Frobenius | Planck, Schottky, Schwarz | 209 |
| Hittdorf | 14 | KM 1884 | Helmholtz | Kirchhoff, Siemens | 99 |
| Hittdorf | 15 | AM 1900 | Kohlrausch | Bezold, E. Fischer, Landolt, Planck, van't Hoff, Warburg | 101 |
| Joffé, A. F. | 68 | KM 1928 | Nernst | Johnsen, Laue, Planck | 248 |
| Kamerlingh Onnes, H. | 62 | KM 1922 | Nernst | Einstein, Rubens | 234 |
| Kelvin s. Thomson, W. | | | | | |
| Kirchhoff, G. R. | 4 | KM 1861 | Kummer | Encke, Kronecker, Weierstrass | 75 |
| Kirchhoff, G. R. | 5 | AM 1870 | Borchardt | Dove, Du Bois-Reymond, Kronecker, Kummer, Magnus, Poggendorff, Riess, Weierstrass | 77 |

| Name | Nr. des Doku-ments | gewählt zum | Verfasser | Mitunterzeichner | Seite |
|---|---|---|---|---|---|
| Knudsen, M. | 60 | KM 1921 | Nernst | Einstein, Planck, Rubens, Warburg | 230 |
| Kohlrausch, F. | 12 | KM 1884 | Kirchhoff | Helmholtz, Siemens | 95 |
| Kohlrausch, F. | 13 | OM 1895 | Bezold | E. Fischer, Frobenius, Fuchs, C. Klein, Landolt, Planck, Schwarz | 98 |
| Kundt, A. | 17 | OM 1888 | Helmholtz | Bezold, Kronekker, Siemens | 107 |
| Landolt, H. | 11 | OM 1881 | Rammelsberg | Du Bois-Reymond, Helmholtz, A. W. Hofmann, Kirchhoff, Roth | 90 |
| Laue, M. v. | 57 | OM 1920 | Planck | Einstein, Liebisch, Nernst, Rubens, E. Schmidt, A. Warburg | 221 |
| Lenard, Ph. | 45 | KM 1909 | Warburg | Planck, Rubens | 179 |
| Levi-Civita, T. | 72 | KM 1929 | Einstein | Bieberbach, Laue, Planck, E. Schmidt, Schrödinger, Schur, Wagner | 256 |
| Lippmann, G. | 33 | KM 1900 | Warburg | Bezold, Kohlrausch, C. Klein | 149 |
| Lorentz, H. A. | 40 | KM 1905 | Planck | Engelmann, Frobenius, C. Klein, Kohlrausch, van't Hoff, Warburg | 165 |
| Mendelejew, D. I. | 31 | KM 1900 | van't Hoff | Landolt | 146 |
| Meyer, L. | 19 | KM 1888 | Landolt | Hofmann, Pringsheim, Roth | 111 |
| Nernst, W. | 38 | OM 1905 | van't Hoff | Fischer, Landolt, Planck, Warburg | 161 |
| Neumann, C. G. | 22 | KM 1893 | Fuchs | Frobenius, Schwarz, Weierstrass | 119 |
| Ostwald, W. | 41 | KM 1905 | van't Hoff | Fischer, Landolt | 167 |
| Paschen, F. | 65 | OM 1925 | Laue | Einstein, Nernst, Planck, Pompecki, Warburg | 243 |

| Name | Nr. des Doku- ments | gewählt zum | Verfasser | Mitunterzeichner | Seite |
|---|---|---|---|---|---|
| Pickering, E. Ch. | 43 | KM 1906 | v. Auwers | Helmert, Struve, Vogel | 172 |
| Planck, M. | 23 | OM 1894 | Helmholtz | Bezold, Kundt | 125 |
| Ramsay, W. | 28 | KM 1896 | Landolt | Fischer, Kohlrausch, van't Hoff, Warburg | 140 |
| Rayleigh (J. W. Strutt) | 29 | KM 1896 | Kohlrausch | Fischer, Landolt, Planck, van't Hoff, Warburg | 142 |
| Rayleigh (J. W. Strutt) | 30 | AM 1910 | Warburg | Planck, Rubens | 144 |
| Richards, Th. W. | 46 | KM 1909 | van't Hoff | Fischer, Nernst | 182 |
| Röntgen, W. C. | 26 | KM 1896 | Warburg | Bezold, Fischer, Kohlrausch, Planck | 137 |
| Röntgen, W. C. | 27 | AM 1920 | Rubens | Einstein, Haber, Hellmann, Laue, Liebisch, G. Müller, Nernst, Planck, E. Schmidt, Schwarz, Warburg | 139 |
| Rowland, H. A. | 34 | KM 1900 | Kohlrausch | Bezold, Planck, Warburg | 150 |
| Rubens, H. | 44 | OM 1907 | Planck | Frobenius, Nernst, Schottky, Warburg | 176 |
| Rutherford, E. | 67 | KM 1928 | Laue | Hahn, Nernst, Penck, Planck, Warburg | 247 |
| Schrödinger, E. | 73 | OM 1929 | Planck | Laue, Nernst, Paschen, Warburg | 259 |
| Schwarzschild, K. | 50 | OM 1912 | H. Struve | Hellmann, Helmert, Nernst, Planck, Rubens | 195 |
| Seeliger, H. v. | 42 | KM 1906 | Auwers | Helmert, Struve Vogel | 169 |
| Siemens, W. v. | 8 | OM 1873 | Helmholtz | Du Bois-Reymond, Hagen, Poggendorff, Riess | 84 |
| Sommerfeld, A. | 58 | KM 1920 | Einstein | Haber, Planck, Rubens, Warburg | 223 |
| Stokes, G. G. | 2 | KM 1859 | Magnus | | 69 |

# Wahlvorschläge

zur Aufnahme als korrespondierendes Mitglied,
Ordentliches Mitglied, Auswärtiges Mitglied
oder Ehrenmitglied
in die Berliner Akademie der Wissenschaften

## Nr. 1

# Wahlvorschlag für Hermann von Helmholtz (1821-1894) zum AM

**von Emil Du Bois-Reymond**

**Berlin, 14. März 1870**

Die Unterzeichneten haben die Ehre, der physikalisch-mathematischen Klasse der Akademie Herrn Hermann Helmholtz, ordentlichen Professor der Physiologie in Heidelberg, seit 1856 correspondirendes Mitglied der Akademie, zum auswärtigen Mitgliede vorzuschlagen.

Schon zu der Zeit, wo Herr Helmholtz zum correspondirenden Mitgliede gewählt wurde, durfte Einer der Unterzeichneten, welcher ihn damals allein vorschlug, ohne Furcht vor Widerspruch den außerordentlichen Charakter seiner Leistungen hervorheben. Schon damals hatte Herr Helmholtz, der ursprünglich sich auf mikroskopische und experimentell-physiologische Arbeiten beschränkte, nach und nach glänzende Proben seiner Befähigung auf fast allen Gebieten theoretischer Naturwissenschaft, bis zu den Höhen der mathematischen Physik, abgelegt. Er hatte das seltene Schauspiel einer in den mannigfaltigsten Richtungen scheinbar sich zersplitternden Thätigkeit geboten, welche jedoch jede neue Aufgabe, der sie sich zuwandte, mit gleicher Kraft bis zu gleicher Tiefe durchdrang, und allen die überraschendsten und wichtigsten Erfolge abzuringen verstand.

In den seitdem verflossenen dreizehn Jahren hat sich die in dieser Beziehung in der Geschichte der Wissenschaft vielleicht einzig dastehende Erscheinung des Herrn Helmholtz zu einer Größe und zu einem Reichthum entfaltet, die seinen Ruhm als eines der ersten lebenden Forscher in weite Kreise getragen haben, es aber auch schwer machen, auch nur den flüchtigsten Abriß seiner Arbeiten während dieser Zeit der Klasse für den gegenwärtigen Zweck vorzulegen.

Herr Helmholtz hat seitdem das große Werk seiner *physiologischen Optik*[1] vollendet, in welchem er nicht allein zum ersten Male die sämmtlichen Thatsachen dieses Gebietes zu einem Lehrkörper vereinigt, sondern alle Theile desselben auf das Tiefste durcharbeitet und sie mit einer sehr großen Zahl der werthvollsten theoretischen und experimentellen Ermittlungen bereichert hat.

---

AAW II – IIIb-Bd. 7, Bl. 189 – 189b; Orig. hsl. von Schreiberhand.
Datum der Wahl zum KM 15. 1. 1857, AM 1. 6. 1870;
durch Übersiedlung nach Berlin OM seit 1. 4. 1871.
Der Wahlvorschlag zum KM für das Fach Anatomie und Physiologie ist nicht erhalten.
Nachruf: Emil Du Bois-Reymond, Abh. 1896, S. 1 – 50.

Es mögen hervorgehoben werden seine Untersuchungen über Ort und Beschaffenheit prismatischer Bilder, in welchen er zu ähnlichen Ergebnissen gelangte, wie Herr Kummer, seine Erneuerung der Thomas Young'schen Theorie des Farbensehens, und, eine lange Verwirrung siegreich und endgültig beendend, seine Untersuchungen über den Horopter,[2] die Augenbewegungen und das binoculäre Sehen.

Während die physiologische Optik im Erscheinen begriffen war, überraschte Herr Helmholtz die Physiker und Physiologen durch ein anderes größeres, wie mit Einem Schlage fertig von ihm hervorgebrachtes Werk, seine berühmte *Lehre von den Tönempfindungen*[3]. Indem er hier abermals eine Menge zerstreuten Materials mit bewunderswerthem Geschick zu einem wissenschaftlichen Körper vereinigte und mit einer Fülle neuer Forschungen durchflocht und ergänzte, lieferte er unter andern eine Lösung des uralten Pythagoraischen Problems in der Akustik, weshalb die Töne von einfachem Schwingungsverhältniß harmonisch sind und versuchte er auf diese Lösung eine rationelle Theorie der Musik zu errichten; während zugleich der Lehre von der Klangfarbe, von der Vocalbildung, vom Mechanismus der Tonempfindung, insbesondere von den Functionen der Schnecke die ungeahntesten Aufschlüsse und werthvollsten Erläuterungen zu Theil wurden. Eine große Arbeit über Trommelfell und Gehörknöchelchen[4] hat sich neuerdings hier angeschlossen; eine dem Gebiete der mathematischen Physik angehörige Untersuchung über die Luftschwingungen in Röhren mit offenen Enden hatte Herrn Helmholtz schon früher als heimisch in den höchsten Regionen der theoretischen Akustik gezeigt.

Wie in diesen beiden Werken, der *physiologischen Optik* und der *Lehre von den Tonempfindungen*, hat noch niemals, wie man sicher behaupten kann, die Meisterschaft in den verschiedensten Methoden der Untersuchung, der objectiven und subjektiven Experimentation, der mathematisch-physikalischen Speculation, der strenge messenden Controlle, der philosophischen Deduction, sich mit der umfassendsten Gelehrsamkeit und mit der absoluten Bewältigung jedes einschlägigen Stosses verschmolzen.

Auf dem Gebiete der allgemeinen Muskel- und Nervenphysik, auf dem Herr Helmholtz schon früher das Größte geleistet hatte, wäre der schönen Beobachtungen über das Grimaldi'sche Muskelgeräusch, der fortgesetzten Versuche über Geschwindigkeit des Nervenprincips und der Untersuchungen über physiologische Wirkung kurzdauernder elektrischer Ströme zu gedenken, an welche letztere sich wiederum eine Arbeit über elektrische Oscillationen knüpfte. Denn im Wesen und Vermögen des Helmholtz'schen Geistes liegt es, daß er von den Verwickelungen der organischen Natur sich mit durchdringendem Scharfsinn stets und sogleich zu den verstecktesten physikalischen Bedingungen der Phänomene erhebt, wobei seine zergliedernde Kraft keine Schwierigkeiten kennt, und seine Darstellung dem Nachfolger kaum eine solche zurückzulassen scheint.

Neben diesen bereits ein so unermeßliches Feld umspannenden Forschungen vermochte aber Herr Helmholtz zugleich physikalisch-mathematische Untersuchungen der erhabensten Art in einer Weise zu führen, welche ihm einen ehrenvollen Platz unter den ersten Vertretern dieser Richtung sicherten. Er erschien auf diesem Gebiete zuerst mit seiner Theorie der *Wirbelbewegungen*[5], in welcher er eine Analogie der Bewegungen tropfbarer Flüssigkeiten mit denen der unbekannten Grundursache der elektrischen Erscheinungen aus ähnlichen Wirkungsgesetzen ahnen ließ. Auf diesen Gebieten bewegt sich die letzte von Herrn Helmholtz der Akademie gemachte Mittheilung über *discontinuirliche Flüssigkeitsbewegungen*[6].

Selbst über die Mechanik der Gletscherbewegung hat er, bei Gelegenheit einer populären Vorlesung über Gletscher, auf Grund schöner und feiner Versuche und Beobachtungen über Regelation und Erniedrigung des Frostpunktes durch Druck, das letzte Wort gesprochen.

Die physiologisch-optischen Forschungen des Herrn Helmholtz, indem sie seine Aufmerksamkeit auf das alte Problem der Tiefenwahrnehmung durch das Auge richteten, führten ihn endlich auch noch auf eine gleichsam meta-mathemathische Untersuchung *über die Thatsachen, die der Geometrie zu Grunde liegen*[7].

Eine wissenschaftliche Stellung, wie sie Herr Helmholtz sich in frischester Manneskraft bereits errungen hat, würde für das Ziel des höchsten Ehrgeizes am Schlusse eines langen thatenreichen Lebens gelten dürfen. Weit davon entfernt, eine Spur von Erschöpfung zu verrathen, berechtigt uns Herr Helmholtz durch seine rastlos fortgesetzte Thätigkeit vielmehr zu der Hoffnung, ihn noch ganz andere Höhen ersteigen, Schwierigkeiten besiegen, Wahrheiten enthüllen zu sehen.

Wir glauben, daß es der Akademie nur zum Vortheil gereichen könne, einen Namen solchen Ranges frühzeitig der Reihe ihrer auswärtigen Mitglieder einverleibt zu haben.

E. Du Bois-Reymond Weierstraß Borchardt
Rieß Poggendorff Kronecker Kummer Magnus
Dove Reichert Ehrenberg

**Hermann von Helmholtz**

Nach einem Gemälde von Franz von Lenbach, 1884 (Ausschnitt)

## Nr. 2

# Wahlvorschlag für Sir George Gabriel Stokes (1819-1903) zum KM

**von Gustav Magnus**

**Berlin, 31. Januar 1859**

George Gabriel Stokes früher, und so viel ich weiß, auch noch jetzt Lucasian Professor of Mathematics in the University of Cambridge und Secretary of the Royal Society in London ist in der Physik hauptsächlich durch seine Abhandlung: On the Change of Refrangibility of Light (Philos. Transact. für 1852 p. 463 und Pogg. Annal. Ergzb. IV. 177)[1] berühmt geworden. Von dieser merkwürdigen Arbeit kann man behaupten, daß sie ein Muster physicalischer Untersuchungen ist, nicht nur in Bezug auf Methode, sondern auch in Bezug auf die durch sie erlangten Ergebnisse. Abgesehen davon, daß in ihr eine Anzahl zerstreuter Thatsachen in eine Gruppe vereinigt worden, hat sie uns mit der Entstehung des sogenannten Ultravioletten Lichtes erst bekannt gemacht, und das Verhalten desselben ist so vollständig und nach so verschiedenen Richtungen in ihr studirt, daß, außer der vortrefflichen Bestimmung der Wellenlänge, die unter Helmholtz Leitung von Dr. Esselbach[2] ausgeführt worden, kaum etwas hinzu zu fügen geblieben ist. Wenn daher auch die für die Erklärung zu Hülfe genommene Fluorescenz nach den neueren Untersuchungen von Esselbach und Feddersen, sowie von Ed. Becquerel auf Phosphorescenz zurückkommt, so sind doch durch die Stokesche Arbeit die Begriffe von der Entstehung des Lichts in den Körpern so wesentlich verändert, daß dieselben als eine epochemachende in dem Gebiete der Optik betrachtet werden kann. Die Eröffnung eines neuen weiten Gebietes, wie sie durch diese Arbeit stattgefunden, gehört zu den seltenen Leistungen in der Wissenschaft, und genügt, um ihrem Urheber die volle Anerkennung der Körperschaften zuzuführen, die, wie die Academien zur Förderung der Wissenschaft berufen sind. Aber Herr Stokes hat noch vieles andere für die Optik geliefert. Es würde zu weit führen, alle seine Arbeiten aufzuführen, von den größeren erwähne ich nur die von Poggendorff übersetzte und in sein Journal aufgenomene (Ergzb. III)[3] Herleitung der Farben dicker Platten. Der größere Theil der Thätigkeit von Hrn. Stokes liegt aber auf einem andren Gebiete, auf dem der angewandten Mathematik. Mir steht hierüber kein Urtheil zu. — Aber von solcher rastlosen Thätigkeit ist der verhältnißmäßig noch junge Mann (Er ist 1819) geboren), daß nach einer von

---

AAW II–IIIb-Bd. 6, Bl. 278; Orig. hsl. eigenhändig.
Datum der Wahl zum KM 7. 4. 1859, AM 22. 5. 1899, s. Nr. 3.

ihm selbst zusammengestellten und an Hrn. Poggendorff für andere Zwecke, bereits im Jahre 1853 eingesandten Liste, die Anzahl der von ihm veröffentlichten Abhandlungen und Notizen mit den verschiedenen erwähnten Fächern, schon damals 66 betrug.

Nicht die Anzahl seiner Abhandlungen, nicht das was Hr. Stokes auf andern Gebieten geleistet, sondern die Förderung, welche die Lehre vom Licht durch ihn erfahren, veranlassen mich, denselben zum Correspondenten für das Fach der Physik in Vorschlag zu bringen.

G. Magnus

## Nr. 3

# Wahlvorschlag für Sir George Gabriel Stokes (1819-1903) zum AM

**von Friedrich Kohlrausch**

**Berlin, 2. März 1899**

George Gabriel Stokes, geboren am 13. August 1819, seit 1849 Professor an der Universität Cambridge, wurde i. J. 1859 von der Akademie zu ihrem Korrespondirenden Mitgliede gewählt. Zwanzig Jahre darauf erwies die Akademie ihm eine weitere hohe Anerkennung, indem sie ihn am 8. Mai 1879 zum auswärtigen Mitglied des Ordens pour le mérite verschlug. Die Akademie hat hierdurch bereits selbst die große Bedeutung von Stokes' wissenschaftlichen Arbeiten[1] hervorgehoben, welche unter Anderem umfangreiche Untersuchungen über unendliche Reihen insbesondere über die Summirung periodischer Reihen, über die Umwandlung von Kurvenintegralen in Flächenintegrale, über die Theorie der Gravitation, auch in ihrer Anwendung auf den Erdkörper, über das Gleichgewicht und die Bewegung elastischer Körper enthalten, ferner in einer durch Jahre fortgesetzten Reihe von Aufsätzen die Behandlung hydrodynamischer Probleme, insbesondere die stetige Bewegung inkompressibeler Flüssigkeiten, die Theorie von Ebbe und Flut, die Bewegung von Flüssigkeiten mit innerer Reibung, wobei die Theorie auf die bekannten Maxwellschen Messungen der Reibungskonstante angewandt wird. Umfassend wird auch die Wellentheorie behandelt, sowohl für einzelne, wie für oscillatorische Wellen.

Daran schließen sich theoretische Untersuchungen über Schallwellen, ferner die optischen Arbeiten über Aberration, die Theorie der Doppelbrechung, die Fresnel'schen Intensitätsformeln, über die Beugung und Interferenz des Lichtes mit Anwendungen z. B. auf die Bildung gewisser Streifen im Spektrum oder den schwarzen Fleck in den Newton'schen Ringen.

Auch den Anschauungen, welche man mit dem Äther zu verbinden hat, widmete Stokes teils streng wissenschaftliche, teils populäre Abhandlungen. In diesem Zusammenhange ist auch seine Anschauung über die Natur der Kathodenstrahlen[2] zu nennen, die er noch in neuester Zeit bei den Röntgenstrahlen betont hat und welcher sich die modernsten Anschauungen vieler Physiker angeschlossen haben.

Auch experimentelle Untersuchungen finden sich in den Aufsätzen, z. B. über Radiometerbewegungen, über optische Phänomene an Chlorsaurem Kali,

---

AAW II–IIIb-Bd. 16, Bl. 6–7; Orig. hsl. eigenhändig.
Datum der Wahl zum AM 22. 5. 1899, KM 7. 4. 1859, s. Nr. 2.

über die Processe in der Flamme, über Eigentümlichkeiten der photographischen Abbildung und Regeln für feine Messungen mit dem Spektrometer oder an Objektiven.

Am durchschlagendsten gewirkt hat aber bekanntlich die von Stokes in der klassischen Abhandlung über die Änderung der Brechbarkeit des Lichtes i. J. 1852 gegebene wesentliche Aufklärung der Fluorescenz, die von ihm ihren Namenerhalten hat. Wenn auch die im Spektrum gefundene berühmte „Stokes'-sche Regel“ später Ausnahmen gezeigt hat, so beherrscht sie die Fluorescenzerscheinungen im Großen und Ganzen nach wie vor. Auch das später so wichtig gewordene ultraviolette Spektrum verdankt dieser Arbeit die erste eingehende Untersuchung und die Namengebung.

Hr. Stokes legt demnächst sein 80tes Lebensjahr zurück. Es ist natürlich, daß die meisten von seinen Arbeiten bereits in den früheren Ehrungen durch die Akademie ihre Anerkennung gefunden haben und daß die beispiellos intensive Produktion aus Stokes' jüngeren Jahren nach Vollendung des 60ten Lebensjahres bedeutend abgenommen hat. Immerhin stammen doch auch aus dem letzten Zeitraum nicht wenige von den genannten Untersuchungen.

Die Universität Cambridge hat zu der ihrem berühmten Mitglied zum 50jährigen Jubiläum seiner Professur zugedachten besonderen Ehrung auch die Akademie eingeladen. Die beste Antwort hierauf wird darin bestehen, daß die Akademie dem Jubilar, welcher ihr nun vierzig Jahre angehört und so eines ihrer ältesten Mitglieder ist, die höchste von ihr zu erteilende Ehre überträgt durch die Wahl zum Auswärtigen Mitglied. Die Unterzeichneten haben sich zu diesem Antrage vereinigt.

Kohlrausch
v. Bezold M. Planck H. C. Vogel Frobenius
E. Warburg H. A. Schwarz Fuchs

**Gustav Robert Kirchhoff**

Nach einer Photogravüre der Photographischen Gesellschaft in Berlin, Nr. 8126

## Nr. 4

## Wahlvorschlag für Gustav Robert Kirchhoff (1824-1887) zum KM

**von Ernst Kummer**

**Berlin, 24. Juni 1861**

Die Unterzeichneten erlauben sich für die in dem Fache der mathematischen Wissenschaften vakante Stelle eines Correspondenten der mathematisch-physikalischen Klasse unserer Akademie den ordentlichen Professor an der Universität Heidelberg Herrn Dr. Gustav Robert Kirchhoff in Vorschlag zu bringen. Herrn Kirchhoffs wissenschaftliche Arbeiten, welche dem Gebiete der mathematischen Physik angehören, sind in beiden Beziehungen, der mathematischen sowohl als auch der physikalischen so ausgezeichnet, daß es nur zweifelhaft erscheinen kann, ob es angemessener sein möchte, denselben als Mathematiker oder als Physiker unter die Zahl unserer Correspondenten aufzunehmen und ob der Antrag dafür nicht vielmehr von den Vertretern der Physik als von uns zu stellen sei. Wir glauben aber, daß die mathematische Physik in dem Sinne, wie Herr Kirchhoff dieselbe bearbeitet und gefördert hat, zu den Wissenschaften der früheren mathematischen Klasse zu zählen ist, und nehmen um so weniger Anstand diesen Vorschlag einzubringen, da wir uns der vollen Zustimmung unserer Herren Collegen, welche die Physik vertreten, zuvor versichert haben.

Unter Herrn Kirchhoff's vorzüglichsten Leistungen heben wir zuerst diejenigen hervor, welche die Theorie der Elasticität[1] betreffen, die von ihm auf sichrere Grundlagen zurückgeführt ist, als sie bis dahin hatte. Er hat zuerst die richtigen Bedingungen für den Gleichgewichtszustand einer elastischen, unter der Einwirkung beliebiger äußerer Kräfte stehenden Scheibe aufgestellt, welche Aufgabe zuerst von Dem. Sophie Germain und sodann von Poisson jedoch in unvollständiger und ungenügender Weise behandelt worden war.[2] Die Klangfiguren auf einer kreisförmigen Scheibe; auf welche er diese Theorie anwendet, zeigen eine gute Uebereinstimmung derselben mit den Experimenten. In einigen späteren Abhandlungen[3] hat er dieselben Principien auch auf die Bedingungen des Gleichgewichts eines elastischen Körpers von drei Dimensionen und zugleich auf den allgemeinen Fall angewendet, wo die Verschiebungen der einzelnen Theile nicht unendlich kleine, sondern endliche Größen sind.

---

AAW II–IIIb-Bd. 6, Bl. 340; Orig. hsl. eigenhändig.
Datum der Wahl zum KM 24. 10. 1861, AM 1. 6. 1870, OM 1. 4. 1875, s. Nr. 5.

Ferner hat Herr Kirchhoff in einer Reihe von Abhandlungen[4], welche die Induction und die Vertheilung und Bewegung des Magnetismus und der Elektricität in Cylindern, Drähten und Scheiben zum Gegenstande haben, nicht nur einzelne bis dahin ungelöste Probleme ergründet, sondern auch durch sinnreiche mathematische Methoden, in Verbindung mit Experimenten gewisse neue einfache Gesetze abgeleitet, welche als Erweiterungen des Ohmschen Gesetzes angesehen werden können und die Theorie der Bewegung der Elektricität in Leitern mit der der Wellenbewegung in nahe Beziehung bringen.

Die allgemeinste Anerkennung aber haben seine während der letzten zwei Jahre ausgeführten Arbeiten aus dem Gebiete der Optik gefunden; deren Hauptresultate unserer Akademie durch seine eigenen in die Monatsberichte aufgenommenen Mittheilungen[5] bekannt sind. Auch auf diesem Felde hat er nicht nur neue Thatsachen experimentell festgestellt sondern auch wichtige, neue und allgemeine Gesetze entdeckt und dieselben durch Versuche, so wie auch auf mathematischem Wege theoretisch begründet.

Weierstraß Kummer
Kronecker Encke

# Nr. 5

## Wahlvorschlag für Gustav Robert Kirchhoff (1824-1887) zum AM

**von Wilhelm Borchardt**

**Berlin, 10. März 1870**

Die Unterzeichneten beehren sich, der Akademie der Wissenschaften die Wahl des Herrn Gustav Robert Kirchhoff in Heidelberg zum auswärtigen Mitglied in Vorschlag zu bringen.

Herr Kirchhoff vereinigt in sich alle Eigenschaften und Befähigungen, welche für bedeutende Erfolge im Gebiete der mathematischen Physik die Bedingung sind. In den schwierigen Speculationen, welche von den beobachteten Erscheinungen zu den Elementarwirkungen und von diesen zu den der mathematischen Behandlung zu Grunde liegenden Differentialgleichungen führen, in der Lösung der analytischen Probleme, von welchen die Integration dieser Differentialgleichungen abhängt, in den numerischen Rechnungen sowie in den Messungen und Beobachtungen, welche zur Vergleichung der Theorie mit der Erfahrung nothwendig sind, — in allen diesen Zweigen der Forschung besitzt derselbe eine gleiche Meisterschaft.

Die Arbeiten Kirchhoff's,[1] welche Epoche machende Fortschritte in der mathematischen Physik hervorgebracht haben, liegen in den Disciplinen der Elasticität fester Körper, der Electricität und der Hydrodynamik.

Die Theorie der Elasticität verdankt ihm die Aufstellung der richtigen Fundamentalgleichungen für die elastischen Körper, deren Dimensionen nicht sämmtlich als von endlicher Größe anzusehen sind. Für die Schwingungen der elastischen Scheiben hatten seine Vorgänger Poisson und Cauchy das Problem falsch in Gleichung gesetzt, sodaß es im Allgemeinen unmöglich war, den von ihnen verlangten Bedingungen zu genügen. Kirchhoff hat diesen Fehler zuerst erkannt und verbessert, unter Benutzung eines für die mathematische Physik wichtigen Princips, nämlich durch die Zurückführung des physikalischen Problems auf ein Problem des Größten und Kleinsten also der Variationsrechnung. Als Beispiel für die Anwendung der von ihm berichtigten Gleichungen wählte Kirchhoff den Fall der Kreisscheibe. Dies einfachste Problem seiner Art, welches schon bedeutende analytische Schwierigkeiten bot, wurde von ihm vollständig und in eleganter Form gelöst. Die Vergleichung mit den vor-

AAW II—IIIb-Bd. 7, Bl. 193—193a; Orig. hsl. eigenhändig.
Im Auszug abgedruckt in Mon. Ber. Akademie d. Wiss. 2 (1960), S. 317—318.
Datum der Wahl zum AM 1. 6. 1870, durch Übersiedlung nach Berlin OM seit 1. 4. 1875.
KM 24. 10. 1861, s. Nr. 4.

trefflichen Strehlkeschen Messungen[2] der Chladnischen Klangfiguren gab ein für die Bestätigung der Theorie befriedigendes Resultat.

Eine für die Elasticitätslehre in anderer Beziehung bedeutende Arbeit Kirchhoff's ist eine an Stäben von federhartem Stahl ausgeführte experimentelle Untersuchung über das Verhältniß der Längendilatation zur Quercontraction. Diese für die Körper von gleicher Elasticität nach verschiedener Richtung fundamentale Constante hatte Poisson aus theoretischen Gründen, die sich indess später als nicht stichhaltig erwiesen, = 1/4 angenommen, während Wertheims Experimente auf den Werth 1/3 geführt hatten. Kirchhoff's sehr genaue Messungen haben für das Verhältniß den Werth 0,294 ergeben, der zwischen den beiden genannten Bestimmungen sehr nahe die Mitte hält.

In der Lehre von der Electricität ist Kirchhoff's bedeutendste Leistung die Theorie, welche er für die Bewegung der Electricität in Leitern beliebiger Form unter Berücksichtigung der Induktionswirkungen aufgestellt hat. Die Bestimmung dieser Bewegung führte er auf ein System simultaner partieller Differentialgleichungen und die zugehörigen Nebenbedingungen zurück und leitete daraus die Gesetze für die Fortpflanzung der Electricität in Drähten ab. — Außerdem verdankt ihm diese Disciplin eine Anzahl anderer Arbeiten, unter welchen folgende hervorzuheben sind: eine neue Darstellung des Ohmschen Gesetzes, welche an die Theorie der Electrostatik anknüpft und Ohm's Vorstellungen von der freien Electricität berichtigt, — die Auflösung der linearen Gleichungen, von welchen die Verzweigung galvanischer Ströme abhängt, — die Bestimmung der in stationären Zustand übergegangenen Vertheilung galvanischer Ströme in einer Kreisscheibe sowie die Ausdehnung der für dies Problem aufgestellten Bedingungen auf Körper von drei Dimensionen —, eine dem heutigen Stande der Analysis angemessene Darstellung und Berichtigung von Poisson's Bestimmung der Electricitätsvertheilung auf zwei Kugeln —, eine experimentelle Arbeit über die Ermittelung einer in der Lehre von der Induction wichtigen Constante u. s. w.

Auch die von Poisson aufgestellte Theorie des in Körpern von weichem Eisen inducirten Magnetismus verdankt Kirchhoff eine Vervollkommnung in einem wesentlichen Punkte, in welchem sich ein Mangel an Uebereinstimmung mit der Erfahrung herausgestellt hatte sowie ihre Anwendung auf die Fälle eines unendlichen Cylinders und eines die Axe nicht enthaltenden Rotationskörpers.

In der Hydrodynamik[3] bestimmte er in mehreren Fällen die Gestalt eines freien Flüssigkeitsstrahls und dehnte die von Dirichlet für die Bewegung einer Kugel in einer unendlichen Flüssigkeit angestellte Untersuchung auf zwei andere Probleme ähnlicher Art aus. In dem einen ist die Kugel durch einen beliebigen Rotationskörper vertreten, in dem anderen durch zwei Ringe. Dies letztere Problem ist von besonderer Bedeutung, weil es zwischen zwei bisher ganz gesonderten Gebieten der Physik, der Hydrodynamik und der Electricitätslehre, wie Kirchhoff nachweist, eine Verbindung herstellt.

Durch die angeführten Arbeiten hat sich Kirchhoff seinem Lehrer Franz Neumann, unserem auswärtigen Mitgliede, ebenbürtig an die Seite gestellt.

Unter den Lebenden ist Keiner, der die mathematische Physik in gleich umfassender und durchgreifender Weise, wie diese beiden Forscher, gefördert hat.

Es bleibt übrig von der großen experimentellen Entdeckung im Gebiete der Spectroscopie und Spectralanalyse[4] zu sprechen, welche von Kirchhoff in Gemeinschaft mit Bunsen gemacht worden ist, einer Entdeckung, aus welcher sich schon jetzt für die Kenntniß der chemischen Elemente der Erde sowie derjenigen, welche die Sonne zusammensetzen, so merkwürdige Resultate ergeben haben. Aber der Reichthum dieser Thatsachen erreicht nicht die Wichtigkeit jenes einfachen physikalischen Gesetzes, wonach für Strahlen von einer bestimmten Wellenlänge und für gegebene Temperatur das Verhältniß des Emissionsvermögens zum Absorptionsvermögen für alle Körper sich gleich bleibt. Dies von Kirchhoff entdeckte und bewiesene Gesetz, durch welches er in einer Menge bis dahin nur halb erkannter Erscheinungen zuerst Licht und Ordnung zu schaffen verstand, wird für immer mit seinem Namen verbunden bleiben. Es würde allein genügt haben, ihn zu einem Physiker ersten Ranges zu machen, hätte er nicht diesen Rang schon vor jener Entdeckung durch seine Arbeiten im Gebiete der mathematischen Physik eingenommen.

Kronecker Weierstraß Kummer
Poggendorff Dove E. Du Bois-Reymond
Borchardt Rieß Magnus

## Nr. 6

# Wahlvorschlag für Sir William Thomson (Lord Kelvin of Largs) (1824-1907) zum KM

**von Hermann von Helmholtz**

**Berlin, 21. Juni 1871**

Die Unterzeichneten beehren sich, der Akademie die Wahl von Sir William Thomson zum Correspondirenden Mitgliede der Akademie vorzuschlagen, der als theoretischer Physiker gegenwärtig als einer der hervorragendsten Gelehrten betrachtet werden muß.

Derselbe ging ursprünglich von mathematischen und rein theoretischen Untersuchungen[1] aus, ehe er sich selbst zum Experiment wandte. Seine älteren Arbeiten, die er als Fellow von St. Peters College in Cambridge veröffentlichte, ehe er die Stelle als Professor der Physik in Glasgow annahm, betreffen verschiedene Puncte der Mechanik, der Theorie der Potentialfunctionen, der analytischen Geometrie. Man erkennt schon in diesen zwischen 1843 und 1850 veröffentlichten kleineren Aufsätzen die wesentliche Richtung seiner späteren Arbeiten, deren Eigenthümliches man vielleicht dadurch am kürzesten bezeichnen kann, daß er die Principien, welchen Faraday nachstrebte, die dieser aber meist nur in dunklen Anschauungsbildern auszusprechen wußte, in das klare Licht der mathematischen Sprache erhob. Thomson folgte ihm namentlich darin, daß er statt der mehr oder weniger hypothetischen Kräfte unbekannter Atome und Moleküle nur die beobachtbaren Eigenschaften der Raumelemente zur Grundlage der theoretischen Auffassung zu machen suchte. Die Aufgabe der mathematischen Physik reducirt sich dann darauf, die Summe der Wirkungen größerer Körper aus der ihrer Volumelemente herzuleiten; bei ihrer Lösung braucht man den Boden der Erfahrung entweder gar nicht zu verlassen, oder man kann, wie W. Thomson immer strebt, sich doch fortdauernd klar darüber bleiben, was von den den Volumelementen beigelegten Eigenschaften als Hypothese zu betrachten ist. Da *Faraday* ohne mathematische Schulung geblieben war, so machte er sich die räumliche Ausbreitung der Kraftwirkungen oft durch den Vergleich mit andren Vorgängen von meist ganz verschiedener Natur aber ähnlichen Verbreitungsgesetzen klar. Auch darin ist ihm *W. Thomson* vielfach nachgefolgt, da diese Methode in verwickelteren Fällen selbst für den geschulten Mathematiker oft von großem heuristischen Werth ist.

In diesem Sinne beschäftigen sich die erwähnten Aufsätze der früheren Zeit von *W. Thomson* fast alle mit principiellen Fragen. Er sucht die Grundglei-

---

AAW II–IIIb-Bd. 7, Bl. 200–201; Orig. hsl. eigenhändig.
Datum der Wahl zum KM 13. 7. 1871, AM 5. 3. 1900, s. Nr. 7.

chungen der verschiedenen Zweige der mathematischen Physik einfacher zu entwickeln, reiner auf Erfahrung zu gründen, die Thatsachen von den Hypothesen zu scheiden, die Anschauung durch Vergleichung verschiedener Anwendungen derselben Differentialgleichungen zu erleichtern; namentlich aber in einer großen Anzahl einzelner Probleme die Kräftefunction statt der von den älteren Mechanikern meist einzeln behandelten Kräftecomponenten einzuführen, ein Streben, in welchem er als Schüler *Green*'s mit den theils kurz vorausgehenden, theils gleichzeitigen Bestrebungen der großen deutschen Mathematiker zusammentraf, und durch welches die neuere Mechanik so wesentlich umgestaltet und vereinfacht ist.

Diese letztre Richtung führte ihn dann zu einer langen Reihe von bedeutenden Untersuchungen über die mechanische Wärmetheorie[2], indem er schnell den glücklichen Gedanken von *Clausius* aufnahm, der das Gesetz von der Erhaltung der Kraft mit dem sogenannten *Carnot*'schen Gesetze vereinigt hatte. Thomson arbeitete dieses Princip durch alle Zweige der Physik vollständig durch. Diese theoretischen Arbeiten führten dann auch wichtige experimentelle Untersuchungen[3] mit sich. Er war es, der die Abhängigkeit des Gefrierpunctes vom Druck nachwies und ihre Größe experimentell bestimmte. Dann folgte die wichtige Untersuchungsreihe, die er mit *Joule* vereinigt durchführte,[4] über die Wärmewirkungen strömender Gase. Die mechanische Wärmetheorie ließ erkennen, daß sehr annähernd jede Arbeit eines Gases auf Kosten der in ihm enthaltenen Wärme geleistet werde; ob aber das Äquivalenzverhältniß ein genaues sei, war fraglich. Daß die Differenzen in der That sehr klein sind, und zwar namentlich für die vollkommenen Gase, und welche Größe sie bei verschiedenen haben, wurde durch die genannte Arbeit festgestellt.

Dahin gehören weiter die Untersuchungen über die Quelle der Kraft in den thermoelektrischen Strömen; *Thomson* suchte durch, allerdings sehr subtile, Versuche nachzuweisen, daß die Ursache derselben in einer Veränderung der Wärmeleitungsgeschwindigkeit durch die elektrischen Ströme liege.

Daran schließen sich ferner die zum Theil wahrhaft genialen Combinationen, welche sich auf kosmische Verhältnisse beziehen, der Beweis, daß alle Naturprocesse einem endlichen Ruhezustande mit Temperaturgleichgewicht[5] zustreben, die Berechnung einer unteren Grenze für die Dichtigkeit des Lichtäthers, einer solchen für den Wirkungskreis der Molecularkräfte, die Discussionen über die Frage nach dem Ursprunge der Sonnenwärme, über die seculare Abkühlung der Erde und ihre Erstarrungsweise, über die elastische Festigkeit der Erde und deren Einfluß auf die Meeresfluth; die Untersuchungen endlich über die Theorie der fast elastischen Körper, und die Anzahl der Constanten, welche bei elastischen Krystallen vorkommen können.

Derselbe Ausgangspunct leitet ihn dann auch zu absoluten Maaßbestimmungen[6] über die elektrischen Widerstände und elektromotorischen Kräfte, die in den Resultaten im Wesentlichen mit denen von *W. Weber* übereinstimmen, und die Grundlagen für die praktischen im Auftrage der Brittish-Association ausgeführten Festellungen absoluter Maaßeinheiten geworden sind.

Andre Untersuchungen über die Theorie der Elektricität und des Magnetismus führten eine Reihe paradoxer Ablenkungen magnetischer und diamagnetischer Körper auf die einfache Theorie zurück. Daran schloß sich die Theorie der magnetokrystallischen Erscheinungen, und die Theorie der Beobachtungsmethoden atmosphärischer Elektricität; letztre führte zur Construction eines neuen Elektrometers, welches bei größter Empfindlichkeit genaue Messungen möglich macht.

*W. Thomson* betheiligte sich auch als wissenschaftlicher Rathgeber an der Legung des Atlantischen Kabels.[7] Diese Aufgabe rief eine Untersuchung über den Verlauf kurz dauernder elektrischer Ströme hervor, und führte zur Construction mehrerer neuer Hilfs-Apparate. Es war dies eine der Gelegenheiten, wo ganz unbekannten neuen und großartigen Verhältnissen gegenüber die tiefsten Speculationen der mathematischen Theorie sich als eminent praktisch nützlich erweisen konnten. *Thomson*'s Verdienste an diesem Werke wurden durch seine Ernennung zum Baronet anerkannt.

In die letzten Jahre fallen noch neben kleineren Notizen über neue elektrische Instrumente, über Vervollkommnung der mechanischen und elektrischen Uhren, die Anfänge eines umfassenden Handbuchs der theoretischen Physik,[8] welches eine große Menge originalen Materials enthält, und in welchem die oben bezeichnete Art der Behandlung theoretisch physikalischer Probleme consequent durchzuführen versucht wird. Dasselbe ist mit Professor *Tait* zusammen herausgegeben; Endlich eine breit durchgeführte mathematische Untersuchung über wirbelnde Flüssigkeitsbewegungen[9], welche eine ganze Reihe neuer allgemeiner Gesetze für dieselben ergeben hat, mit merkwürdigen Analogien zwischen solchen Wirbeln und Massen, die in die Ferne wirken.

Die Unterzeichneten glauben, daß Sir William *Thomson* wegen der ganz ungewöhnlichen Genialität seiner Gedankenverbindungen, wegen des umfassenden Verständnisses vom Zusammenhange sämmtlicher Naturprocesse, wegen der gesunden Klarheit, mit der er die weit fliegendsten Speculationen und die Grundlage der Erfahrungsthatsachen zu verbinden weiß, eine sehr hervorragende Stellung unter den theoretischen Physikern einnimmt, und daß seine Wahl zum Correspondenten deshalb der Akademie dringend zu empfehlen ist.

Helmholtz
Weierstraß
Kronecker
Kummer
Borchardt

## Nr. 7

## Wahlvorschlag für Sir William Thomson (Lord Kelvin of Largs) (1824-1907) zum AM

**von Emil Warburg**

**ohne Datum**

Die Unterzeichneten beantragen, daß das korrespondirende Mitglied der Akademie Lord Kelvin in Glasgow zum auswärtigen Mitgliede ernannt werde.

Die Akademie hat die wissenschaftlichen Verdienste des Genannten bereits bei verschiedenen Gelegenheiten gewürdigt, zum letzten Male durch die Adresse[1], welche sie im Jahre 1896 zu seinem 70sten Geburtstage an ihn richtete. Sie hat in dieser Adresse die Leistungen ersten Ranges besprochen, welche er als Theoretiker, als Experimentator, als Techniker und als Lehrer der heutigen Generation aufzuweisen hat. In der That steht Lord Kelvin nach seiner wissenschaftlichen Bedeutung, nach seiner Vielseitigkeit, nach seiner auch im hohen Alter nicht erlahmten Produktivität, endlich nach seinem bestimmenden Einfluß auf die wissenschaftlichen Anschauungen seines Zeitalters ebenbürtig neben dem ihm geistesverwandten Helmholtz.

Wir glauben unseren Antrag vor der Akademie nicht besser als durch dieses Urtheil vertreten zu könen.

Warburg
Kohlrausch Frobenius
v. Bezold H. A. Schwarz
Planck
Fuchs

---

AAW II – III b-Bd. 17, Bl. 4; Orig. hsl. eigenhändig.
Datum der Wahl zum AM 5. 3. 1900, KM 13. 7. 1871, s. Nr. 6.
Der Wahlvorschlag wurde in der Sitzung der phys.-math. Klasse am 16. 11. 1899 vorgetragen.

## Nr. 8

# Wahlvorschlag für Werner von Siemens (1816-1892) zum OM

**von Hermann von Helmholtz**

**Berlin, 20 Oktober 1873**

Die Unterzeichneten erlauben sich bei der Königlichen Akademie der Wissenschaften die Aufnahme von Herrn *Dr. Werner Siemens,* als ordentliches Mitglied der Physikalisch-Mathematischen Klasse, und zwar als Vertreter der angewandten Physik und Mechanik zu beantragen.

Herr *Siemens* begann seine Laufbahn als Preußischer Artillerieofficier; als solcher hat der die Methoden zur Messung kleinster Zeittheile, zunächst für die Geschwindigkeit der Geschosse[1] berechnet, in sehr glücklicher Weise vervollkommnet, indem es ihm gelang, den elektrischen Funken unmittelbar zum Markiren des Anfangs und Endes der zu messenden Zeit zu verwenden. Seine Methode ist später auch von Herrn Kirchhoff zu physikalischen, von Herrn Donders zu physiologischen Messungen verwandt worden.

Er verließ seine militärische Stellung nach dem ersten Dänischen Kriege wandte sich der Construction von elektrischen Telegraphen[2] zu in Verbindung mit Herrn Halske, der ihm für die mechanische Ausführung seiner Pläne ausgezeichnete Hilfe leistete, beide im Anfang mit sehr mäßigen äußeren Hilfsmitteln ausgerüstet. Die großen Erfolge, welche Herr *Siemens* in diesem Felde errang, und die seinen Namen in den weitesten Kreisen durch ganz Europa und halb Asien bekannt gemacht haben, verdankt er wesentlich dem wissenschaftlichen Geiste, mit dem er die technischen Fragen angegriffen hat. Nicht blos brachte er ein tief gehendes Verständniß der schon festgestellten Resultate und der schon ausgebildeten Methoden mit, in deren Anwendung und Combination er den fruchtbarsten Erfindungsgeist zeigte, sondern er griff an vielen Puncten mit eigenen neuen Untersuchungen ein, welche auch für die reine Wissenschaft wichtige Resultate geliefert haben. Er wußte richtig die günstigsten Bedingungen zu finden, unter denen Magnete und elektrische Ströme fähig sind, Arbeit zu leisten, so daß seine relativ einfachen und feinen Apparate mit großer Sicherheit und Kraft arbeiten. Er führte die wissenschaftlichen Methoden zur Messung der Widerstände, der Stromstärken, der elektromotorischen Kräfte, die Theorie der Stromvertheilung in verzweigten Leitungen aus dem Labora-

---

AAW II–IIIa-Bd. 8, Bl. 213–312a; Orig. hsl. eigenhändig.
Datum der Wahl zum OM 22. 12. 1873.
Antrittsrede: MB 1874, S. 464–467.
Nachruf: A. KUNDT, Abh. 1893, S. 1–21.

torium über auf die großen Dimensionen der telegraphischen Netze und deren durch die unvollkommene Isolation ihrer Träger verwickelte Leitungsbahnen; er entdeckte und erklärte auch zugleich die verwickelten Bewegungen der Electricität in einem Drahte mit isolirender Hülle, der sich als Leydener Flasche ladet, während er den Strom leitet. Er ging in dieser Weise den berühmten englischen Physikern, die sich mit der Ausbildung des Telegraphenwesens beschäftigt haben, in den meisten Dingen voraus, und hat also nicht blos in hervorragender Weise an der großen Entwicklung dieses neusten, so einflußreichen Zweiges der Technik Antheil genommen, sondern es ist zum großen Theile seiner Initiative zuzuschreiben, daß sich der Werth des wissenschaftlichen Verständnisses, wo es auf die Beherrschung der Naturkräfte ankommt, auch in diesem, so sehr in die Augen fallenden Beispiele bethätigt hat.

Es würde hier zu weit führen, wollten wir alle die einzelnen Erfindungen in der Technik der elektromagnetischen und galvanischen Apparate anführen, welche auch für die wissenschaftliche Benutzung theils praktisch nützlich, theils als Bewährungen wissenschaftlicher Gesetze, in großem Maaßstab und in intelligenter Weise ausgeführt, wichtig geworden sind. Wir begnügen uns, von den Arbeiten des Herrn *Dr. Siemens*, welche unmittelbar wissenschaftliche Resultate geliefert haben, folgende als die wichtigsten zu nennen:

1) Seine Arbeiten über elektrostatische Induction und Vertheilung[3] der Electricität, ausgeführt bei schnellem Wechsel der Ladungen und Entladungen der geladenen Leiter, wodurch die Fehlerquellen beseitigt, oder doch sehr vermindert wurden, welche in früheren Untersuchungen von der langsamen Fortleitung der Elektricität im Inneren oder längs der Oberfläche der Isolatoren herrührten.

2) Die Arbeiten zur Herstellung eines sicheren und überall herstellbaren Maaßes für den elektrischen Widerstand[4] und die Einführung der auf die Leitungsfähigkeit des Quecksilbers basirten Einheit, der sogenannten *Siemens*schen Einheit. Bei der vorläufig noch sehr großen Weitläuftigkeit und Schwierigkeit genauer absoluter Messung nach *W. Weber*'s System ist durch das *Siemens*sche Widerstandsmaaß die Vergleichbarkeit der von verschiedenen unabhängigen Beobachtern ausgeführten elektrischen Messungen außerordentlich erleichtert worden. Hieran knüpfen sich wichtige Messungen über die Leitungsfähigkeit verschiedener Metalle und Änderung derselben mit der Temperatur.

3) Die Erfindung der elektrodynamischen Maschinen,[5] welche den von ihnen selbst inducirten elektrischen Strom benutzen, um die Kraft ihrer eigenen Magnete zu verstärken und dadurch auch wieder ihren eigenen Strom bis zu jeder mit dem Bestehen des Apparats zulässigen Grenze zu steigern. Es ist dies einer der originellsten Gedanken von *Siemens*, und er hat zur Construction von Apparaten geführt, die ohne kostbare galvanische Batterie in mäßig großen Drahtmassen Ströme der stärksten Art, die namentlich auch zur Erzeugung des Kohlenlichtes ausreichend sind, erzeugen unter Verwendung von bloßer mechanischer Triebkraft.

Die Unterzeichneten glauben, daß ein Mann von so ungewöhnlichen wissenschaftlichen und technischen Leistungen, so tiefdringender Einsicht, so eigenthümlicher Erfindungskraft in hervorragendem Grade befähigt sei, die wissenschaftlichen Arbeiten der Klasse zu unterstützen und der Akademie Ehre zu machen. Sie bemerken noch, daß derselbe wegen seiner wissenschaftlichen Verdienste schon im Jahre 1860 von der Philosophischen Facultät der Berliner Universität zum Ehrendoctor gemacht worden ist.

Helmholtz Hagen
Rieß
Poggendorff
E. Du Bois-Reymond

## Nr. 9

## Wahlvorschlag für Rudolf Clausius (1822-1888) zum KM

**von Gustav Robert Kirchhoff**

**Berlin, 14. Februar 1876**

Der mathematisch-physikalischen Classe der Akademie schlagen wir die Wahl zum correspondirenden Mitgliede des Hrn. Clausius in Bonn vor. Derselbe hat vor mehr als 25 Jahren eine Entdeckung in der theoretischen Physik von der größesten Tragweite gemacht, indem er den Satz fand, der den Namen des zweiten Hauptsatzes der mechanischen Wärmetheorie erhalten hat. Seine zahlreichen Abhandlungen[1] beziehen sich zum größten Theile auf die mechanische Wärmetheorie und die mit dieser in innigem Zusammenhange stehende Gastheorie; die neuen Gedanken, die er hier ausgesprochen hat, und die die vielseitigste Anerkennung gefunden haben, rechtfertigen es, daß er stets unter denen aufgeführt wird, denen die genannten Disciplinen vorzugsweise ihre Entwickelung verdanken, und daß die Physiker in und außerhalb Deutschlands ihn zu den berühmtesten ihrer Fachgenossen zählen. Wir zweifeln nicht, daß er würdig ist, auch unter den Correspondenten unserer Akademie einen Platz einzunehmen.

Helmholtz
Siemens
G. Kirchhoff

---

AAW II–III b-Bd. 8, Bl. 109; Orig. hsl. eigenhändig.
Datum der Wahl zum KM 30. 3. 1876.

## Nr. 10

# Wahlvorschlag für August Toepler (1836-1912) zum KM

**von Gustav Robert Kirchhoff**

**ohne Datum**

*August Töpler*, gegenwärtig Professor am Polytechnikum zu Dresden, ist seit langer Zeit den Physikern bekannt durch verschiedene, sehr sinnreiche Apparate und Methoden, die er erfunden hat. Seine erste Veröffentlichung ist aus dem Jahre 1864 und führt den Titel: Beobachtungen nach einer neuen optischen Methode.[1] Das Princip dieser Methode ist folgendes: Entwirft durch eine Linse von einem leuchtenden Punkte ein reelles Bild, bringt man das Auge dicht hinter das Bild und blickt nach der Linse, so sieht man diese gleichmäßig erhellt; blendet man das Bild ab durch einen scharf begrenzten Schirm, dessen Rand man durch dasselbe hindurchführt, so wird die ganze Linse plötzlich dunkel, wenn die Linse frei von allen Unregelmäßigkeiten ist; ist das nicht der Fall, oder befinden vor der Linse sich Körper, welche einen Theil der Lichtstrahlen sehr wenig ablenken, so zeigt sich bei passender Stellung des Schirmes eine helle Zeichnung auf dunkelm Grunde, welche Schlüsse zu ziehen erlaubt auf die Körper, die die Ablenkung bewirken. Das Princip war nicht ganz neu; kurze Zeit vorher hatte Foucault es schon benutzt, um bei den Hohlspiegeln, die er verfertigte, die Abweichung von der beabsichtigten Gestalt zu finden. Ohne die hierauf bezügliche Abhandlung Foucault's[2] zu kennen, hatte Töpler es von Neuem ersonnen, zugleich aber der darauf basirten Methode eine noch größere Schärfe gegeben und sie benutzt, um äußerst geringe Dichtigkeitsverschiedenheiten in atmosphärischer Luft, andern Gasen, Flüssigkeiten oder festen Körpern zu erkennen. Mit Hülfe des von ihm construirten Apparates, den er Schlierenapparat genannt hat, weil er sehr geeignet ist, die gefürchteten Schlieren in Gläsern, die zu optischen Instrumenten bestimmt sind, zu finden, gelang es ihm die Schallwellen sichtbar zu machen, die ein elektrischer Funken in der Luft erregt, ihre Fortpflanzung, Reflexion und Brechung dem Auge zu zeigen. Diese Wellen, die auch über die Natur der elektrischen Entladung gewissen Aufschluß zu geben geeignet waren, machte er später wiederholt zum Gegenstande seiner Untersuchungen.[3] Das Bedürfniß nach einer ergiebigen und bequemen Elektricitätsquelle führte ihn dabei zur Construction einer elektri-

---

AAW II–IIIb-Bd. 8, Bl. 182–182a; Orig. hsl. eigenhändig.
Datum der Wahl zum KM 13. 3. 1879.
Der Wahlvorschlag wurde in der Sitzung der phys.-math. Klasse am 3. 2. 1879 vorgetragen.

schen Influenz-Maschine in derselben Zeit, in der Hr. Holtz die seinige erfand. Die Maschinen beider beruhen auf demselben Principe und unterscheiden sich hauptsächlich nur dadurch von einander, daß statt der unbelegten Glasscheiben, die Holtz rotiren läßt, Töpler mit metallenen Belegungen versehene anwendet. Dem theoretischen Physiker mußte die Töpler'sche Anordnung das größere Interesse einflößen, da sie dem Verständniß näher liegt, und auch in der Wirksamkeit ist sie der Holtz'schen in gewisser Hinsicht überlegen, wenn in anderer auch diese den Vorzug verdient.

Ein dritter von Töpler erfundener Apparat, der mannigfache Anwendungen finden kann, ist das auf dem Princip der stroboskopischen Scheibe beruhende, von ihm sogenannte Vibroskop,[4] das zur Beobachtung der Schwingungen tönender Körper bestimmt ist, und dessen Brauchbarkeit er bei einer Untersuchung der chemischen Harmonika in schlagender Weise bewiesen hat. In etwas veränderter Gestalt benutzte er denselben Apparat bei einer gemeinsam mit Herrn Boltzmann ausgeführten Arbeit, um die Verdichtungen und Verdünnungen der Luft in einer tönenden Pfeife an den Verschiebungen der Interferenzstreifen zweier Strahlenbündel zu messen, von denen das eine quer durch die Pfeife, das andere bei ihr vorbeigeleitet war.

Erwähnt zu werden verdient auch die von Töpler construirte Sirene,[5] mit welcher vorausbestimmte periodische Luftbewegungen erzeugt werden können, und die einfache Vorrichtung,[6] vermittelst derer er bei Galvanometern und andern Instrumenten durch Luftreibung eine kräftige und regelmäßige Dämpfung der Schwingungen zu bewirken gelehrt hat.

Diese Leistungen gewähren unseres Erachtens Hrn. Töpler den Anspruch auf die Ehre von der Akademie zum Correspondenten gewählt zu werden.

Helmholtz G. Kirchhoff
Siemens
E. Du Bois-Reymond

## Nr. 11

# Wahlvorschlag für Hans Landolt (1831-1910) zum OM

**von Karl Friedrich Rammelsberg**

**Berlin, 7. Juli 1881**

Es sind der Forscher nicht viele, welche sich das Grenzgebiet der Physik und Chemie zum Hauptgegenstand ihrer Untersuchungen gewählt, und auf demselben hervorragende wichtige Resultate erlangt haben. Zu ihnen gehört der Geh. Reg. Rath Prof. Dr. Landolt, der dermalige Rektor der landwirthschaftlichen Hochschule, früher Prof. der Chemie an der Universität Bonn und später am Polytechnicum in Aachen.

Landolts frühere Arbeiten (seit 1851)[1] gehören fast ausschließlich der organischen Chemie an, denn sie betreffen die Verbindungen von Methyl und Aethyl mit Antimon und Arsen; spätere geben Aufschluß über die Vorgänge in der Leuchtgasflamme, und eine Anzahl kleinerer Aufsätze behandelt Arsen, Ammonium amalgam, Kaliumamid, Phosphorwasserstoff, die Analyse des Leuchtgases u. s. w.

Seit 1862 hat Landolt das Gebiet betreten, welchem er seither seine wissenschaftliche Thätigkeit ganz besonders zuwendet: die Beziehungen der chemischen Natur der Körper zu ihrem optischen Verhalten, indem er zunächst Versuche[2] über die Brechungsexponenten flüssiger homologer Verbindungen aus der Reihe der Ameisensäure anstellte, denen eine sehr umfassende Arbeit[3] über den Einfluß der Zusammensetzung flüssiger organischer Verbindungen auf die Fortpflanzung des Lichts folgte. Daraus ergiebt sich, daß metamere K(örper) nahe gleiches specif. Brechungsvermögen haben, daß bei polymeren die Brechungsexponenten mit der Formel zunehmen, daß in homologen Reihen für jene ebenso wie für das Brechungsvermögen eine solche Zunahme stattfindet, daß die Differenzen für $CH^2$ um so kleiner werden, je größer die Zahl der Kohlenstoffatome ist, und daß das Refraktionsäquivalent für den Mehrgehalt an $CH^2$ um nahe dieselbe Größe steigt. Landolt zeigt, wie sich jenes aus der Formel berechnen läßt.

Im Zusammenhange mit seinen optischen Untersuchungen stehen diejenigen des Rohzuckers,[4] welche im Auftrage des K. Handelsministeriums von Landolt angestellt sind.

---

AAW II–IIIa-Bd. 10, Bl. 16; Orig. hsl. eigenhändig.
Datum der Wahl zum OM 15. 8. 1881.
Antrittsrede: SB 1882, 2, S. 723–727.
Nachruf: J. H. van't Hoff, Abh. 1910, phys.-math. Klasse, Gedächtnisreden, 2, 13 S.

Die Dampfspannung der Glieder der Reihe der Ameisensäure wurde bestimmt[5] und bewies für höhere Temperaturen die Gültigkeit des Gesetzes von Dalton, wonach die Dampfspannung bei gleichen Abständen vom Siedepunkt die gleiche ist, mit Rücksicht auf Kopps Gesetz der gleichen Siedepunktsdifferenz bei homologen Körpern. Das molekulare Drehungsvermögen der weinsauren Salze im Vergleich zur Säure, die Änderung der specif. Drehung durch Zusatz verschiedener Lösungsmittel, neue Versuche, welche darthun, daß sich aus dem Drehungsvermögen der Lösung dasjenige der Substanz berechnen läßt, eine besondere Schrift: Das optische Drehungsvermögen organischer Substanzen[6] (Braunschweig 1879) — dies sind die hauptsächlichsten Publicationen Landolts in den letzten Jahren, welche er noch immer zu erweitern bemüht ist.

Diese wissenschaftlichen Leistungen dürften den Vorschlag der Unterzeichneten begründen: Die Klasse möchte Hrn. Landolt unter die Zahl ihrer ordentlichen Mitglieder aufnehmen.

C. Rammelsberg
A. W. Hofmann
J. Roth
E. Du Bois-Reymond
Helmholtz
G. Kirchhoff

**Friedrich Kohlrausch**

Original-Photo der Universitäts-Bibliothek, Berlin

**Nr. 12**

## Wahlvorschlag für Friedrich Kohlrausch (1840-1910) zum KM

**von Gustav Robert Kirchhoff**

**Berlin, 19. Juni 1884**

Friedrich Kohlrausch, seit 1875 ordentlicher Professor der Physik an der Universität zu Würzburg, hat durch eine lange Reihe von Arbeiten, die verschiedenen Zweigen der Physik angehören, bei seinen Fachgenossen sich rühmlich bekannt gemacht. Die erste Abhandlung, die er 1863 als Doctordissertation[1] veröffentlicht hat, bezieht sich auf die von W. Weber entdeckte und mit dem Namen der elastischen Nachwirkung belegten Erscheinung; auf denselben Gegenstand ist er später noch zurückgekommen und hat durch seine Untersuchungen zur Aufklärung dieses, auch jetzt noch dunkeln Gebietes Wesentliches beigetragen. In einer Abhandlung „über die Ermittlung von Lichtbrechungsverhältnissen durch Totalreflexion"[2] beschreibt er einen Apparat, von ihm Totalreflektometer genannt, der die Brechungsverhältnisse fester und flüssiger Körper für homogenes Licht leicht und scharf zu bestimmen erlaubt, und führt eine große Zahl von Messungen an, die er mit demselben ausgeführt hat. Aehnliche Apparate waren früher schon vorhanden; vor ihnen zeichnet sich das Totalreflektometer durch eine bequemere Handhabung und eine weitere Anwendbarkeit aus. Sein Hauptinteresse hat Kohlrausch der Elektricität und dem Magnetismus zugewendet und ein großer Theil seiner Arbeiten bezieht sich auf die Verbesserung der Apparate und Methoden, die zur Messung elektrischer und magnetischer Größen dienen.

Bei vielen solchen Messungen ist die Kenntniß der horizontalen Componente des Erdmagnetismus an dem Beobachtungsorte nöthig; doch reicht es oft aus, wenn man das Verhältniß der Werthe ermitteln kann, welche diese Kraft in zwei verschiedenen Punkten besitzt. Zu diesem Zwecke würde das von Gauss angegebene Bifilarmagnetometer, bei dem ein an zwei Fäden aufgehängter Magnetstab so orientirt ist, daß er nahe senkrecht zum magnetischen Meridiane steht, und dessen ursprünglicher Zweck die Messung der *zeitlichen* Variationen der erdmagnetischen Kraft war, sehr geeignet sein, wenn es leicht transportabel wäre; das ist aber nicht der Fall; Kohlrausch hat ein transportables Bifilarmagnetometer[3] construirt, welches verhältnißmäßig leicht und genau auch die räumlichen Veränderungen dieser Kraft zu messen erlaubt. Noch vollständiger

---

AAW II–IIIb-Bd. 9, Bl. 127–127b; Orig. hsl. eigenhändig.
Datum der Wahl zum KM 31. 7. 1884, OM 13. 8. 1895, s. Nr. 13. EM 1. 4. 1905.

hat er aber diesen Zweck mit Hülfe enies Instrumentes erreicht, dem er den Namen Lokalvariometer[4] gegeben hat, das aus einem kleinen Magnetometer besteht, dessen Magnet aus dem Meridian nahe um einen rechten Winkel abgelenkt werden kann durch Magnete, die auf einem, um den Aufhängefaden als Axe drehbaren Ringe befestigt sind. Für Fälle, in denen eine absolute Messung der horizontalen Componente des Erdmagnetismus nöthig ist, hat er eine Methode[5] angegeben, die eine, wie es scheint, sehr zweckmäßige Modifikation der Gauss'schen Methode ist. Den ablenkenden Stab, den Gauss auf eine feste Unterlage legt, hängt er bifilar in solcher Weise auf, daß er nahe senkrecht zum Meridian schwebt; die genaue Beobachtung seiner Gleichgewichtslage ersetzt dann die zeitraubende Bestimmung seiner Schwingungsdauer, und aus einigen wenigen Scalenablesungen, die sich auf die Gleichgewichtslagen des abgelenkten und des ablenkenden Stabes beziehn, und die in kurzer Zeit zu machen sind, erhält man sowohl das Produkt als das Verhältnis der erdmagnetischen Kraft und des magnetischen Moments des ablenkenden Stabes. Gerade die Kürze der Zeit, welche eine Messung erfordert, bildet einen wesentlichen Vorzug dieses Verfahrens wegen der fortwährenden Aenderungen, welche die zu messende Kraft erleidet. Eine Abänderung desselben bestand in der Ersetzung des ablenkenden Magnets durch eine, von einem elektrische Strome durchflossene Drahtspule. Bei einer solchen Anordnung lernt man zugleich mit dem Erdmagnetismus die Intensität des Stromes kennen, wenn die Windungsfläche der Spule bekannt ist. Aus geometrischen Abmessungen diese zu bestimmen, ist schwierig; — Kohlrausch hat eine Methode ersonnen, sie durch Beobachtung der magnetischen Wirkung der vom Strome durchflossenen Spule mit Schärfe zu ermitteln. Auch an der Tangentenboussole, dem Dynamometer und andern Instrumenten, die dazu dienen, unter verschiedenen Umständen die Stärke von Strömen zu messen, hat er Aenderungen angebracht, die in gewissen Beziehungen sie für ihre Bestimmung tauglicher machen.[6]

Bei der Richtung, die er bei seinen Arbeiten vorzugsweise verfolgt hat, lag eine Aufgabe ihm nahe, die in der neuesten Zeit von den verschiedensten Seiten behandelt ist, nämlich die Bestimmung der Qecksilbereinheit des elektrischen Widerstandes nach absolutem Maaße.[7] Die Uebereinstimmung seines, vor längerer Zeit schon erlangten Resultates mit den zuverlässigsten Ergebnissen der neueren Messungen giebt ein Zeugniß für die Sorgfalt, mit der er bei seinen Versuchen verfährt.

Als die bedeutendsten seiner Arbeiten[8] möchten diejenigen zu bezeichnen sein, die sich auf die Leitungsfähigkeit elektrolytischer Flüssigkeiten beziehn. Die Wichtigkeit dieses Gegenstandes war nicht verkannt; viele Experimentatoren hatten sich mit ihm beschäftigt; aber die bei der Elektrolyse auftretende Polarisation hatte meistens die Resultate entstellt. In glücklicher Weise gelang es Kohlrausch den Einfluß der Polarisation zu eleminiren durch Anwendung alternirender Ströme und des Dynamometers an Stelle des Galvanometers. Eine große Zahl von Lösungen hat er auf solche Weise untersucht und ist dabei zur Entdeckung wichtiger Beziehungen gelangt.[9] Besonders hervorzuheben ist ein Gesetz, welches für verdünnte Lösungen allgemein zu gelten scheint, und welches von ihm das Gesetz von der unabhängigen Beweglichkeit der Bestandtheile genannt ist. Nach demselben kommt in verdünnter Lösung einem bestimmten Elemente (oder einer Atomgruppe, welche zusammen wandert) ein bestimmter Widerstand zu, gleichgültig aus welcher Verbindung dasselbe abgeschieden wird. Eine wesentliche Stütze hat dieses Gesetz darin gefunden, daß sich ihm die Resultate der Versuche von Hittorf über die Wanderung der Ionen vollständig anschließen.

Sei 1871 ist Kohlrausch correspondirendes, seit 1882 auswärtiges Mitglied der Königl. Gesellschaft der Wissenschaften zu Göttingen, seit 1877 correspondirendes Mitglied der Akademie zu München; die Unterzeichneten sind der Ansicht, daß auch die hiesige Akademie ihm nur eine verdiente Anerkennung würde zu Theil werden lassen, wenn sie ihn zu ihrem correspondirenden Mitgliede erwählte.

v. Helmholtz
Siemens
G. Kirchhoff

## Nr. 13

# Wahlvorschlag für Friedrich Kohlrausch (1840-1910) zum OM

**von Wilhelm von Bezold**

**Berlin, 30. Mai 1895**

Friedrich Kohlrausch steht, wie allgemein bekannt, unter den deutschen Physikern gegenwärtig an der ersten Stelle. Da er überdies bereits seit 1884 correspondirendes Mitglied der Akademie ist, so scheint es überflüssig, seine Verdienste um die Wissenschaft hier nocheinmal ausführlich darzulegen.

Es mag deshalb genügen, daran zu erinnern, daß er weiterbauend auf der von Wilhelm Weber geschaffenen Grundlage vor Allem die Methoden elektrischer und magnetischer Maaßbestimmungen nach den verschiedensten Richtungen hin in fruchtbarster und eingreifendster Weise vervollkommnet hat.

Hierdurch wurde er in den Stand gesetzt, eine Reihe der schwierigsten und feinsten Fragen aus den betreffenden Gebieten mit Erfolg in Angriff zu nehmen und glücklicher Lösung entgegenzuführen.

So verdankt man ihm unter anderem höchst werthvolle, in theoretischer Hinsicht weite Ausblicke eröffnende Untersuchungen über Thermoelektricität, über den Zusammenhang des elektrischen Leitungsvermögen von Lösungen mit der Beweglichkeit ihrer Bestandtheile, über das elektrische Verhalten des ganz reinen Wassers u.s.w.

Die von ihm herrührenden Veröffentlichungen sind außerordentlich zahlreich und zeichnen sich sämmtlich durch die größte Zuverlässigkeit und Gründlichkeit sowie durch klare tiefdurchdachte Darstellung aus.

Des Werkes „Leitfaden für die praktische Physik“ das wegen seiner hohen Brauchbarkeit eine ganz ungewöhnliche Verbreitung fand und bereits 5 Auflagen[1] erlebte, mag nur nebenher gedacht werden.

Die Unterzeichneten bringen deshalb Friedrich Kohlrausch zur Wahl als ordentliches Mitglied der mathematisch-physikalischen Klasse in Vorschlag und zwar für die freie Fachstelle für Physik.

v. Bezold · Planck Fischer C. Klein
H. A. Schwarz Fuchs Landolt Frobenius

---

AAW II–IIIa-Bd. 14, Bl. 89–90; Orig. hsl. eigenhändig.
Datum der Wahl zum OM 13. 8. 1895; durch Weggang aus Berlin EM seit 1. 4. 1905, KM 31. 7. 1884, s. Nr. 12.
Antrittsrede: SB 1895, 2, S. 736–743.
Nachruf: Heinrich Rubens, Abh. 1910, phys.-math. Klasse, Gedächtnisreden, 1, 11 S.

## Nr. 14

## Wahlvorschlag für Wilhelm Hittorf (1824-1914) zum KM

**von Hermann von Helmholtz**

**Berlin, 19. Juni 1884**

Die Unterzeichneten beantragen die Wahl des Herrn Professor *Johann Wilhelm Hittorf* zu Münster zum correspondirenden Mitgliede der Abtheilung für Physik.

Herr Hittof geboren 1824 zu Bonn, war zunächst ein Schüler *Plücker*'s und begann seine wissenschaftliche Laufbahn mit einer analytisch geometrischen Dissertation Proprietates sectionum conicarum ex aequatione polari deductae 1846,[1] welche auch in *Crelle*'s Journal aufgenommen wurde. Er nahm damals schon Theil an den Untersuchungen Plücker's über das elektrische Licht in evacuirten Röhren, welche er später selbständig fortgesetzt hat, wandte sich aber dann zunächst elektrolytischen Untersuchungen zu (Bildung einer blauen Oxydationsstufe des Platin auf galvanischem Wege 1847; Elektrisches Leitungsvermögen des Schwefelsilbers und Halbschwefelkupfers, 1851),[2] die ihn schließlich zu den sehr ausgedehnten, sehr sorgfältig durchgeführten und wichtigen Untersuchungen über die Wanderungen der Ionen während der Elektrolyse leiteten (1853—1858).[3] Bis zur Vollendung dieser Versuche konnte es immer noch zweifelhaft erscheinen, welche Bewegungen der ponderablen Bestandtheile eigentlich in zersetzbaren Flüssigkeiten während der Elektrolyse stattfänden. *Hittorf* bildete eine Methode aus, wobei die nach beiden Seiten hingeführten Bestandtheile vollständig gesondert blieben durch eine in der Mitte liegende unveränderte Flüssigkeitsschicht. Dabei konnte, auch quantitativ genau, bestimmt werden, was zu der ursprünglich vorhandenen gleichartigen Flüssigkeit an der einen und andern Elektrode hinzugekommen war. Er zeigte, daß es nicht die Bestandtheile des Wassers sind, die primär wandern, sondern die basischen und halogenen Atome oder Atomgruppen, die das aufgelöste Salz (incl. Säurehydrate und Alkalihydrate) zusammensetzen, und daß die beiden Bestandtheile im Allgemeinen mit verschiedener Geschwindigkeit durch die Flüssigkeit wandern, und daher auch an den Elektroden veränderte Concentrationen der Flüssigkeiten hervorbringen. Er bestimmte das Verhältniß zwischen der Wanderung beider Bestandtheile in einer sehr ausgedehnten Zahl von Fällen. Durch diese Untersuchung ist unsere Kenntniß dessen, was in den

AAW II—IIIb-Bd. 9, Bl. 122—122b; Orig. hsl. eigenhändig.
Datum der Wahl zum KM 31. 7. 1884, AM 5. 3. 1900, s. Nr. 15.

Elektrolyten geschieht, auf thatsächliche Grundlagen gestellt; zugleich sind *Hittorf*'s Ergebnisse die Unterlage geworden für die weiter gehende theoretische Erklärung der elektrolytischen Leitung durch Herrn F. Kohlrausch. Um das Verdienst, welches sich Herr Hittorf durch diese mit großer Beharrlichkeit und Klarheit durchgeführte Arbeit erworben hat, vollständig zu würdigen, muß man einen Blick auf die früheren elektrochemischen Theorien und die von deren Anhängern gegen seine Ergebnisse ausgeübte Kritik werfen.

In neuerer Zeit hat er sich wieder den Vorgängen bei der elektrischen Entladung im Vacuum[4] zugewendet. Er hat sich zu dem Ende, wiederum mit großem Aufwand von Zeit und Mühe eine vielgliedrige Bunsensche Batterie hergestellt und angewendet, deren Elementenzahl er allmälig auf 2000 vermehrt hat. Indem er so eine Elektricitätsquelle in Wirkung setzte, welche diese in regelmäßigem Strome und hinreichender Spannung continuirlich zufließen läßt, hat er Ströme durch Vacua hergestellt, die, wenn auch an der von ihm angenommenen Continuirlichkeit derselben noch Zweifel bestehen sollten, doch jedenfalls thatsächlich sehr viel einfachere Verhältnisse in ihrer galvanometrischen Wirkung und Abhängigkeit vom Widerstande des Kreises zeigen, als die bisher ausgeführten Versuche mit deutlich intermittirenden Strömen. Dabei hat sich als letztes Ergebniß die wichtige Thatsache herausgestellt, daß man den Widerstand auch der vollkommensten Vacua, die hergestellt werden können, durch Erhitzung der negativen Elektrode sehr klein machen kann, so wie auch Herr Hittorf es war, der zuerst die niedere Temperatur der von Glimmlicht gefüllten Luft nachwies, und diese Art des elektrischen Leuchtens als eine Phosphorescenzerscheinung in Anspruch nahm. Übrigens hat derselbe Autor schon verhältnismäßig früh (1869) die geradlinige Strahlung des negativen Lichts und die Umstände, welche auf die Ausbreitung derselben Einfluß haben, sein Verhalten unter dem Einfluß des Magneten u.s.w. beschrieben.

Herr Hittorf hat sich durch diese Arbeiten als ein sehr sorgfältiger, klarer, methodisch vorgehender und doch von originalen Ideen geleiteter Beobachter gezeigt, der Thatsachen von großer wissenschaftlicher Wichtigkeit festgestellt hat, und den wir deshalb der Akademie als Correspondenten glauben vorschlagen zu müssen.

v. Helmholtz
G. Kirchhoff
Siemens

## Nr. 15

## Wahlvorschlag für Wilhelm Hittorf (1824-1914) zum AM

**von Friedrich Kohlrausch**

**Berlin, 16. November 1899**

Die Unterzeichneten schlagen zum Auswärtigen Mitglied Herrn Johann Wilhelm Hittorf vor, welcher der Akademie als Correspondent seit 1884 angehört. Am 21. Oktover 1896 wurde er von der Akademie durch eine Adresse zum fünfzigjährigen Doktorjubiläum ausgezeichnet. Geboren am 27. März 1824 gehört Hittorf zu den ältesten lebenden Physikern; er ist unter ihnen in Deutschland der hervorragendste und auch in anderen Ländern können wenige ihm den Rang des größten Verdienstes in seiner Wissenschaft streitig machen.

Hittorf ist durch zwei Reihen von Arbeiten der Begründer zweier von den großen modernen Gebieten der Naturwissenschaft geworden. Beide Reihen sind klassisch durch den Scharfsinn der Fragestellung und der theoretischen Schlußfolgerungen, durch die experimentelle Exaktheit und die Ausdauer in der Überwindung von Hindernissen. Seine Experimentaluntersuchung der Ionenwanderung ist die erste Grundlage der Theorie der Lösungen. In der anderen Serie wurde zuerst ein Vakuum von einer früher niemals erzielten Vollkommenheit hergestellt; die Erforschung der elektrischen Entladungen in diesem Raume bildet die Grundlage oder zutreffender gesagt, sie enthält einen großen Theil der Untersuchungen über die Kathodenstrahlen. Eine Herrn Hittorf erwiesene Ehre wird von jeder kundigen Seite zugleich als ein Hinweis auf die Bedeutung der Röntgenstrahlen empfunden werden.

Kohlrausch
J. H. van't Hoff Landolt v. Bezold
Warburg Planck

---

AAW II–III b-Bd. 17, Bl. 3; Orig. hsl. eigenhändig.
Datum der Wahl zum AM 5. 3. 1900, KM 31. 7. 1884, s. Nr. 14.

**Wilhelm von Bezold**

Nach einer Photogravüre
in: Kamera-Bildnisse von Mitgliedern der Königlich-Preußischen Akademie der Wissenschaften
aufgenommen, in Kupfer geätzt und gedruckt von R. Dührkopp, Berlin 1906

## Nr. 16

# Wahlvorschlag für Wilhelm von Bezold (1837-1907) zum OM

**von Gustav Robert Kirchhoff**

**Berlin, 11. Februar 1886**

Die Akademie hat in den letzten 8 Jahren durch den Tod 3 Physiker verloren, Poggendorff, Dove und Riess, ohne daß diese durch Neuwahlen ersetzt worden wären. Der Verlust von Dove ist um so empfindlicher, als die Akademie in ihm den einzigen Vertreter der Meteorologie verloren hat, dieser jungen Wissenschaft, die wesentlich durch Dove begründet; in neuerer Zeit einen so ungeahnten Aufschwung genommen und schnell wachsende Bedeutung gewonnen hat. Als Nachfolger Doves auf den Lehrstuhl der Meteorologie an der Universität und als Direktor des neu zu organisirenden meteorologischen Instituts ist Hr. Wilhelm v. Bezold berufen, bisher ordentlicher Professor für angewandte und mathematische Physik an der technischen Hochschule, Direktor der meteorologischen Zentralstation und ordentliches Mitglied der Akademie der Wissenschaften zu München. Die Unterzeichneten erlauben sich diesen zum Mitgliede der Akademie für eine der 3 vakanten freien Stellen der physikalisch-mathematischen Klasse vorzuschlagen.

Eine große Zahl von Abhandlungen, die bis zum Jahre 1860 hinaufreichen, und die verschiedenen Theilen der Physik angehören, haben seit lange den Fachgenossen seinen Namen vorteilhaft bekannt gemacht. Seine ersten Untersuchungen bezogen sich auf den Condensator.[1] Wiederholt ist er später auf diesen Gegenstand zurückgekommen und ohne Zweifel haben seine Versuche und Spekulationen zum besseren Verständniß dieses Apparates und namentlich der Rolle, die starre Isolatoren in ihm spielen, beigetragen. Naturgemäß schlossen sich an diese Untersuchungen solche über den Elektrophor und über die Lichtenberg'schen Figuren,[2] die er als Prüfungsmittel für die Art der elektrischen Entladung benutzte. Er lehrte dabei diese Staubfiguren unter neuen Verhältnissen hervorzubringen und fand gewisse Beziehungen zwischen ihrem Aussehen und der Beschaffenheit des Schließungsbogens der sie erzeugenden Entladung. Ein Versuch, zu dem er durch diese Arbeiten veranlaßt wurde, verdient vielleicht in Rücksicht auf seine Einfachheit und die Tragweite der Schlüsse, die sich aus ihm ziehen ließen, hervorgehoben zu werden. Er ließ eine elektrische Entladung sich in zwei Drähte theilen und beobachtete, ob zwischen den

---

AAW II–IIIa-Bd. 11, Bl. 4–5; Orig. hsl. eigenhändig.
Datum der Wahl zum OM 5. 4. 1886.
Antrittsrede: SB 1886, 2, S. 547–551.

sehr genäherten Enden derselben ein Funke entstand oder nicht; er konnte dabei erkennen, daß in gleich langen, gespannten Drähten die Entladung gleich rasch sich fortpflanzt, ohne Rücksicht auf das Material und die Dicke der Drähte, während ein Längenunterschied von einem Decimeter schon sich merklich machte. Der immer noch unvollständigen Erklärung der Lichtenberg'schen Figuren trat er näher, indem es ihm gelang gewisse Flüssigkeitsbewegungen hervorzurufen, bei denen ähnliche Gebilde, wie diese Figuren, auftraten. Er begründet die Vermuthung, daß bei der positiven Entladung eine Bewegung der elektrisirten Lufttheilchen von Außen nach Innen, bei der negativen von Innen nach Außen stattfindet und die characteristische Anordnung der Staubtheilchen bedingt.

Eine andere Reihe von Arbeiten des Hrn. v. Bezold bezieht sich auf die Optik, größtentheils auf die physiologische Optik. Die Abhandlungen[3] „Zur Lehre von den identischen Netzhautbildern", „Ueber binoculare Farbenmischung", „Ueber das Gesetz der Farbenmischung und die physiologischen Grundfarben", „Ueber die Fluorescenz der lebenden Netzhaut" und andere gehören hierher. Verschiedene sinnreiche Versuche sind hier beschrieben und discutirt, die zur Klärung der betreffenden Fragen das Ihrige beigetragen haben.

Einen Uebergang zwischen seinen optischen und seinen meteorologischen Arbeiten bilden seine „Beobachtungen über die Dämmerung".[4] Als einen ganz wesentlichen Theil der bei der Dämmerung auftretenden Erscheinungen, der den Beobachter, der einmal auf ihn aufmerksam geworden ist, oft durch seinen Glanz frappirt und die Erklärung gewisser begleitender Erscheinungen giebt, erkannte er hier eine Erscheinung, die von denjenigen, die früher über diesen Gegenstand geschrieben haben, entweder ganz mit Stillschweigen übergangen oder nur flüchtig erwähnt ist, nämlich das von ihm sogenannte *Purpurlicht.*

Mit Vorliebe hat Hr. v. Bezold bei der Meteorologie sich mit den Gewittern beschäftigt. Die Abhandlungen[5]: Ein Beitrag zur Gewitterkunde, Ueber gesetzmäßige Schwankungen in der Häufigkeit der Gewitter während langjähriger Zeiträume, Ueber das doppelte Maximum in der Häufigkeit der Gewitter während der Sommermonate, Untersuchungen über Gewitter in Bayern und Würtemberg, Ueber die Vertheilung des Luftdrucks und der Temperatur bei Gewittern ... liefern den Beweis hierfür. In der ersten dieser Arbeiten hat er, wie es scheint, zum ersten Male, die Akten einer Brandversicherungsanstalt benutzt, um über Blitzschläge hinsichtlich ihrer Vertheilung nach Zeit und Raum Kenntnisse zu sammeln. Seinem Beispiel in dieser Hinsicht ist später vielfach gefolgt.

Die Arbeiten des Hrn. v. Bezold rechtfertigen nach der Uberzeugung der Unterzeichneten seine Wahl zum ordentlichen Mitgliede der Akademie.

v. Helmholtz
G. Kirchhoff
W. Siemens
E. Du Bois-Reymond

## Nr. 17

# Wahlvorschlag für August Kundt (1839-1894) zum OM

**von Hermann von Helmholtz**

**Berlin, 8. Februar 1888**

Das vorgesetzte Königliche Ministerium der Geistlichen etc. Angelegenheiten hat nach den als officiell bezeichneten Mittheilungen, welche einer der Unterzeichner durch Herrn Geheimrath Althoff erhalten hat, auf Antrag der Philosophischen Facultät der Universität beschlossen Herrn Professor *A. Kundt* aus Straßburg als Vertreter der Experimentalphysik und Herrn Professor *L. Boltzmann* aus Graz als Vertreter der mathematischen Physik nach Berlin zu berufen. Die Verhandlungen mit beiden sind so gut, wie abgeschlossen, und konnten formell nur noch deshalb nicht endgiltig gemacht werden, weil für die Berufung von Herrn A. Kundt noch die dritte Lesung der Büdgetposition, von welcher die Dotirung der Physikalisch Technischen Reichsanstalt abhängt, abgemacht sein muß, und weil andrerseits das Königliche Ministerium hofft, daß die Akademie der Wissenschaften ihrerseits geneigt sei die Berufung dieser beiden ausgezeichneten Forscher durch entsprechende Verfügung über die am Ende dieses Jahres frei werdenden außerordentlichen Gehalte zu unterstützen.

Die Unterzeichneten beantragen daher zunächst die Wahl der beiden genannten Herren als ordentliche Mitglieder der Akademie für den Fall, daß ihre Berufung und Übersiedelung nach Berlin perfect wird. Sie begründen diesen Theil ihres Antrags in folgender Weise:

Herr *A. Kundt* geb. 1839, zur Zeit Professor der Physik an der Universität zu Strassburg, correspondirendes Mitglied der Akademie, ist seit 1863, wo seine erste optische Abhandlung erschien, durch eine lange Reihe von experimentellen Arbeiten,[1] die zum Theil Entdeckungen von großer Bedeutung und Methoden von großer Fruchtbarkeit dargelegt haben, in der Wissenschaft bekannt geworden. Namentlich sind hier zu erwähnen die nach ihm benannten Staubfiguren in tönenden Röhren,[2] welche in der ausgedehntesten Weise zu Messungen der Schallgeschwindigkeit in den Gasen und Dämpfen, und zur Bestimmung des Einflusses der Reibung und Wärmeleitung auf die Schallbewegung von ihm

---

AAW II–IIIa-Bd. 12, Bl. 18–18a; Orig. hsl. eigenhändig.
Gemeinsamer Wahlvorschlag für A. Kundt und L. Boltzmann; der zweite Teil des Wahlvorschlages betrifft L. Boltzmann, s. Nr. 18.
Datum der Wahl zum OM 29. 5. 1888, KM 13. 3. 1879; der Wahlvorschlag zum KM ist nicht erhalten.
Antrittsrede: SB 1889, 2, S. 679–683.

und Anderen gebraucht worden sind. Ferner die Entdeckung der anomalen Dispersion des Lichts und ihrer Abhängigkeit von der Absorption desselben, der Nachweis der Richtigkeit der aus der mechanischen Wärmetheorie gefolgerten Unabhängigkeit der Reibung und Wärmeleitung in den Gasen von ihrer Dichtigkeit, beziehlich die Grenzen dieser Unabhängigkeit, die daraus sich ergebende Befreiung der Messung der Wärmestrahlung von dem Einflusse der Leitung in den Gasen, ferner die für die mechanische Wärmetheorie und die Chemie gleich wichtige Bestimmung des Verhältnisses der beiden specifischen Wärmen in einatomigem Quecksilberdampf.[3] Ferner der Nachweis der elektromagnetischen Drehung des Lichts in Dämpfen und Gasen, später in durchsichtigen Metallblättern, die Erforschung des Krystallgefüges durch elektrische Staubfiguren.

Viele von diesen Untersuchungen sind ausgezeichnet durch die Findigkeit, mit der die größten experimentellen Schwierigkeiten überwunden sind; alle zeigen, daß der Verfasser, obgleich er selbst nicht eingehendere mathematische Untersuchungen gemacht hat, in sehr glücklicher Weise und mit vollem Verständniß des Sachverhaltes die Puncte zu finden wußte, wo die mathematische Theorie an den Erscheinungen Bestätigungen und Aufhellungen finden konnte. Überhaupt spricht sich eine seltene Originalität und Klarheit der Gedanken in seinen Arbeiten aus, und wir sind demnach der Meinung, daß die Akademie den Eintritt Kundt's in ihren Kreis als einen erheblichen Gewinn betrachten müsse.

v. Helmholtz Kronecker
v. Bezold Siemens

## Nr. 18

## Wahlvorschlag für Ludwig Boltzmann (1844-1906) zum OM

**von Hermann von Helmholtz**

**Berlin, 8. Februar 1888**

Herr *Ludwig Boltzmann* geb. 1844 zu Wien, zur Zeit Professor der Physik an der Universität in Graz, ist hauptsächlich als mathematischer Physiker hervorragend, wenn er auch vielfältig und in glücklicher Weise experimentelle Untersuchungen zur Lösung einzelner thatsächlichen Fragen, vor die ihn seine mathematischen Untersuchungen gestellt hatten, durchgeführt hat. Die Hauptarbeit seines Lebens ist der kinetischen Wärmetheorie,[1] namentlich der der Gase zugewendet gewesen. Namentlich hat er darin den Nachweis geliefert, daß das Gesetz der Vertheilung der verschiedenen Werthe der Geschwindigkeiten zwischen den Atomen, welches *Maxwell* nur als eine richtig erratene Hypothese verificirt hatte die nothwendige Form des Endzustandes sein müsse, der durch die Collisionen der Molekeln herbeigeführt wird. Er hat in diesen Arbeiten einen hohen Grad von Abstractionskraft und die Fähigkeit gezeigt höchst schwierige und verwickelte Probleme zu über winden. Übrigens hat er auch während einer Reihe von Jahren als Professor der reinen Mathematik an der Universität Wien fungirt. Daneben gingen einher speziellere Arbeiten über das Gesetz der Dispersion bei Circularpolarisation, über Messungen der Dielektricitätsconstanten nach verschiedenen Methoden, namentlich auch für Gase, über elastische Nachwirkung, über Stoß elastischer Cylinder, Beziehungen der Wärmestrahlung zur Temperatur, Dissociation der Gase, Gesetz der elektrischen Kräfte. Auch diese kleineren Arbeiten[2] zeigen überall das Bestreben in die letzten Ursachen der Erscheinungen einzudringen, und erscheinen für Jeden, der das betreffende Gebiet bearbeiten will, als höchst beachtenwerth, selbst wenn er geneigt sein sollte den Zusammenhang der Thatsachen anders zu deuten.

Herr Boltzmann wird wohl mit Recht als der bedeutendste unter den mathematischen Physikern deutscher Zunge angesehen, die unter Berücksichtigung ihres Lebensalters für eine Berufung an die Berliner Universität in Betracht kommen konnten. Die Unterzeichneten beantragen deshalb auch seine Wahl

---

AAW II–IIIa-Bd. 12, Bl. 18a–18c; Orig. hsl. eigenhändig.
Gemeinsamer Wahlvorschlag für A. Kundt und L. Boltzmann; der erste Teil des Wahlvorschlag betrifft A. Kundt, s. Nr. 17.
Datum der Wahl zum OM 29. 6. 1888; Boltzmann nimmt seinen Wohnsitz nicht innerhalb der statutenmäßigen Frist in Berlin und wird daher EM.

als ordentliches Mitglied der Akademie.

Nachdem Herr v. Bezold in die freigewordene ordentliche Stelle für Physik eingetreten ist, sind drei freie Stellen erledigt, von denen zwei durch die beiden vorgeschlagenen Physiker zu besetzen sein würden.

Die Unterzeichneten beantragen ferner, daß von dem frei werdenden Gehalte G. Kirchhoff's 2700 Mk. Herrn A .Kundt, 3000 Mk. Herrn Boltzmann als außerordentliches akademischen Gehalt bewilligt werden. Bis zu dem Termin, wo Kirchhoff's Gehalt frei wird, würde nach den Mittheilungen von Herrn Geheimrath Althoff das königliche vorgesetzte Ministerium die Zahlung dieser Raten an die genannten Herren übernehmen.

v. Helmholtz Kronecker
v. Bezold Siemens

Die Unterzeichneten verändern ihren obigen Antrag bezüglich des Herrn Boltzmann zu gewährenden akademischen Gehalts dahin, daß derselbe auf 3600 Mark, in Worten Dreitausend sechshundert Mark normirt werde.

8. März 1888

Helmholtz Kronecker
Bezold Siemens

## Nr. 19

## Wahlvorschlag für Lothar Meyer (1830-1895) zum KM

**von Hans Landolt**

**ohne Datum**

*Lothar Meyer*

Professor der Chemie an der Universität Tübingen, geboren d. 19 August 1830 zu Varel a. d. Jahde, hatte zuerst Medicin studirt, war dann aber hauptsächlich auf Anregung Bunsens zur Chemie u. Physik übergetreten, in welch letzterer Wissenschaft er sich unter Kirchhoff sowie später unter Neumann in Königsberg ausbildete. Seine Lehrthätigkeit begann er 1859 als Privatdozent in Breslau, wurde sodann an die polytechnische Schule in Karlsruhe berufen und schließlich 1876 an die Tübinger Universität.

Die ersten Untersuchungen Meyers betrafen physiologisch-chemische Fragen und zwar die Gase des Blutes sowie das Verhalten des letzteren zu Kohlenoxydgas.[1] Bald wandte er sich aber ausschliesslich der theoretischen u. physikalischen Chemie zu u. lieferte auf diesem Gebiete eine grosse Zahl von experimentellen Arbeiten.[2] Unter denselben sind die umfangreichsten diejenigen über die Transpiration der Dämpfe von Kohlenstoffverbindungen, welche zu dem wichtigen Resultate führten, daß die aus der Reibung der Dämpfe abzuleitenden Volumina ihrer Moleküle untereinander in dem nämlichen Grössenverhältnisse stehen, wie die Molecularvolume im flüssigen Zustande.

Ein fernerer Gegenstand welchem Lothar Meyer viele Jahre lang seine Aufmersamkeit zuwandte u. bezüglich dessen er sich ein Hauptverdienst erworben hat, ist das sog. periodische System der Elemente.[3] Nachdem schon vor langer Zeit Gmelin, Dumas u. A. erkannt hatten, daß die Atomgewichte gewisser Gruppen von chemisch ähnlichen Stoffen, wie A, Br, J, ferner S, Se, Te u.s.w. in angenähert einfachen Verhältnissen zueinander stehen, versuchte Meyer im Jahre 1864 eine grössere Anzahl von Elementen nach ihrem steigenden Atomgewicht zu ordnen u. mit dem letztern das physikalische u. chemische Verhalten in Beziehung zu bringen. Es trat hierbei im Grossen und Ganzen die Erscheinung zu Tage, daß gewisse Eigenschaften wie die Dichte bezw. das Atomvolum, ebenso die Schmelzpunkte eine periodische Zu- u. Abnahme

---

AAW II–IIIb-Bd. 11, Bl. 50–50a; Orig. hsl. eigenhändig.
Datum der Wahl zum KM 6. 12. 1888.
Der Wahlvorschlag wurde in der Sitzung der phys.-math.Klasse am 1. 1. 1888 vorgetragen.

erfahren, sich also durch eine wellenförmige Curve darstellen. Den nämlichen Gegenstand ergriff später 1869 Mendelejeff in Petersburg u. dehnte diese Betrachtungen auf sämmtliche Elemente aus, während Meyer sich nur auf die genauer bekannten beschränkt hatte. Dieses periodische System, welches zu einer Anordnung der einfachen Stoffe in bestim̄te natürliche Gruppen führten, erregte allmählig überall lebhaftes Interesse u. es wurde Meyer sowie Mendelejeff besondes in England grosse Anerkenung zu Theil. Die Verdienste beider sind in dieser Angelegenheit wesentlich verschiedener Art. Mendelejeff wandte seine Aufmerksamkeit namentlich den Lücken zu, die in dem System auftraten, er prognosticirte aus denselben das Vorhandensein noch unbekannter Elemente, und konnte durch einfache Vergleichungen, durch Interpolation, die Eigenschaften solcher Körper sowie auch ihr ungefähres Atomgewicht zum Voraus bezeichnen. Die Thatsache, daß zwei später entdeckte Elemente, das Gallium u. Germanium sodann diesen Prognosen in jeder Hinsicht entsprachen, hat dazu beigetragen, in weitern naturwissenschaftlichen Kreisen als nur den chemischen, Mendelejeff einen besondern Ruhm einzubringen. Meyers' Folgerungen aus dem periodischen System, obgleich sie weniger in die Augen fielen, haben aber der Wissenschaft wohl noch einen grössern Nutzen gebracht. Er beobachtete nämlich, daß bei dem systematischen Ordnen der Elemente mehrere derselben in eine bezüglich der Eigenschaften nicht passende Nachbarschaft geriethen, u. schloß daraus, daß die Atomgewichte jener Stoffe fehlerhaft sein könnten. Dies war der Fall bei Molybdän, Beryllium, Platin u. Iridium, u. wurde die Veranlassung, daß sowohl von Meyer selbst sowie seinem Assistenten Seubert eine Neubestim̄ung der betreffenden Zahlen mit möglichster Genauigkeit vorgenom̄en wurde. Die Resultate bestätigten die Vermuthung, mit Zugrundelegung der corrigirten Atomgewichte reihten sich jene Elemente nun in der That in die richtigen Stellen im System ein. Meyer war aber damit noch nicht zufrieden; in Gemeinschaft mit Seubert unternahm er eine umfassende Revision der Atomgewichte säm̄tlicher Elemente, und leitete aus den vorhandenen experimentellen Daten unter Anwendung verbesserter Rechnungsmethoden jene Zahlen aufs Neue ab, wobei manche derselben gegen früher nicht unwesentliche Aenderungen erfuhren. Die Ergebnisse dieser mühsamen u. umfangreichen Arbeit[4] wurden 1883 in einem besondern Werke veröffentlicht, u. das Schlußresultat, die neue Atomgewichtstafel ist heutzutage in den Händen aller Chemiker u. wird als maßgebend benutzt.

Am bekanntesten unter den Leistungen Lothar Meyers ist endlich sein Buch: „Die modernen Theorien der Chemie",[5] welches 1864 zuerst erschien u. seitdem 5 Auflagen erlebt hat. Durch dasselbe ist der theoretischen Chemie ein sehr wichtiger Dienst erwiesen worden. Indem Meyer die im Anfange dieses Jahrhunderts von Berthollet aufgestellte Lehre von der chemischen Massenwirkung aus der völligen Vergessenheit, in die sie gerathen war, wieder heraushob und ihre Bedeutung von Neuem betonte, gab er den Anstoß zu einer grossen Zahl von Arbeiten, welche werthvolle Bausteine zu einer künftigen chemischen Statik und Dynamik bilden. Eine andere nicht minder nützliche Seite des Buches war von Anfang an die strenge Kritik, welcher zahlreiche im Laufe der Zeit auf dem Gebiete der theoretischen Chemie aufgestellte sog. Gesetze unterworfen wurden. Nicht wenige führte Meyer hierbei auf ihren richtigen Werth zurück und reducirte sie zu Regeln, die nur für eine beschränkte Zahl von Fällen Geltung haben. Von dem Werke, dessen Umfang bei den wiederholten Auflagen immer mehr zugenom̄en hat, soll jetzt eine ganz kurze Ausgabe[6] erscheinen, wodurch es voraussichtlich unter den zahlreichen Chemikern, welche nicht die Zeit zu einem eingehenden Studium der theoretischen Chemie finden, von Neuem grossen Nutzen stiften wird.

H. Landolt
A. W. Hofmann
J. Roth
Pringsheim

## Nr. 20

# Wahlvorschlag für Heinrich Hertz (1857-1894) zum KM

**von Hermann von Helmholtz**

**ohne Datum**

Die Unterzeichneten stellen den Antrag Herrn Professor Heinrich Hertz, zur Zeit noch Professor der Physik am Polytechnicum in Karlsruhe, aber schon als Ordinarius desselben Fachs an die Universität Bonn berufen, zum Correspondenten der Akademie der Wissenschaften zu erwählen.

Herr Hertz ist noch ein verhältnismäßig junger Mann, der sich aber schon durch eine Reihe sehr scharfsinniger und ungewöhnlich wichtiger Arbeiten bekannt gemacht hat. In Hamburg geboren hat er zuerst Maschinentechnik studirt, sich dann bald der Physik zugewendet. Schon als Student erhielt er einen Facultätspreis für eine Arbeit (1880 veröffentlicht),[1] bei der die Aufgabe gestellt war bei schnellen Bewegungen der Elektricität in Drähten zu untersuchen, ob neben der durch die elektrodynamische Induction verursachten scheinbaren Trägheit der Elektricität, derselben noch eine von den benachbarten Strömen unabhängige wahre Trägheit zukomme. Schon damals schlug er mit großem Scharfblick, nachdem er die Fehlerquellen der bis dahin fast allein angewendeten Methoden, wobei starke Inductionsströme durch große Spiralen erregt wurden, richtig erkannt hatte, den Weg ein die sehr viel schnelleren, aber viel genauer zu berechnenden oscillirenden Ströme in gerade gestreckten Drähten zu benutzen, und beseitigte glücklich die großen experimentellen Schwierigkeiten, die diesem Unternehmen entgegenstanden. Durch diese Arbeit war seine Aufmerksamkeit dauernd den fundamentalen Fragen der Theorie der Elektrodynamik zugewendet worden, und lagen die wichtigsten Arbeiten, die er bis jetzt geliefert, auf diesem Felde. Dasselbe war keineswegs unangebaut; im Gegentheil, da es sich hier um die Aufdeckung eines neuen Systems von Kräften handelte, die in ihren Grundgesetzen wesentlich von denen der *Newton*schen Gravitationskräfte abweichen mußten, war unablässig die Aufmerksamkeit der bedeutendsten Theoretiker und Experimentatoren diesen Problemen zugewendet gewesen. Aber die experimentellen Schwierigkeiten schienen unübersteiglich, sobald man von den leicht zu beobachtenden Wirkungen dauernder geschlossener Ströme, und den sich zunächst anschließen-

---

AAW II–IIIb-Bd. 11, Bl. 28–28a; Orig. hsl. eigenhändig.
Datum der Wahl zum KM 7. 3. 1889.
Der Wahlvorschlag wurde in der Sitzung der phys.-math. Klasse am 31. 1. 1889 vorgetragen.

den nicht ganz geschlossener Ströme, die durch die isolirende Platte eines Condensators unterbrochen sind, zu den flüchtigen Bewegungen übergeht, wie sie in frei liegenden Conductoren bei elektrischen Entladungen entstehen. Es handelt sich hier um Wirkungen, die sich mit der Geschwindigkeit des Lichtes im Raume ausbreiten, und um Ströme, die nur Milliantheile einer Secunde dauern. Herr Hertz hatte zunächst einige darauf bezügliche, sehr scharfsinnig und originell gewendete theoretische Aufsätze geschrieben (1884, 1885), auch die großen Dimensionen der rotirenden magnetischen Erde sinnreich verwendet,[2] um gewisse Annahmen auszuschließen, bis er endlich das praktische Mittel fand, um die genannten äußerst flüchtigen Bewegungen der Electricität und ihre Wirkungen sichtbar zu machen, ihre Fortpflanzungsweise und Geschwindigkeit nachzuweisen und sogar annähernd zu messen.[3] Es wurde das möglich mittels der kleinen Fünkchen, welche sehr enge Lücken der betreffenden Leiter überspringen. Er hat dadurch erwiesen, daß die elektrodynamischen und magnetischen Wirkungen Zeit brauchen, um sich im Raume auszubreiten, daß die Art dieser Ausbreitungsweise der des Lichtes im höchsten Maaße ähnlich ist, eine Anschauung, die schon von Maxwell theoretisch wahrscheinlich gemacht war, neben der aber noch andre Erklärungsweisen möglich erschienen.

Wir brauchen auf diese Arbeiten hier nicht näher einzugehen, da sie in den letzten beiden Jahren der Akademie vorgelegen haben.[4] Es sind die wichtigsten, aber nicht die einzigen des genannten Autors. Er hat außerdem über die Verdampfungsgeschwindigkeit von Flüssigkeiten, namentlich Quecksilber im luftleeren Raume geschrieben, ferner über Gleichgewicht schwimmender elastischer Platten, Bildungsweise der elektrischen Rückstände in Isolatoren. Auch diese Arbeiten zeigen tief eindringende Überlegung, und große Gewandtheit die theoretischen Probleme in Versuche zu übersetzen.

Wir glauben deshalb den oben stehenden Antrag der Akademie dringend empfehlen zu dürfen.

v. Helmholtz A. Kundt
v. Bezold

## Nr. 21

# Wahlvorschlag für Hermann Carl Vogel (1841-1907) zum OM

**von Arthur von Auwers**

**Berlin, 21. Januar 1892**

Die Unterzeichneten gestatten sich die Wahl des Direktors des Königlichen Astrophysikalischen Observatoriums zu Potsdam, Geheimen Regierungs-Rath Dr. Hermann Karl Vogel zum ordentlichen Mitgliede der physikalisch-mathematischen Classe der Akademie zu beantragen.

Die Classe ist durch mehrfache im Verlauf der letzten drei Jahre ihr gemachte Vorlagen und Berichte über Resultate der auf dem Astrophysikalischen Observatorium in dieser Zeit ausgeführten Arbeiten zur Bestimmung der Bewegungen der Fixsterne im Visionsradius bereits darüber unterrichtet, welchen Epoche machenden Character diese neuesten Arbeiten[1] des Herrn Vogel für sich in Anspruch nehmen dürfen; und die Akademie hat bereits im Jahre 1890 durch ihre Befürwortung des von Herrn Vogel bei der Königlichen Staatsregierung eingereichten Gesuchs, im Interesse der Ausdehnung seiner Untersuchungen auf die zahlreicheren Sterne geringerer Größenclassen das Observatorium mit einem Riesenfernrohr[2] auszurüsten, anerkannt, daß einerseits jene Arbeiten zu den wichtigsten gehören, welche jemals in der Astronomie ausgeführt worden sind, vielleicht die allerwichtigsten, welche gegenwärtig in der Astronomie ausgeführt werden können, und daß andererseits der von Herrn Vogel mit dem Anfang der Arbeit bereits erzielte Erfolg ein durchschlagender und für eine breite weitere Forschung bahnbrechender gewesen ist.

Diese eine ausgeführte Arbeit, deren ausführliche Darlegung Herr Vogel gerade den Fachgenossen zu übergeben im Begriff ist,[3] würde allein genügen, ihrem Urheber Anspruch auf einen Sitz in der Akademie zu verleihen, die Akademie zu der Erwartung berechtigen, mit der Zuwahl desselben ihr Ansehen und ihre Wirksamkeit zu mehren. Jene Untersuchungen sind aber nur die neuesten in einer seit mehr als 20 Jahren ununterbrochenen Reihe von Arbeiten auf dem Gebiete der Astrophysik und Spectralanalyse, welche, verschieden an Umfang und Wichtigkeit, alle die Umsicht der Anlage, die Vollendung der Ausführung, die Zuverlässigkeit der Ergebnisse gemein haben, und jedesmal in der neuen Disciplin entweder ansehnlichen Fortschritt bewirkt, oder, wenn sich gelegentlich erwies, daß die Mittel noch nicht zum Ziele reichten, durch

---

AAW II–III a-Bd. 13, Bl. 55–56; Orig. hsl. von Schreiberhand.
Datum der Wahl zum OM 30. 3. 1892.
Antrittsrede: SB 1896, 2, S. 601–604.

Aufdeckung und Beseitigung von Irrlehren dieselbe vor Rückschritten bewahrt haben; eine Art des Arbeitens für alle Folgezeit unmöglich gemacht zu haben, wie sie, abgesehen von den werthvollen Beiträgen des stets sorgfältigen und zuverlässigen Herrn Huggins, die ersten zehn Jahre nach der theoretischen Begründung der Spectralanalyse durch G. Kirchhoff in der Astrophysik vorgeherrscht und das erste Drittel der Geschichte der neuen Disciplin recht unerfreulich gemacht hat, ist in der That nicht Herrn Vogel's geringstes Verdienst.

Derselbe hat sich nach genügender Schulung in den Methoden der alten Astronomie in jungen Jahren, als er 1870 eine wissenschaftlich selbständige Stellung als Astronom der Sternwarte des Herrn von Bülow auf Bothkamp erlangte, gänzlich der Beschäftigung mit dem neuen Zweige der Wissenschaft hingegeben. Aus der Bothkamper Zeit, 1870—1874, liegen folgende größere Arbeiten von ihm vor[4]: Untersuchungen über die Spectren der helleren Fixsterne, von dauernder praktischer Bedeutung namentlich durch die Einführung der Angström'schen Wellenlängenscala in die astronomische Spectralanalyse an Stelle der bis dahin angewandten arbiträren, vielfach verschiedenen und nur mühsam vergleichbaren Scalen; anschließend an diese Untersuchung der Nachweis von Uebergängen zwischen den verschiedenen Typen, nach denen Secchi die Sternspectra eingetheilt hatte, und die Aufstellung einer natürlichen Classification der Sterne nach ihren Spectren unter dem Grundgedanken, daß die Verschiedenheit dieser letzteren durch den Temperaturzustand der Sterne bedingt wird; ferner Untersuchungen über die Spectra der Nebelflecke, der Cometen und vor allem die in einer von der Kopenhagener Akademie gekrönten Preisschrift — welche, ein überaus seltenes Vorkommniß in der strengen astronomischen Literatur, z. Zt. in dritter Auflage erscheint — niedergelegte erschöpfende Untersuchung der Spectra der Planeten.[5] Von kleineren Arbeiten aus dieser Zeit sind zu nennen: die erste genaue Untersuchung des Spectrums des Nordlichts[6]; der experimentelle Nachweis der damals theoretisch lebhaft bestrittenen Anwendbarkeit des Doppler'schen Princips auf Licht, auf welcher die Deutung der gleichfalls in jenen Jahren zuerst von Huggins und dann von Vogel wahrgenommenen Linienverschiebungen in Sternspectren beruht — geführt durch spectroskopische Beobachtung der Sonnenrotation[7] und durch Beobachtung der Verschiebung der Linien im Venusspectrum gegen das Spectrum des Tageshimmels — endlich noch Untersuchungen über die Vertheilung des chemisch wirksamen Lichts auf der Sonnenscheibe.[8]

Die großen Verheißungen für die Entwicklung der Astrophysik, zu welchen die Bothkamper Arbeiten Vogel's zu berechtigen schienen, wenn nur der Autor der so viel versprechenden Arbeiten aus seiner isolirten und auf die Benutzung privater Mittel beschränkten Stellung in engere Verbindung mit anderen wissenschaftlichen Kreisen und in den Besitz der Hülfsmittel eines großen Instituts gebracht werden könnte, haben bereits im Jahre 1872 die Akademie veranlaßt, den von anderer Seite aufgestellten, ihrer Begutachtung unterbreiteten Plan der Errichtung eines für Sonnen- und erdmagnetische Beobachtungen bestimmten Observatoriums so vollständig umzuformen, wie es mit der ihrem

Votum gemäß zunächst vollzogenen Errichtung des Astrophysikalischen Observatoriums in Potsdam geschah.[9] An dieses wurde Herr Vogel 1874 als Observator berufen und steht seit 1882 demselben als Director vor. Die Hoffnungen, welche sich an die Gründung dieses Instituts und an Herrn Vogel's Berufung knüpften, haben sich in vollem Maße erfüllt. Durch umfangreiche eigene Arbeiten hat Herr Vogel in der neuen Stellung den Besitz und die Grenzen der Astrophysik fortgesetzt bereichert und erweitert; wir nennen von denselben der Zeitfolge nach den großen neuen Atlas des Sonnenspectrums (bis jetzt vollendet von 390 bis 540 $\mu\mu$ Wellenlänge) und die spectroskopische Durchmusterung der Zone zwischen dem Aequator und dem 20° nördl. Decl.,[10] diese in der Folge durch andere Arbeiten mit Benutzung der jüngsten vor wenigen Jahren noch nicht vorherzusehenden Entwickelung der Photographie überholt, aber zur Zeit ihrer Publication (1883) ein Epoche machendes Werk; endlich die große schon Eingangs erwähnte Arbeit, die vollendetste und wichtigste, welche überhaupt bis heute in der Astrophysik vorliegt. Kleinerer eigener Beiträge, wie der Untersuchungen über die Absorption der den Sonnenkörper umgebenden Gashüllen, der Entdeckung der Natriumlinien in Cometenspectren gedenken wir nur nebenher.

Es ist hauptsächlich Herrn Vogel's Verdienst, daß die junge Wissenschaft der Astrophysik heute ein der exacten Forschung unterworfenes, mit den alten Abtheilungen der Astronomie gleichwerthiges Fach ist. Herr Vogel selbst steht in diesem Zweige der Forschung heute an der Spitze; nur zwei oder drei Namen sind mit dem seinigen zu nennen, wenn man fragt, welchen unter den lebenden Forschern die neue Disciplin die wichtigste Förderung verdankt, aber die gleich feinen und zuverlässigen Untersuchungen von Huggins und Langley sind auf viel engere Gebiete beschränkt, und die an Ausdehnung den Potsdamer weit voranstehenden Arbeiten des Harvard College Obersvatory erweisen mehr die Energie und das Organisationstalent Pickering's und seine Fähigkeit, fast unbeschränkte Mittel wirklich zum Nutzen der Wissenschaft zu verwenden, als die wissenschaftliche Durchdringung der Aufgabe, welche allein das Höchste erreichen läßt.

Das Potsdamer Astrophysikalische Observatorium steht heute, kaum 15 Jahre nach seiner Fertigstellung, nicht allein unbestritten an der Spitze der deutschen Sternwarten, sondern zusammen mit Cambridge und Cordoba an der Spitze der astronomischen Forschung überhaupt. Es wird dieß in der ganzen Welt anerkannt, indem von allen Seiten die Astrophysiker nach Potsdam kommen, um sich die durch Herrn Vogel erfundenen oder entwickelten Methoden der Forschung anzueignen. Das außerordentliche Verdienst des selbstlosen Gelehrten auch hier durch Aufnahme in unsern Kreis anzuerkennen, wird der Akademie zur Ehre und zum Vortheil gereichen.

A. Auwers
v. Bezold
v. Helmholtz
A. Kundt

Nr. 22

## Wahlvorschlag für Carl Gottfried Neumann (1832-1925) zum KM

von Lazarus Fuchs

Berlin, 9. Februar 1893

Die Unterzeichneten stellen bei der Classe den Antrag den Herrn Karl Neumann, ordentlicher Professor der Mathematik an der Universität Leipzig zu ihrem Correspondenten zu erwählen.

Karl Gottfried Neumann geboren den 7t-Mai 1832 zu Koenigsberg/Pr., studirte nach Absolvirung des Gymnasiums in seiner Vaterstadt an der Universität Koenigsberg, wurde an derselben im Jahre 18[56] zum Doctor der Philosophie promovirt, unterrichtete eine Zeitlang an einem Berliner Gymnasium, habilitirte sich im Jahre 1858 als Privatdocent an der Universität in Halle, fungirte alsdann als ausserordentlicher Professor in Basel, später als ordentlicher Professor in Tübingen und wirkt seit 1869 in gleicher Eigenschaft an der Universität Leipzig.

Schon in seiner Dissertation „de problemate quodam mechanico quod ad primam integralium ultraëllipticorum classem revocatur" welche auch im 56 Bande des Crelle'schen Journals (1859)[1] abgedruckt worden ist, erwies sich Herr K. Neumann als ein Mann von ungewöhnlicher analytischer Kraft. In einer Zeit welche nur wenige Jahre von dem Zeitpunkte der Publication der Arbeiten[2] von Rosenhain und des Herrn Weierstraß über die Theorie der hyperelliptischen Functionen entfernt ist, unternahm es der junge Forscher, schon diese Theorie auf ein Problem der Mechanik anzuwenden, indem er von den $\Theta$-functionen zweier Variabeln für den Fall Gebrauch macht, daß die Argumente als lineare Functionen der Zeit aufgefaßt werden. Die Wichtigkeit dieser Darstellungsart von in der Mechanik auftretenden Grössen ergiebt sich schon daraus, daß auch Herr Weierstraß in den Monatsberichten unserer Akademie vom Jahre 1861[3] das Problem der geodaetischen Linie auf dem dreiaxigen Ellipsoid ebenfalls mit Hilfe von $\Theta$-functionen zweier Variabeln mit beschränkter Veränderlichkeit, vollständig und einfach lösen konnte. Später haben andere Schriftsteller unter denen besonders Heinrich Weber (14. Band der Mathem. Annalen) und Frau Kowalewsky (Preisschrift der Pariser Akademie) von demselben Verfahren[4] bei der Lösung mechanischer Probleme mit glücklichem Erfolge Gebrauch gemacht.

---

AAW II–IIIb-Bd. 12, Bl. 80–82; Orig. hsl. von fremder Hand.
Datum der Wahl zum KM 4. 5. 1893.

Der Beginn der schriftstellerischen Thätigkeit des Hrn. Karl Neumann fiel in die Zeit in welcher die functionentheoretischen Arbeiten Riemanns das Interesse des mathematischen Publicums hervorriefen. Diese Arbeiten erfreuen sich zwar einer präcisen Darstellung sind aber theils durch die scizzen ähnliche Kürze, theils in Folge der Neuheit der Vorstellungen und deren Bezeichnungsweise schwer verständlich, derart daß der Sinn einzelner Abhandlungen von Riemann erst später im Lichte neuentstandener Disciplinen erfaßt werden konnte. Es muß als ein bleibendes Verdienst des Herrn K. Neumann bezeichnet werden, daß er sich alsbald mit Eifer in die Arbeiten Riemanns über die Theorie der Abel'schen Functionen vertiefte und mit der ihm eigenen Darstellungsgabe in seinem im Jahre 1865 erschienenen Werke „Vorlesungen über Riemann's Theorie der Abel'schen Integrale" (in zweiter Auflage im Jahre 1884)[5] eine Beleuchtung der schwierigen Materie von seltener Klarheit lieferte, und wenn seitdem ein ausgedehnter Kreis von Mathematikern mit diesem Theile der Riemann'schen Arbeiten in geläufiger Weise umzugehn weiss, so ist dieses nicht zum geringen Theile das Verdienst des K. Neumann'schen Werkes.

In seiner Inauguraldissertation[6] handelte Riemann von der Bestimmung einer Function einer veränderlichen complexen Größe durch Grenz- und Unstetigheitsbedingungen indem er hierbei von einem Princip ausging welches Dirichlet für eine der Laplace'schen partiellen Differentialgleichung genügende Function von drei Veränderlichen angewendet hatte. Von diesem Prinzip machte Riemann namentlich in der Theorie der Integrale algebraischer Functionen Gebrauch. Herr Weierstraß hatte jedoch darauf aufmerksam gemacht, daß die aus diesem Princip hergeleiteten Existenzbeweise im Allgemeinen nicht zulänglich seien. — Hr. Karl Neumann stellte sich die Aufgabe, diese Lücke für den Gebrauch bei den Integralen algebraischer Functionen auszufüllen. Einen Versuch hierzu machte er zunächst in einer im Jahre 1865 erschienenen Schrift[7] „das Dirichlet'sche Princip in seiner Anwendung auf die Riemann'schen Flächen". In späteren Arbeiten (Berichte der Sächsischen Gesellschaft der Wissenschaften 1870)[8] und ausführlich in dem Werke „über das Logarithmische und Newton'sche Potential", (1877)[9] und weiterhin in den Ergänzungen zur zweiten Auflage seines Werkes „Vorlesungen über Riemann's Theorie usw."[10] ist er in der Behandlung der Frage über die Bestimmung einer Function durch Grenz- und Unstetigkeitsbedingungen tiefer eingedrungen und ist hierbei mit den auf denselben Gegenstand bezüglichen Arbeiten der Herren Schwarz und Prym zusammengetroffen.

Herr Karl Neumann ist einer der fruchtbarsten mathematischen Schriftsteller. Er hat mit Vorliebe diejenigen Theile der Mathematik bearbeitet welche in der mathematischen Physik ihre Anwendung finden. Neben der Theorie des Potentials über welche wir bereits eine Schrift desselben oben citirt haben, waren es daher besonders die verschiedenen Darstellungsarten von Functionen denen er seine Arbeitskraft zuwendete. Die hauptsächlichen Resultate dieser Untersuchungen, welche er an verschiedenen Orten veröffentlicht hatte, stellte er später (1881) in einer werthvollen Schrift „über die nach Kreis-, Kugel- und

Cylinderfunctionen fortschreitenden Entwickelungen unter Anwendung des du Bois-Reymond'schen Mittelwerthsatzes"[11] zusammen. Auch über verschiedene Gebiete der mathematischen Physik hat Herr K. Neumann Schriften[12] veröffentlicht in welchen er theils die Arbeiten seines Vaters (F. Neumann) näher begründete, theils auch in selbständiger Weise schwierigere Capitel der mathem. Physik durch strenge und systematische Bearbeitung für eine eingehende mathematische Behandlung vorzubereiten versuchte. Wir müssen es uns um nicht zu weitläufig zu werden versagen in eine Würdigung aller dieser Schriften einzugehen, und wir wollen nur noch hinzufügen daß in didactischer Hinsicht alle seine Werke ein Muster von Klarheit und Sauberkeit bilden.

Wir glauben durch die vorhergehende Darlegung zur Genüge gezeigt zu haben, daß Herr Karl Neumann es wohl verdient habe unter die Correspondenten unserer Akademie aufgenommen zu werden. —

Fuchs
Weierstrass
H. A. Schwarz
Frobenius

**Max Planck**

Photosammlung des Akademie-Archivs, Original-Photo von LOTTE MEITNER-GRAF, Wien, eigenhändig signiert

# Nr. 23

## Wahlvorschlag für Max Planck (1858-1947) zum OM

**von Hermann von Helmholtz**

**ohne Datum**

Die unterzeichneten Mitglieder der Akademie beantragen hierdurch Herrn Dr. M. Planck, ordentlichen Professor der mathematischen Physik an hiesiger Universität zum ordentlichen Mitgliede unserer Akademie zu erwählen. Die bisher veröffentlichten Arbeiten desselben beziehen sich überwiegend auf die Thermochemie, die er nach allen Seiten hin im Sinne der modernen mechanischen Wärmelehre durchgearbeitet hat. Es beziehen sich darauf 11 seiner Abhandlungen, die mit dem 15. Bd. von Wiedemann's Annalen beginnen und bis zu den neuesten Bänden dieses Journals sich fortgesetzt haben.[1] Diese geben eine sehr vollständige Durcharbeitung der Folgerungen, welche man aus dem zweiten Hauptsatze der mechanischen Wärmetheorie über die genannten Gebiete unter strenger Vermeidung anderweitiger Hypothesen oder noch nicht hinreichend genau untersuchter Thatsachen ziehen kann. Das allgemeine Princip, welches der Verfasser zur Grundlage aller seiner Schlüsse gemacht hat, spricht er in der schon von Clausius und nachher von Lord Rayleigh gegebenen Form aus, daß durch alle Processe der anorganischen Natur die Summe der Entropie derjenigen Körper, deren Zustand verändert worden ist, nur anwachsen oder gleich bleiben, aber niemals abnehmen kann. Diese Untersuchungen umfassen Sätze über die Bedingungen, unter denen verschiedene Aggregatzustände derselben Substanz neben einander bestehen können, ferner über das Gleichgewicht von gemischten Gasen mit oder ohne Einfluß der Schwere, über den Verlauf chemischer Reactionen zwischen Körpern, die sich nach constanten Gewichtsverhältnissen verbinden, über die Dissociation, beziehlich das chemische Gleichgewicht von Gemengen gasförmiger Verbindungen und verdünnter Lösungen, über thermoelektrische Kräfte, über elektromotorische Kräfte von Elektrolyten u.s.w.

In diese Liste haben wir die erste Arbeit von Planck,[2] die sich auf van der Waal's und Clausius Hypothese über das Gesetz der gesättigten Dämpfe be-

---

AAW II–IIIa-Bd. 14, Bl. 7–8; Orig. hsl. eigenhändig.
Datum der Wahl zum OM 11. 6. 1894.
Der Wahlvorschlag wurde in der Sitzung der phys.-math. Klasse am 8. 2. 1894 vorgetragen.
Antrittsrede: SB 1894, 2, S. 641–644.
Nachruf: Max von Laue, JB 1946–1949, S. 217–220.

zieht, welche übrigens zu ihrer Zeit lebhaft discutirt wurde und große Aufmerksamkeit erregte, eben wegen ihrer hypothetischen Grundlage fortgelassen. In der zweiten Abhandlung *Planck's* über das thermodynamische Gleichgewicht von Gasgemengen,[3] wie in allen späteren, sind diese hypothetischen Bestandtheile schon einflußlos geworden.

Es geht hieraus hervor eine wie reiche Fülle von Themata die sich zu einer vollständigen Theorie dieses wichtigen neuen Kapitels der Physik zusammenschließen, Herr Planck in seinen Arbeiten behandelt hat. Diese alle sind aus einem einzigen allgemeinen Princip entwickelt, dessen Gültigkeit kaum noch wird bezweifelt werden können, und deshalb kommt auch den hingestellten Folgerungen ein hoher Grad von Zuverlässigkeit zu. Ein Theil der Folgerungen war schon von andern Forschern vorweggenommen, aber meistens sind die Untersuchungen von Planck vollständiger und mit sorgfältigerer Unterscheidung der verschiedenen Fälle durchgeführt worden, als von seinen Vorgängern.

Was wir aber für seine wichtigste und scharfsinnigste theoretische Leistung halten, ist der Umstand, daß Planck's Untersuchungen die theoretische Begründung für das empirisch von Raoult und van't Hoff gefundene Gesetz enthalten, wonach die Änderung des Gefrierpuncts und des Dampfdrucks verdünnter wässeriger Lösungen nur von den Molecülzahlen der gelösten Substanzen abhängt.[4] Dieses Factum, welches zu einem zweiten unabhängigen Ausgangspunct der modernen chemischen Theorien hinüberführte, hat dadurch seine genauere Formulirung und seine Begründung aus allgemeineren Principien erhalten, so daß fortan die neue an überraschenden Folgerungen und Bestätigungen so schnell und reich entwickelte theoretische Begründung der Chemie, die bisher zwei getrennte Ausgangspuncte zu haben schien, in einen großen und umfassenden Zusammenhang zusammenzuwachsen bereit erscheint, dessen verschiedene Theile sich gegenseitig zu stützen geeignet sind.[5]

Die Unterzeichneten betrachten daher diese Leistung des Herrn Planck als eine ungewöhnlich wichtige und folgenreiche und glauben daher daß seine Aufnahme in die Akademie vollkommen gerechtfertigt und wünschenswerth sei.

v. Helmholtz
A. Kundt
v. Bezold

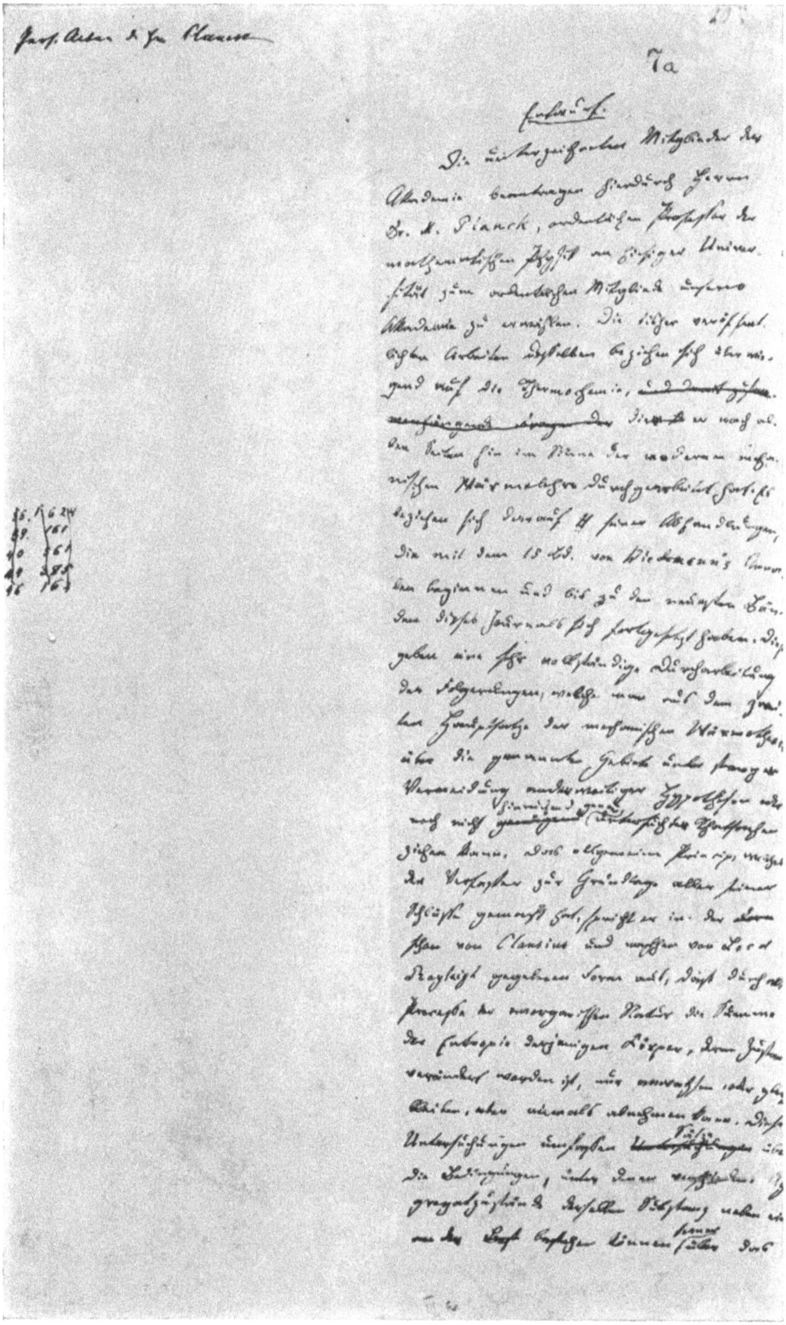

Pers. Acten d. Hn. Planck

7a

Entwurf.

Die unterzeichneten Mitglieder der Akademie beantragen hierdurch Herrn Dr. M. Planck, ordentlichen Professor der mathematischen Physik an hiesiger Universität zum ordentlichen Mitgliede unserer Akademie zu erwählen. Die bisher veröffentlichten Arbeiten desselben beziehen sich überwiegend auf die Thermochemie, [illegible] direct [illegible] nach den Seiten hin im Sinne der modernen mechanischen Wärmetheorie durchgearbeitet [illegible]. [illegible] beziehen sich darauf 11 seiner Abhandlungen, die mit dem 15. Bd. von Wiedemann's Annalen begonnen und bis zu den neuesten Bänden dieses Journals sich fortgesetzt haben. Diese geben eine sehr vollständige Durcharbeitung der Folgerungen, welche man aus dem zweiten Hauptsatze der mechanischen Wärmetheorie über die genannten Gebiete unter strenger Vermeidung anderweitiger Hypothesen [illegible] noch nicht hinreichend [illegible] Thatsachen ziehen kann. Das allgemeine Princip, welches der Verfasser zur Grundlage aller seiner Schlüsse gemacht hat, spricht er in der [illegible] von Clausius und weiter von Lord Rayleigh gegebenen Form aus, dass durch Processe der unorganischen Natur die Summe der Entropie derjenigen Körper, deren Zustand verändert worden ist, nur vermehrt oder gleich bleiben, aber niemals abnehmen kann. Diese Untersuchungen umfassen [illegible] Fälle über die Bedingungen, unter denen [illegible] gegenseitig [illegible] desselben [illegible] [illegible] können [illegible] das

Faksimile
der Laudatio von Helmholtz für Planck

16

Gleichgewicht von gemischten Gasen mit oder ohne Einfluss der Schwere, über die Dissociation, bezüglich das chemische Gleichgewicht von Gasgemengen gasförmiger Verbindungen und verdünnter Lösungen, über thermoelektrische Kräfte, über elektrochemische Kräfte von Elektrolytlösungen.

Über chemische Reaktionen zwischen Gasen, die sich nach konstanten Gewichtsverhältnissen verbinden

In diese Liste haben wir nicht die erste Arbeit von Planck aufgenommen, die sich auf van der Waals und Clausius Hypothese über das Gesetz der gesättigten Dämpfe bezieht, welche übrigens zu ihrer Zeit lebhaft diskutiert wurde und grosse Aufmerksamkeit erregte, aber wegen ihrer hypothetischen Grundlage fortgelassen. In der zweiten Abhandlung Planck's über das thermodynamische Gleichgewicht von Gasgemengen, wie in allen späteren, sind diese hypothetischen Bestandtheile schon ausgeschlossen geworden.

Es geht hieraus hervor eine wie reiche Fülle von Themata, die sich zu einer vollständigen Theorie dieses wichtigen neuen Kapitels der Physik zusammenschliessen, Herr Planck in seinen Arbeiten behandelt hat. Dass alle sind aus einem einzigen allgemeinen Prinzip entwickelt, dessen Gültigkeit kaum noch wird bezweifelt werden können, und deshalb kommt auch den hingestellten Folgerungen ein hoher Grad von Zuverlässigkeit zu. Ein Theil der Folgerungen war schon von andern Forschern vorweggenommen, aber wenigstens sind die Untersuchungen von Planck vollständiger und mit sorgfältigerer Unterscheidung der verschiedenen Fälle durchgeführt worden, als von seinen Vorgängern.

Was mir aber für seine wichtigste und bemerkenswerteste theoretische Leistung gilt, ist der Umstand, dass Planck's Untersuchungen die theoretische Begründung für das empirisch von Raoult und van't Hoff gefundene Gesetz enthalten, wonach die Änderung des Gefrierpunktes und des Dampfdruckes ...

8a 20

durch die wichtigen Lösungen, die von den ~~[illegible]~~ Molecularhyp. an der geläufigen Vorstellungen abhängt. Dieses Verdienst, welches zu ~~dem andern~~ einem zweiten unabhängigen Ausgangspunkt der mechanischen Theorie ~~[illegible]~~ hinüberführte, hat dadurch seine genauere Formulirung und seine Begründung aus allgemeinen Principien erhalten, so dass fortan die neue ~~[illegible]~~ entwickelte †theoretische Begründung der Theorie ~~[illegible]~~, die bisher zwei getrennte Ausgangspunkte zu haben schien, in einer grossen und umfassenden Zusammenfassung zusammenzuwachsen bereit erscheint † ~~und die sich gegenseitig stützen [illegible]~~

† von überraschenden Folgerungen und Bestätigungen so schnell und reich

† dessen verschiedene Theile sich gegenseitig zu stützen geeignet sind.

Die Unterzeichneten betrachten daher diese Leistung des Herrn Planck als eine ~~höchst~~ ungewöhnlich wichtige und folgenreiche, und glauben daher dass seine Aufnahme in die Akademie vollkommen gerechtfertigt sei und wünschenswerth sei.

v. Helmholtz

A. Kundt

v. Bezold

# Nr. 24

# Wahlvorschlag für Emil Warburg (1846-1931) zum OM

von Max Planck

Berlin, 30. Mai 1895

Die unterzeichneten Mitglieder der Akademie der Wissenschaften erlauben sich, den Professor der Experimentalphysik an der hiesigen Universität und Direktor des physikalischen Instituts, Dr. Emil Warburg, zum ordentlichen Mitglied der phys.-math. Klasse für eine der zur Zeit vorhandenen freien Stellen in Vorschlag zu bringen.

Schon bald nach dem Tode Kundts zeigte es sich, daß unter den Physikern, welche gegenwärtig in Deutschland zur obersten Leitung staatlicher Institute berufen sind, nach seinen wissenschaftlichen Leistungen Warburg unbestritten den vordersten Rang einnimmt. Geboren zu Altona im Jahre 1846 begann er seine Forscher- u. Lehrthätigkeit in Berlin als Privatdozent u. folgte im Jahre 1872 einem Rufe nach Straßburg, im Jahre 1876 einem solchen nach Freiburg in Baden, wo ihm der Bau des neuen physikalischen Instituts übertragen wurde, welches er nach dem Urtheil der ersten Kenner musterhaft einzurichten und vortrefflich in Ordnung zu halten verstanden hat. Während er zu Beginn des gegenwärtigen Jahres das Rektorat an der Universität Freiburg verwaltete, erhielt er die Berufung als Nachfolger Kundts an die hiesige Universität.

Von Warburgs zahlreichen, ununterbrochenen fortgesetzten Arbeiten,[1] die seit dem Jahre 1868 datiren, u. sich insgesam̄t durch besondere Zuverlässigkeit in den experimentellen Resultaten, außerdem aber auch, was sich in der gegenwärtigen Zeit nicht mehr häufig damit vereinigt findet, durch tiefere mathematische Methodik auszeichnen, seien hier nur die hauptsächlichsten erwähnt. In seiner ersten Periode beschäftigte er sich vorzugsweise mit Akustik, indem er die verschiedenen physikalischen Eigenschaften tönender Systeme untersuchte u. dabei u. A. eine neue Methode zur Messung der Schallgeschwindigkeit in weichen Körpern auffand. In weiteren Kreisen bekannt geworden sind dann die Versuche, welche er in Gemeinschaft mit seinem Lehrer u. Freunde Kundt anstellte, über die Reibung u. Wärmeleitung der Gase, sowie über die für die kinetische Gastheorie wichtige Schallgeschwindigkeit im einatomigen

---

AAW II–IIIa-Bd. 14, Bl. 86–87; Orig. hsl. eigenhändig.
Datum der Wahl zum OM 13. 8. 1895.
Antrittsrede: SB 1896, 2, S. 743–745.
Nachruf: Friedrich Paschen, SB 1932, phys.-math. Klasse, S. CXV–CXXIII.

Quecksilberdampf, — Arbeiten, in welchen sich seine gründliche theoretische Bildung mit Kundts glänzendem experimentellen Geschick glücklich vereinigte.

Ferner verdankt ihm die Wissenschaft die Feststellung der jetzt als magnetische Hysteresis bezeichnete Eigenschaft magnetisirbarer Substanzen, beim Magnetisiren eine andere Magnetisirungscurve zu besitzen als beim Entmagnetisiren, woraus er sogleich die Consequenzen für eine Reihe anderer Vorgänge klar entwickelte.[2] Später wandte er sich der Erforschung galvanischer Phänomene zu u. zeigte zum ersten Mal die elektrolytische Leitung des festen Glases u. des Bergkrystalls mit ihren wichtigsten Einzelheiten[3]. In der neuesten Zeit hat er eine der Helmholtzschen in gewissem Sinn entgegengesetzte Theorie der galvanischen Polarisation[4] ausgearbeitet, welche vielleicht noch einer fruchtbaren Entwicklung fähig ist.

Für Warburgs Persönlichkeit ist charakteristisch eine peinliche Gewissenhaftigkeit in der Pflichterfüllung, ein lebhaftes und leidenschaftsloses Interesse für gemeinsame Angelegenheiten, verbunden mit schlichtem äußeren Auftreten und einiger Zurückhaltung im Verkehr mit Fernerstehenden. Diese Eigenschaften haben ihm neben seinen wissenschaftlichen Erfolgen überall besondere Anerkennung bei seinen Fachgenossen u. sonstigen Collegen eingetragen u. lassen mit Sicherheit erwarten, daß er auch in der Akademie einen geachteten Platz einnehmen wird.

M. Planck
v. Bezold
Fischer
Landolt
C. Klein
Fuchs
H. A. Schwarz
Frobenius

**Emil Warburg**

Photosammlung des Akademie-Archivs, Original-Photo

## Nr. 25

# Wahlvorschlag für Jacobus Hendricus van't Hoff (1852-1911) zum OM

**von Emil Fischer**

**Berlin, 7. November 1895**

Die Unterzeichneten beantragen, daß der bisherige Professor der Chemie an der Unversität Amsterdam, Dr. J. H. van't Hoff als ordentliches Mitglied der physikalisch-mathematischen Klasse hierher berufen, und daß demselben ein persönliches Gehalt von 10000 Mark für den Fall seiner Übersiedelung bewilligt werde.

Der im vergangenen Winter unternommene Versuch, Herrn van't Hoff für die hiesige Universität zu gewinnen, ist nur deshalb mißlungen, weil derselbe fürchtete, als Direktor eines großen Instituts keine ausreichende Muße für seine wissenschaftlichen Arbeiten erübrigen zu können. Dagegen hat er sich damals gerne bereit erklärt, eventuell ein materiell bescheideneres, aber weniger anstrengendes Amt hier zu übernehmen.

Dadurch ist der Gedanke angeregt worden, für Herrn van't Hoff eine neue Lehrstelle an der Universität zu schaffen, ihm aber nur solche Verpflichtungen aufzuerlegen, daß seiner wissenschaftlichen Thätigkeit dadurch kein Eintrag geschieht. Da aber das für die Berufung erforderliche Gehalt von 15000 Mark aus den Mitteln der Universität nicht gedeckt werden kann, da ferner zur Zeit die Bewilligung der Summe durch den Finanzminister nicht zu erwarten ist, so würde der Plan nur mit Unterstützung der Akademie auszuführen sein.

Infolge des Todes der Herren von Helmholtz und Kundt, welche beide persönliche Gehälter bezogen haben, steht der physikalisch-mathematischen Klasse augenblicklich eine größere Summe zur Verfügung, deren abermalige Verwendung zu gunsten der Wissenschaft, welcher die Verstorbenen angehörten, nicht unberechtigt erscheint. Von diesem Gesichtspunkte aus glauben die Unterzeichneten die oben erwähnte, außergewöhnlich hohe Gehaltsbewilligung vorschlagen zu dürfen, weil sie von der Überzeugung durchdrungen sind, daß Herr van't Hoff unter den lebenden theoretischen Physikern und Chemikern einen der ersten Plätze einnimmt und nicht allein der Akademie zur Zierde gereichen, sondern auch durch seine Thätigkeit als Lehrer und Forscher in Berlin außerordentlich anregend wirken würde.

---

AAW II–IIIa-Bd. 14, Bl. 113–115; Orig. hsl. von Schreiberhand.
Datum der Wahl zum OM 26. 2. 1896.
Antrittsrede: SB 1896, 2, S. 745–747.
Nachruf: Emil Fischer, Abh. 1911, phys.-math. Klasse, Gedächtnisreden, 1, 16 S.

Herr van't Hoff wurde 1852 als Sohn eines Arztes zu Rotterdam geboren. Er studierte zuerst in seinem Heimatlande, später in Bonn und Paris Chemie, war dann einige Jahre als Lehrer der Physik und Chemie an einer niederländischen Mittelschule thätig und wurde im Jahre 1879 an die damals neu gegründete städtische Universität zu Amsterdam berufen, wo er seitdem das Fach der anorganischen Chemie vertritt. Seine erste wissenschaftliche Leistung fällt in das Jahr 1874. In der Schrift „La chimie dans l'espace"[1] verknüpfte er den von Pasteur entwickelten Begriff der molekularen Asymmetrie in glücklichster Weise mit den Principien der Strukturchemie und schuf so die Theorie des asymmetrischen Kohlenstoffatoms. Sehr bezeichnend für seine geistige Eigenart waren dabei die Gründlichkeit und Vorsicht, mit welchen er aus dem Grundgedanken weittragende Schlüsse zog. Sein feines Unterscheidungsvermögen für die Hypothesen, welche der Wirklichkeit sich anpassen, und solchen, die durch spätere Erfahrungen nicht bestätigt werden, hat ihn auf diesem weiten Gebiete immer das Richtige treffen lassen. Er kann deshalb als der wahre Begründer und glücklichste Vorkämpfer der räumlichen Anschauungen bezeichnet werden, welche seit mehr als einem Jahrzehnt im Mittelpunkt der organisch-chemischen Forschung stehen. Seit etwa fünfzehn Jahren hat sich van't Hoff auch den wichtigsten Problemen der physikalischen Chemie zugewandt und hier ganz ebenbürtige Erfolge erzielt. Durch die Studien über chemische Dynamik[2] und namentlich durch die Übertragung der Gasgesetze auf die verdünnten Lösungen[3] ist er der Schöpfer eines neuen, fruchtbaren Zweiges der Molekularphysik geworden, denn die ganze Reihe der heutigen Vorstellungen über die Beschaffenheit gelöster Stoffe und der Kräfte, welche zwischen ihnen und dem Lösungsmittel wirken, beruht auf Ideen, welche von van't Hoff ausgegangen sind.

Obschon die hervorragendsten Leistungen van't Hoffs auf spekulativem Gebiete liegen, so hat er doch auch eine Reihe schätzbarer Experimentalarbeiten[4] über den Zusammenhang von Struktur und optischer Aktivität, über Doppelsalze und deren Existenzgrenzen, über Racematbildungen u. s. w. ausgeführt.

Als Lehrer ist er ebenfalls mit großem Erfolge thätig gewesen; sein Vortrag wird als klar und anregend geschildert, und sein Laboratorium zu Amsterdam war viele Jahre hindurch von zahlreichen Schülern, besonders auch von Ausländern besucht. Wenn er trotzdem jetzt den Wunsch hegt, die Lehrthätigkeit[5] einzuschränken, so geschieht das nach seinem eigenen Geständnis nur, um sich ungestörter der wissenschaftlichen Forschung widmen zu können. Wollte die Akademie ihm dazu Gelegenheit bieten, so könnte sie nach Ansicht der Unterzeichneten der Wissenschaft einen großen Dienst erweisen und zugleich dem hiesigen Gelehrtenkreise eine hervorragende Persönlichkeit zuführen, welche auch durch ihr schlichtes offenes Wesen und ihr unbefangenes Urteil bald die Sympathieen der Collegen erwerben würde.

Fischer — Warburg
v. Bezold — Planck

## Nr. 26

# Wahlvorschlag für Wilhelm Conrad Röntgen (1845-1923) zum KM

von Emil Warburg

**Berlin, 4. Februar 1896**

Die Unterzeichneten beehren sich, an die mathematisch-physikalische Klasse der Kgl. Akademie der Wissenschaften den Antrag zu richten, den ordentlichen Professor der Physik zu Würzburg Herrn W. C. Röntgen zum korrespondirenden Mitgliede zu wählen.

W. C. Röntgen wurde am 27ten März 1845 zu Lennep in Rheinpreußen geboren, verbrachte aber seine Jugend in Holland. Im Januar 1865 bezog er die Universität Utrecht, im October 1865 das eidgenössische Polytechnikum in Zürich. Hier wurde er Schüler Kundt's, dem er seine ganze physikalische Ausbildung verdankt und welchem er als Assistent nach Würzburg und Strassburg folgte. In Strassburg habilitirte er sich im März 1874, 1875 wurde er Professor an der landwirthschaftlichen Akademie zu Hohenheim, 1879 ord. Professor in Giessen, 1888 ordentlicher Professor in Würzburg. Die erste Untersuchung Röntgen's beschäftigt sich mit der experimentellen Bestim̄ung des Verhältnisses der beiden specifischen Wärmen der Gase.[1] Sie entstand auf Anregung Kundt's und ist eine Präcisionsarbeit ersten Ranges. Durch Anwendung großer Gefäße gelang es, den von Kundt bei anderer Gelegenheit nachgewiesenen störenden Einfluß des Wärmeaustausches mit den Gefäßwänden auf einen verschwindenden Betrag herabzumindern. Vortreffliche Präcisionsarbeiten sind ferner die in den Jahren 1884—1894 entstandenen Untersuchungen über die Kompressibilität der tropfbaren Flüssigkeiten sowie über den Einfluß des Drucks auf die Kapillarität, Viskosität und Lichtbrechung dieser Körper, Untersuchungen, welche z. Z. in Gemeinschaft mit Schneider und Zehnder ausgeführt wurden.[2]

Bewegen sich die genannten Arbeiten auf Gebieten, deren Gesetze wohlbekan̄t waren, so handelte es sich bei den Untersuchungen über die elektrischen Eigenschaften des Quarzes[3] darum, allgemeine Gesichtspunkte zu finden, denen weniger durchsichtige Erscheinungen untergeordnet werden kön̄en. Röntgen leitete aus seinen Versuchen ab, daß die elektrische Erregung des Quarzes durch Temperaturänderung und Bestrahlung auf die elektrische Erregung durch Druck zurückgeführt werden kön̄e. Auch fand er das merkwürtige Resultat,

AAW II—IIIb-Bd. 14, Bl. 18—19; Orig. hsl. eigenhändig.
Datum der Wahl zum KM 12. 3. 1896, AM 22. 12. 1920, s. Nr. 27.

daß ein cylindrisches Quarzstäbchen, dessen Axe parallel der Hauptaxe ist, durch Torsion elektrisch wird.

Sein großes Konstruktionstalent bewährte Röntgen in der Untersuchung über die elektromagnetische Wirkung der dielektrischen Polarisation,[4] sein Geschick in der Auffindung neuer Methoden u. A. bei der Untersuchung über die Absorption der Wärmestrahlen durch Gase und Dämpfe;[5] er hatte den guten Gedanken, statt der das Gas durchsetzenden Strahlen die in dem Gase verbleibenden durch die Temperaturerhöhung des Gases direkt zu messen. Es gelang ihm mittelst dieser Methode, die alte Streitfrage über die Absorption des Wasserdampfes zur Entscheidung zu bringen.

Alle die genannten Arbeiten Röntgen's sowie andere nicht angeführte sind ausgezeichnet durch große Zuverlässigkeit und Sorgfalt in der Entdeckung und Beseitigung der Fehlerquellen. Auffallende neue Beziehungen zwischen den Eigenschaften der Körper haben diese Arbeiten nicht geliefert und großes Aufsehen haben sie daher nicht gemacht. Auch kon̄en sie sich an Tragweite mit der neuen Entdeckung Röntgens[6], welche zur Zeit die Welt beschäftigt, nicht messen. Wenn aber auch bei der ersten Beobachtung, welche zu dieser hervorragenden Entdeckung führte, ein glücklicher Zufall waltete, so hat doch dieselbe Kunst im Experimentiren, welche das Gelingen der früheren Untersuchungen Röntgen's bedingte, ihn hier befähigt, die Eigenschaften der neu entdeckten Strahlen mit großer Sicherheit und Schnelligkeit festzustellen. Auch verdient die schlichte Darstellung, in welcher er die große, klar zu Tage liegende praktische Bedeutung der Entdeckung kaum streift und nur die sich darbietenden rein wissenschaftlichen Fragen erörtert, alle Bewunderung.

Warburg
Kohlrausch
Planck
Fischer
Bezold

## Nr. 27

# Wahlvorschlag für Wilhelm Conrad Röntgen (1845-1923) zum AM

**von Heinrich Rubens**

**Berlin, 18. November 1920**

Die Unterzeichneten beantragen, das bisherige korrespondierende Mitglied der Akademie, Hrn. Röntgen zum auswärtigen Mitgliede zu wählen.

Die Bedeutung der wissenschaftlichen Leistungen des Hrn. Röntgen ist so groß und so allgemein bekannt und besonders in den Akten der Akademie bei seiner Wahl zum korrespondierenden Mitglied und bei Gelegenheit seines goldenen Doktorjubiläums so eingehend gewürdigt worden, daß es überflüssig erscheint hier nochmals darauf einzugehen. Röntgen gilt wohl allgemein als der Altmeister der deutschen Experimentalphysik, und es erscheint durchaus angebracht, ihn durch die Wahl zum auswärtigen Mitgliede ganz besonders zu ehren.

Daß dieser Antrag gerade jetzt eingebracht wird, ist durch die Tatsache besonders nahegelegt, daß in diesem Dezember genau 25 Jahre seit der Entdeckung der Röntgenstrahlen verstrichen sind, durch welche eine neue Epoche in der Geschichte der Physik eingeleitet worden ist.

Rubens Laue
Liebisch Nernst H. A. Schwanz
G. Müller Hellmann Erhard Schmidt
A. Einstein Haber Warburg
Planck

---

AAW II–IIIb-Bd. 25, Bl. 121; Orig. hsl. eigenhändig.
Datum der Wahl zum AM 22. 12. 1920, KM 12. 3. 1896, s. Nr. 26.

## Nr. 28

# Wahlvorschlag für Sir William Ramsay (1852-1916)

# zum KM

**von Hans Landolt**

**ohne Datum**

Die Unterzeichneten beantragen hiermit die Wahl des Herrn Dr. *William Ramsay,* Professor der Chemie am University College in London zum correspondirenden Mitglied der mathematisch-physikalischen Klasse für das Fach der Chemie.

William Ramsay wurde 1852 in Glasgow geboren. Seine Studien machte er zuerst an der dortigen Universität und sodann in Tübingen, wo er längere Zeit im Laboratorium von Lothar Meyer arbeitete und sich 1873 den Doctorgrad erwarb. Nachdem er wieder nach England zurückgekehrt und mehrere Jahre Assistent bei Prof. Ferguson in Glasgow gewesen war, erhielt er 1880 den Lehrstuhl der Chemie am University College in Bristol, und wurde von dort 1887 nach London berufen, wo er seitdem als ordentlicher Professor an der Universität wirkt.

Die Arbeiten Ramsay's sind ungemein reichhaltig. Sie beginnen mit dem Jahre 1875 und erstrecken sich zunächst auf Gegenstände aus dem Gebiete der organischen Chemie, wie Pyridin, Picolin und deren Derivate, ferner die Oxydationsproducte des Chinins und anderer Alkaloide. Bald wandte er sich aber der anorganischen u. physikalischen Chemie zu, und führte theils allein, theils in Gemeinschaft mit Schülern eine große Zahl verschiedener Untersuchungen aus, welche sich alle durch die Schwierigkeit der gestellten Probleme sowie durch die Umsicht auszeichnen, mit der sie experimentell erledigt wurden. Die wichtigsten derselben betreffen: die Oberflächenenergie von Flüssigkeiten und deren Zusam̄enhang mit dem Molekulargewicht, — die Complexität u. Dissociation von Flüssigkeitsmolekeln, — das Atomgewicht des Bors, — die Vergleichung der Dämpfe von Stickstoffdioxyd und Salpetrigsäure-Anhydrid, — die Dampfspannung von Eis und Wasser, — den kritischen Zustand, — den Durchgang des Wasserstoffs durch Palladium u. s. w. — Bei weitem den größten Erfolg hatte aber Ramsay durch die in den Jahren 1894 u. 95 gemachte Entdeckung zweier neuer gasförmiger Elemente, des Argons u. Heliums[1]. Die erste Veran-

---

AAW II—IIIb-Bd. 14, Bl. 58—59; Orig. hsl. eigenhändig.
Datum der Wahl zum KM 29. 10. 1896.
Der Wahlvorschlag wurde in der Sitzung der phys.-math. Klasse am 9. Juli 1896 vorgetragen.

lassung hierzu bot die von Lord Rayleigh[2] gemachte Beobachtung, daß der in der atmosphärischen Luft enthaltene Stickstoff immer ein etwas höheres specifisches Gewicht besitzt, als derjenige, welcher aus chemischen Verbindungen abgeschieden wird. Indem es sich nunmehr darum handelte, die Ursache dieser Differenz aufzufinden und die weitere Untersuchung dem Chemiker anheimfiel, löste Ramsay diese Aufgabe mit seltenem Scharfsinn und Geschick. Auf einen alten fast vergessenen Versuch von Cavendish zurückgreifend, konnte er nachweisen, daß dem Stickstoff der Luft ein anderes schweres Gas beigemischt ist, welches als chemisches Element sich characterisirt: Die Entdeckung dieses Körpers, des Argons, machte grosses Aufsehen, einmal durch den Umstand, daß dieser beinahe 1 Prozent betragende Bestandtheil der Luft bisdahin ganz verborgen geblieben war, und zweitens dadurch, daß er nicht durch Zufall gefunden wurde, sondern auf vollständig wissenschaftlichem Wege durch eine Reihe höchst sorgfältiger Versuche und Überlegungen. Die Kenntniß des Argons führte sodann Ramsay im vergangenen Jahre zu der Entdeckung des Heliums, eines bisdahin problematischen Körpers, dessen Vorhandensein auf der Soñe bisdahin aus dem Auftreten gewisser Spectrallinien vermuthet worden war. Ramsay wies nach, daß das aus dem Cleveit durch Behandeln mit Schwefelsäure entstehende Gas, welches man bisdahin als Stickstoff betrachtet hatte, erstens Argon enthält, und zweitens noch ein anderes Gas, dessen Spectrum coincidirt mit den Heliumlinien der Sonne. Die letzten Versuche Ramsay's betreffen die Auffindung dieses Elementes in anderen Mineralien.

Diese Entdeckungen haben Ramsay grosse und verdiente Anerkennungen gebracht. Er erhielt 1895 von der Royal Socienty die Davy-Medaille, ferner in Gemeinschaft mit Lord Rayleigh den Hodgkins-Preis im Betrage von 10000 Dollars, und von der Pariser Akademie einen Preis von 50000 Fr. Die letztere erwählte ihn zugleich zum correspondirenden Mitglied. Weitere Auszeichnungen erfolgten von gelehrten Gesellschaften in Holland, Böhmen, der Schweiz u. Amerika.

Der Wahl Ramsay's zum corressondirenden Mitgliede unserer Akademie würde ohne Zweifel allgemeine Zustim̄ung zu Theil werden.

Landolt
Fischer
Warburg
Kohlrausch
J. H. van't Hoff

## Nr. 29

# Wahlvorschlag für John William Strutt Lord Rayleigh (1842-1919) zum KM

**von Friedrich Kohlrausch**

**Berlin, 9. Juli 1896**

Lord Rayleigh, geboren 1842, war seit 1861 als Student, dann als Fellow im Trinity-College zu Cambridge, 1879 Maxwell's Nachfolger in der Professur daselbst, 1885 Sekretär der Royal-Society und etwas später Professor an der Royal Institution. Sein Wohnsitz ist Terling Place, Witham, Essex.

R's. Arbeiten umfassen Hydrodynamik, insbesondere Akustik, ferner Kapillarität, mechanische Wärmetheorie, Optik und in umfassendster Weise Elektricitätslehre, also alle Gebiete der Physik, zu denen in neuerer Zeit auch die Chemie getreten ist.

Akustische Abhandlungen über schwingende Systeme, Resonatoren, Wellenfortpflanzung, ziehen sich durch R's ganze Arbeitszeit hindurch. Sein großes Werk Theory of Sound, 1877, in welchem R. die einfacheren Erscheinungen bis zu den schwierigsten größtenteils auf Grund eigener Forschung behandelt, ist der wertvollste Ratgeber bei den neueren Arbeiten über Schwingungen geworden. Seine Theorie[1] der durch die Mischung von Gasen zu gewinnenden Arbeit hat eine dauernde Stätte unter den Sätzen der mechanischen Wärmetheorie gefunden.

Aus der Optik seien die Untersuchungen über die Abbildungen und über die Gesetze der Reflexion genannt.[2]

Aus der Elektricitätslehre zunächst die kleineren aber immer bedeutenden Mitteilungen über die Theorie der Wechselströme, z. B. die Selbstinduktion, auch in linearen Leitern[3] betreffend; dann über die Magnetisierung durch sehr schwache magnetisirende Kräfte, die praktische Methode bei der Untersuchung von Materialien auf ihre Magnetisirungskoefficienten.[4] Hervorragend ist das System absoluter Messungen, welche Rayleigh auf alle Teile des electrischen Stromes, nämlich auf die Stromstärke selbst, definirt durch die magnetischen, chemischen und optischen Stromwirkungen, auf Widerstand und Spannung ausdehnte und welche zu den sorgältigsten grundlegenden physikalischen Messungen gehören. Auch eine praktische Bedeutung haben die bei dieser Gelegenheit ausgedachten Messungsmittel, insbesondere seine scharfsinnig erdachte und sorgfältig ausgeführte Stromwage gefunden.

---

AAW II–IIIb-Bd. 14, Bl. 53–54; Orig. hsl. von Schreiberhand.
Datum der Wahl zum KM 29. 10. 1896, AM 6. 4. 1910, s. Nr. 30.

Die neuen Arbeiten Rayleigh's[5] sind noch in Aller Munde. Den Ausgang nahmen dieselben von einer exakten Neubestimmung der Gasdichten, insbesondere des Sauerstoffs und Wasserstoffs, die zu einer Neubestimmung des Atomverhältnisses dieser beiden Körper führte. Die schönste Frucht, einen Beweis, daß eine sorgfältige Messung zu Ergebnissen leiten kann, welche zunächst nicht mit ihr zusammenzuhängen scheinen, lieferte die Gasdichte-Bestimmung des Stickstoffs aus verschiedenen Quellen; dieselbe führte durch das Zusammenwirken von Rayleigh und Ramsay zur Auffindung des bisher unbekannten Bestandteiles der Atmosphäre, des Argons.

Wir dürfen Lord Rayleigh mindestens als einen der bedeutendsten jetzt lebenden Physiker bezeichnen. Seine Mitgliedschaft muß der Akademie dringend erwünscht sein.

Kohlrausch
Planck
Warburg
Landolt
J. H. van't Hoff
Fischer

## Nr. 30

# Wahlvorschlag für John William Strutt Lord Rayleigh (1842-1919) zum AM

von Emil Warburg

Berlin, 16. Dezember 1909

Die Unterzeichneten beehren sich, die Ernennung des Lord Rayleigh zum auswärtigen Mitgliede unserer Akademie in Vorschlag zu bringen.

Seine Ernennung zum korrespondirenden Mitgliede erfolgte im Jahre 1896 bald nach der Entdeckung des Argons. Zu anderen großen und folgenreichen physikalischen Entdeckungen haben in der letzten Zeit glückliche Zufälle, ja glückliche Irrtümer wesentlich mitgeholfen. Im Gegensatz dazu stellt die Entdeckung des Argons sich dar als die logische Konsequenz einer langwierigen und mühsamen Präzisionsarbeit. Als Rayleigh das spezifische Gewicht des atmosphärischen Stickstoffes ein wenig größer fand als das des chemisch bereiteten schloß er auf die Gegenwart eines neuen Gases in der Atmosphäre, welches spezifisch schwerer als Stickstoff sein mußte; ähnlich wie Leverrier aus kleinen Störungen der Uranusbahn den Planeten Neptun und seine Bahn erschloß.

Von Lord Rayleigh rührt keine jener kühnen Hypothesen her, welche in der letzten Zeit so große Fortschritte und Umwälzungen auf dem Gebiete der Physik hervorgebracht haben. Er arbeitet vielmehr an der ruhigen und stetigen Fortentwicklung dessen, was aus den Tatsachen mit Sicherheit hervorgeht und ist vielleicht der bedeutendste, fruchtbarste und vielseitigste unter den lebenden Physikern in dieser Richtung. Unübertroffen sind seine ausgedehnten Untersuchungen über die elektrischen Maßeinheiten, bekannt dabei die vorzügliche Übereinstimmung seines Wertes für das elektrochemische Äquivalent des Silbers mit demjenigen der Gebrüder Kohlrausch.

Rayleighs Arbeiten bis zum Jahre 1901 sind, ausschließlich seines grundlegenden Werkes über den Schall, in 4 Quartbänden[1] gesammelt, welche in 272 Artikeln experimentelle und theoretische Untersuchungen aus allen Gebieten der Physik enthalten; ein Werk, imponierend ebenso durch seinen vielfach grundlegenden Inhalt wie durch die einfache und vornehme Art der Darstellung. Eine an Helmholtz anschließende Arbeit über Resonanz[2] machte den damaligen W. Strutt zuerst bekannt. Von seinen sonstigen theoretischen Untersuchungen[3] sei erwähnt die Berechnung der Arbeit, welche beim Mischen

---

AAW II–IIIb-Bd. 20, Bl. 153–154; Orig. hsl. eigenhändig.
Datum der Wahl zum AM 6. 4. 1910, KM 29. 10. 1896, s. Nr. 29.

zweier Gase gewon̄en werden kan̄, der Länge der Kapillarwellen auf einem nicht kreisförmigen Flüssigkeitsstrahl, der Induktionskoeffizienten, besonders unter Berücksichtigung des skineffekts, die Untersuchung über das Auslösungsvermögen eines Prismas, über das Strahlungsgesetz für lange Wellen, über die Strahlung bewegter Teilchen, über die Zerstreuung des Lichts an kleinen Teilchen.

Unter den experimentellen Arbeiten, welche durch die Einfachheit der benutzten Mittel an Bunsen erin̄ern, nehmen den größten Raum ein die erwähnten Untersuchungen über Gasdichten und elektrische Maßbestim̄ungen. Außerdem findet sich in der erwähnten Sam̄lung eine Fülle interessanter und wichtiger Arbeiten kleineren Umfangs. So hat er z. B. als erster das Verhalten des Eisens gegen schwache magnetische Kräfte klargestellt, ferner ein einfaches, sin̄reiches Manometer für kleine Drucke konstruiert und mittelst desselben das Verhalten der Gase bei kleineren Gasdrucken geprüft.

Unseres Wissens hat Rayleigh niemals Veranlassung gehabt, irgendeine Veröffentlichung zurückzunehmen oder zu verändern. So gehört er zu der Klasse jener gewissenhaften Arbeiter, von denen Helmholtz sagte, „daß sie ihre Gedanken zu Markte zu bringen sich scheuen, ehe sie sie nach allen Seiten geprüft, alle Bedenken erledigt und den Beweis vollkom̄en gefestigt haben."

Durch seine Wahl zum auswärtigen Mitglied würde die Akademie ihre Anerken̄ung sowohl seiner besonderen Leistungen, wie seiner wissenschaftlichen Richtung zum Ausdruck bringen.

E. Warburg
Planck
Rubens

## Nr. 31

# Wahlvorschlag für Dimitri Iwanowitsch Mendelejew (1834-1907) zum KM

**von Jacobus Hendricus van't Hoff**

**ohne Datum**

Dmitrij Iwanowitsch Mendelejeff, gebohren 27. Januar 1834, Professor an der Universität und am Technologischen Institut in Petersburg hat sich zunächst verdient gemacht durch seine umfassenden Bestimmungen des specifischen Gewichts von Alkohol-wasser-mischungen (1865)[1], trat aber erst in den Vordergrund durch die Aufstellung des periodischen Systems der Elemente (1869)[2]. Wiewohl er in dieser Hinsicht sein Verdienst u. A. mit Newlands und Lothar Meyer theilen muß, ist der ohne Vorkenntniß gethane Schritt ein so wichtiger und zeugt von einem so umfassenden und tiefen Blick daß sich dadurch Mendelejeff sofort zu den ersten Anorganikern seiner Zeit stellte. Dann aber hat auch die klare, kühne Form, worin er seine aus dem System hervorgehenden Prognosen stellte, wesentlich zum schlagenden Erfolg beigetragen als die vorausgesagten Elemente Gallium und Germanium entdeckt wurden. Miterwähnt sei, daß Mendelejeff durch die wiederholten Auflagen seiner „Grundlage der Chemie" (1870)[3] vielfach lehrend wirkte und in der Hebung der russischen Petroleum-industrie im Kaukasus einen wesentlichen Antheil hat.

Wir gestatten uns daher Mendelejeff zum korrespondierenden Mitgliede der Akademie vorzuschlagen.

Landolt
van't Hoff

---

AAW II – III b-Bd. 17, Bl. 100; Orig. hsl. eigenhändig.
Datum der Wahl zum KM 8. 2. 1900.
Der Wahlvorschlag wurde in der Sitzung der phys.-math. Klasse am 14. 12. 1899 vorgetragen.

## Nr. 32

## Wahlvorschlag für Josiah Willard Gibbs (1839-1903) zum KM

von Jacobus Hendricus van't Hoff

**ohne Datum**

Josiah Willard Gibbs, gebohren 11 Februar 1839, Professor der Physik am Yale College, New Haven, und Mitglied der American Academy, hat sich durch theoretische Arbeiten auf dem Gebiet der mathematischen Physik verdient gemacht. Zu nennen sind: „On the fundamental formulae of dynamics" (American Journal of Mathematics)[1]; seine drei Abhandlungen[2] in den Transactions of the Connecticut Academy „Graphic Methods in the thermodynamics of fluids", „Methods of geometrical representation of the thermodynamical properties by means of surfaces "(1873), „Equilibrium of heterogenous substances" (1876/8), alle deutsch bearbeitet von Ostwald (1892). Bei letzterer Abhandlung schließen sich Studien über die Dampfdichte von Stickstoffperoxyd, Ameisen-und Essigsäure und Phosphorpentachlorid (1879) an. Dann erschienen zwei Abhandlungen über Doppelbrechung, Dispersion und monochromatisches Licht, zwei Briefe über die elektromotorische Kraft in den Reports of the British Association 1886/8, schließlich vertrat Gibbs in der größeren Diskussion in Nature die neue Theorie der Lösungen.

Die bei weitem wichtigste Arbeit ist wohl diejenige über das heterogene Gleichgewicht, welche auch 1880 in Boston durch die Rumford-Medaille gekrönt wurde. Es gelingt Gibbs darin die Gleichgewichtsgesetze in vollem Umfang auf eine einzige Bedingung zurückzuführen, wonach eine als $\Psi$ bezeichnete Kraftfunktion bei Gleichgewicht einen Minimalwerth hat. Diese Funktion war allerdings schon früher (1869) als „fonction caractéristique" von Massieu[3] eingeführt und wurde durch Gibbs' Ausführungen so wenig bekannt daß sie wiederum später von Duhem als „potential thermodynamique"[4] neu entdeckt und in den Vordergrund gestellt wurde.

Wesentlich neu dagegen sind zwei von Gibbs aus seiner Grundbedingung gezogene höchstwichtige Schlußfolgerungen. Die erste bezieht sich auf die Entwickelung galvanischer Elektricität und sagt aus daß die erhaltene elektrische Energie der Änderung der erwähnten Kraftfunktion gleich ist, welcher Grundsatz erst später, allerdings in bedeutend durchsichtiger Weise von Helmholtz

---

AAW II–IIIb-Bd. 17, Bl. 121–122; Orig. hsl. eigenhändig.
Datum der Wahl zum KM 22. 2. 1900.
Der Wahlvorschlag wurde in der Sitzung der phys.-math. Klasse am 11. 1. 1900 vorgetragen.

eingeführt wurde, so daß die Fundamentalgleichung gewöhnlich als diejenige von Gibbs-Helmholtz angeführt wird.

Seine zweite höchstwichtige Schlußfolgerung bezieht sich auf das heterogene Gleichgewicht und stellt als Grundbedingung daß bei Gleichgewicht die erwähnte Kraftfunktion für jeden Bestandtheil in den verschiedenen Phasen einen gleichen Werth haben muß. Daraus geht dann hervor, daß, unabhängig von relativen Mengen und Volum, die Zusammensetzung, Dichte u.s.w. einer Phase völlig bestimmt ist falls die Zahl der Phasen diejenigen der Bestandtheile um eins übertrifft. Diese jetzt als „Phasenregel" bekannte Beziehung ist seitdem ein wichtiger Leitfaden geworden beim Studium besonders von komplicierten chemischen Gleichgewichtserscheinungen.

Beim überaus reichen Inhalt der betreffenden Abhandlung ist nur zu bedauern daß der Verfasser fast nirgends durch Anschluß an die Beobachtung die Brauchbarkeit seiner Ergebnisse geprüft hat. Manches würde sich dann ungleich fruchtbarer und einleuchtender gestaltet haben, während jetzt die in abstraktem Formelkleid gehüllten Schlußfolgerungen meistens erst wiederum neu von andern zu entdecken sind. Nichtsdestoweniger stehen dieselben da als Beweis der ungemeinen Fähigkeit des Verfassers, der auch nach unserer Meinung zur Aufnahme in die Reihe unserer correspondierenden Mitglieder völlig berechtigt.

J. H. van't Hoff
Kohlrausch
Warburg
Planck
v. Bezold

## Nr. 33

# Wahlvorschlag für Gabriel Lippmann (1845-1921) zum KM

**von Emil Warburg**

**Berlin, 11. Januar 1900**

Die Unterzeichneten beehren sich, Herrn G. Lippmann in Paris zum korrespondirenden Mitgliede der Akademie im Fach der Physik in Vorschlag zu bringen.

Gabriel Lippmann wurde am 16 Aug. 1845 unweit Luxemburg geboren, promovirte 1873 bei Kirchhoff in Heidelberg und ist seit dem 8t Februar 1886 Mitglied der Pariser Akademie der Wissenschaften.

Unter den Leistungen Lippmann's ragen zwei besonders hervor: die Entdeckung der kapillarelektrischen Methode (1873) und die photographische Reproduktion natürlicher Farben (1891).[1] Die erstgenante Entdeckung ist aus einer Anregung Kirchhoff's hervorgegangen und in dessen Laboratorium in Heidelberg von Herrn Lippmann gemacht. Bekannt ist die große praktische Bedeutung des Lippmann'schen Kapillarelektrometers. Auch ist die Theorie der kapillarelektrischen Erscheinungen, von Lippmann zuerst erfolgreich in Angriff genomen, von Helmholtz u.A. fortgesetzt, für die Theorie der galvanischen Kette und der galvanischen Polarisation von großer Bedeutung. Die schöne, von Lippmann ersonnene Methode der Photographie natürlicher Farben wird zwar in der photographischen Praxis noch kaum geübt, ist aber als Nachweis für die Existenz stehender Lichtwellen von größtem Interesse. Allerdings gelang dieser Nachweis auf anderem Wege Hrn. O. Wiener[2] zwei Jahre vor Lippmann.

Außerdem hat Lippmann eine große Zahl von Arbeiten geliefert, welche theils durch sinnreiche und durchsichtige Schlußfolgerung, theils durch Erfindungsgabe bei der Konstruktion von Apparaten ausgezeichnet sind. Hervorzuheben ist eine größere theoretische Untersuchung über das Princip von der Erhaltung der Elektricität,[3] aus welchem eine Anzahl interesssanter Schlüsse gezogen wird.

E. Warburg
Kohlrausch
v. Bezold
Planck

---

AAWII – IIIb-Bd. 17, Bl. 123; Orig. hsl. eigenhändig.
Datum der Wahl zum KM 22. 2. 1900.

## Nr. 34

# Wahlvorschlag für Henry Augustus Rowland (1848-1901) zum KM

von Friedrich Kohlrausch

**Berlin, 11. Januar 1900**

Herr Henry Augustus *Rowland*, geboren 27. November 1848 zu Houesdale, Pennsylvanien, 1872 Assistenz-Professor am Reusselaer Polytechnic Institute zu Troy N.Y., seit 1876 Professor an der John Hopkins-University zu Baltimore, hat sich in der Geschichte der Physik einen angesehenen Namen erworben. Nach einigen Arbeiten,[1] hauptsächlich über die Magnetisirbarkeit die auch später, experimentell wie theoretisch fortgesetzt wurden, führte *Rowland* im Laboratorium von *Helmholtz* zum ersten Mal eine Untersuchung über die magnetische Wirkung konvektiv bewegter Elektrizität aus (1876),[2] deren Resultate von *Helmholtz* der Akademie mitgetheilt wurden. Zu nennen sind aus der früheren Zeit weiter eine Theorie des elektrischen Rückstandes und *Rowland*'s erste Ohm-Bestimmung (1878), sowie eine Bestimmung der diamagnetischen Konstanten von Wismut und Kalkspat. In *Rowland*'s Laboratorium wurde auch das „*Hall*-sche Phänomen" entdeckt, welches *Rowland* selbst nach seinen Anschauungen über die Elektrizität theoretisch behandelte.

Nun folgt eine seiner großen Arbeiten, nämlich über das mechanische Wärmeäquivalent und die spezifische Wärme des Wassers (1880),[3] worin die Kenntnis beider Größen um einen gewaltigen Schritt gefördert wurde. Daran schloß sich kurz darauf sein allgemein bekanntes Konkavgitter (1882),[4] eins der wichtigsten Hilfsmittel moderner Optik, von *Rowland* selbst und seinen Schülern zu der bis jetzt vollkommensten Durchmusterung des Sonnenspektrums und des Spektrums zahlreicher chemischer Elemente angewandt, welches später quantitativ ausgearbeitet wurde. Die Konstruktion des Gitters veranlaßte außerdem seine theoretischen Untersuchungen über Polarisation und Intensität des gebeugten Lichtes.

Zu den besten auf diesem Gebiet ausgeführten Messungen gehört ferner seine mit großen Mitteln ausgeführte Ohm-Bestimmung (1886);[5] auch einen Wert für die mit *v* bezeichnete Fundamentalkonstante hat *Rowland* bestimmt.

Von den übrigen zahlreichen Abhandlungen werde noch die experimentelle Untersuchung des elektrischen Rückstandes in Krystallen und die Gruppe genannt, die sich auf elektrische Wellen in linearen, wie in körperlichen Leitern

---

AAW II–IIIb-Bd. 17, Bl. 124–125; Orig. masch. schr.
Datum der Wahl zum KM 22. 2. 1900.

bezieht, zunächst theoretisch oder in der Anwendung auf Messungsmethoden behandelt, später in die Elektrotechnik hinüberführend, welche in der letzten Zeit *Rowland*'s Haupt-Arbeitsfeld zu bilden scheint.

Die Unterzeichneten schlagen Herrn *Rowland* zum korrespondirenden Mitgliede der Akademie in der physikalisch-mathematischen Klasse für das Fach der Physik vor.

Kohlrausch
Planck
Warburg
v. Bezold

## Nr. 35

# Wahlvorschlag für Johannes Diderik van der Waals (1837-1923) zum KM

**von Max Plankc**

**Berlin, 11. Januar 1900**

Die unterzeichneten Mitglieder der Akademie beehren sich anläßlich des bevorstehenden Jubiläums der Akademie Herrn Johannes Diderik van der Waals, Professor an der Universität Amsterdam, zum correspondirenden Mitglied im Fache der Physik vorzuschlagen.

J. D. van der Waals ward geboren am 23. November 1837 in Leiden, erhielt 1864 eine Anstellung als Lehrer an der höheren Bürgerschule in Deventer, 1866 eine gleiche im Haag, und wurde 1873, mit 36 Jahren, an der Universität Leiden zum Doctor der Philisophie promovirt. Vier Jahre später, 1877 kam er als Professor der Physik an die neu gegründete Universität Amsterdam, wo er seitdem als erster Vertreter seines Faches wirkt.

In der physikalischen Literatur machte sich van der Waals bekannt und berühmt durch seine Dissertationsschrift: Ueber die Continuität des gasförmigen u. flüssigen Zustandes[1], die später in verschiedene Sprachen übersetzt wurde u. von der erst vor Kurzem eine neue Auflage erschienen ist. Diese Schrift verbindet seinen Namen für alle Zeiten mit demjenigen Theil der physikalischen Wissenschaft, der die Erforschung der Natur der Gase u. Flüssigkeiten betrifft. Denn in ihr zeigte er zum ersten Male im Einzelnen die Möglichkeit, auf Grund der für die Eigenschaften des gasförmigen Aggregatzustandes schon längst ausgearbeiteten kinetischen Molekularhypothesen auch die an tropfbaren Flüssigkeiten wahrzunehmenden Erscheinungen zu erklären u. so den bis dahin angenommenen principiellen Unterschied zwischen beiden Aggregatzuständen aufzuheben. Mögen auch nicht alle ursprünglich an die van der Waalssche Theorie geknüpften Hoffnungen sich erfüllt haben, u. mag in der Folge auch Einzelnes daran verändert u. verbessert werden müssen, der Grundgedanke der Theorie hat eine vielseitige u. stellenweise scharfe Prüfung glücklich ausgehalten u. wird wohl stets Gemeingut der Wissenschaft bleiben.

Fast die ganze spätere Lebensarbeit ist der weiteren, vorsichtig u. gewissenhaft ausgeführten Durcharbeitung der in seiner Dissertationsschrift niedergelegten umfassenden Molekulartheorie[2] gewidmet. Er gelangt dabei zu zahlreichen werthvollen Resultaten, von denen hier nur die Aufstellung des

---

AAW II–IIIb-Bd. 17, Bl. 128–129; Orig. hsl. eigenhändig.
Datum der Wahl zum KM 22. 2. 1900.

sogenannten Gesetzes der correspondirenden Zustände, eine neue Theorie der Gasdissociation, der Capillarität, der elektrolytischen Dissociation u. die geometrische u. kinetische Interpretation verschiedener thermodynamischer Sätze genannt sein möge.

In der Liste der correspondirenden Mitglieder würde der Name van der Waals von der ganzen physikalischen Welt eine Zierde der Akademie bilden.

M. Planck
Kohlrausch
Warburg
J. H. van't Hoff
v. Bezold

## Nr. 36

# Wahlvorschlag für Woldemar Voigt (1850-1919) zum KM

**von Max Planck**

**Berlin, 11. Januar 1900**

Die unterzeichneten Mitglieder der Akademie beehren sich anläßlich des bevorstehenden Jubiläums der Akademie Herrn Dr. W. Voigt, Professor an der Universität Göttingen, zum correspondirenden Mitglied im Fache der Physik vorzuschlagen.

Woldemar Voigt ward geboren am 2. September 1850 in Leipzig, studirte vom Jahre 1867 ab erst in Leipzig, später in Königsberg bei Franz Neumann, promovirte daselbst im Jahre 1874 u. nahm hierauf eine Stelle als Hülfslehrer am Nicolai-Gymnasium in Leipzig an. Doch wurde er schon im folgenden Jahre als Extraordinarius an die Universität Königsberg berufen, u. später, im Jahre 1883, zum Ordinarius der theoretischen Physik in Göttingen ernannt, welche Stellung er seitdem erfolgreich vertritt.

Den Ausgangspunkt u. Hauptgegenstand der Arbeiten Voigts bildet die Krystallphysik, u. zwar nach ihrer mechanischen, optischen, elektrischen, magnetischen u. thermischen Seite. In seinen zahlreichen hierauf bezüglichen Schriften[1] kommt er immer wieder zurück auf das Problem der Erforschung der Krystallmoleküle, die er als die eigentlichen Bausteine der Materie betrachtet. Seine erste Leistung war die Bestimmung der Elasticitätsconstanten einer Reihe von Krystallen durch Biegungs- u. Torsionsversuche, zuerst des Steinsalzes, welches als regulärer Krystall dadurch merkwürdig ist, daß es sich in optischer Hinsicht isotrop, in elastischer aber anisotrop verhält.

Von der Elasticität wurde er zur Optik geführt, u. arbeitete, den Bahnen Neumanns u. Kirchhoffs folgend, als deren hervorragendster Schüler er zu betrachten ist, eine umfangreiche Theorie der optischen Dispersion auf mechanischer Grundlage aus, die allerdings, trotz der ihr von dem Autor vorsichtshalber gegebenen sehr großen Allgemeinheit, schließlich doch der im Gegensatz dazu von Ketteler aufgestellten, bez. der damit in ihren Folgerungen übereinstim̄enden elektromagnetischen Theorie[2] weichen mußte. Das Bestreben aus seiner usprünglichen, nun wohl auch von ihm selber aufgegebenen Theorie möglichst viel mit in die neue elektromagnetische Anschauung mit hinüberzunehmen, mag ihn veranlaßt haben, von da ab eine mehr mathematisch-formale

---

AAW II–IIIb-Bd. 17, Bl. 145–146; Orig. hsl. eigenhändig.
Datum der Wahl zum KM 8. 3. 1900.

als physikalisch-anschauliche Betrachtungsweise in seine Untersuchungen einzuführen. Jedenfalls macht sich in seinen neueren, zum Theil sehr werthvollen Arbeiten[3] über die magneto-optischen Erscheinungen eine merkliche Zurückhaltung in der physikalischen Deutung seiner Ausgangshypothesen und eine starke Betonung der rein phänomenologischen Seite der untersuchten Vorgänge geltend.

Neben den angedeuteten Hauptarbeiten gehen noch eine große Anzahl einzelner Untersuchungen[4] einher, so über den elastischen Stoß, über die sogenannten Nobili-Guébhardschen Ringe, über Flüssigkeitsstrahlen, über kinetische Gastheorie u. Thermodynamik, über das Dopplersche Princip, u.s.w. Endlich entstam̄t seiner Feder auch ein kleines Lehrbuch der Krystallphysik,[5] ein Lehrbuch der Mechanik u. ein Compendium der gesam̄ten theoretischen Physik.[6]

Nach der Zahl u. dem Erfolge seiner Arbeiten würde Hrn. Voigt als correspondirendem Mitglied unserer Akademie kaum Einer unter den theoretischen Physikern Deutschlands den Platz streitig machen können.

M. Planck
Kohlrausch
E. Warburg
v. Bezold
C. Klein

**Nr. 37**

## Wahlvorschlag für Antoine-Henri Becquerel (1852-1908) zum KM

**von Emil Warburg**

**ohne Datum**

Antoine Henri Becquerel, geboren am 15. Dec. 1852 zu Paris, ingénieur en chef des ponts et des chaussés, membre de l'institut, seit 1892 Professor am Musée de l'histoire naturelle, seit 1895 außerdem Professor an der École polytechnique ist in der erst genan̄ten Stellung Nachfolger seines Großvaters Antoine César und seines Vaters Alexandre Edmond. In dieser Familie von Physikern haben die Söhne mehr oder weniger die Arbeiten der Väter fortgesetzt. Ganz besonders gilt dies von Henri Becquerel.

Im Jahre 1838 begann der Großvater Beobachtungen über die Bodentemperaturen auf termoelektrischem Wege, welche bis auf den heutigen Tag, zur Zeit durch den Enkel, fortgesetzt werden. Dieser verwertete die Messungen zur Bestimmung des Wärmeleitungsvermögens des Bodens; auch fand er, daß die Rasenbedeckung den Wärmefluß etwa in dem Maße hemmt wie eine halbmeter starke Erdschicht.

Einige Monate nach der Faraday'schen Entdeckung im Jahre 1846 begann der Vater, sich eingehend und erfolgreich mit der magnetischen Drehung der Polarisationsebene zu beschäftigen. Auf demselben Gebiete arbeitete nicht minder erfolgreich der Sohn, anfangend mit seiner ersten größeren Untersuchung vom Jahre 1877[1] bis in die neueste Zeit. U. a. zeigte er gleichzeitig mit Kundt und Röntgen im Jahre 1880, daß auch die Gase magnetische Drehung ausüben, maß diese Drehung in einer sorgfältigen Arbeit und wies die Drehung durch den Erdmagnetismus in der Atmosphäre am polarisirten Him̄elslicht nach. Die aeußerst starke Drehung, welche der Natriumdampf in der Nähe seiner Absorptionslinien nach Macaluso und Corbino zeigt, führte er 1898 auf die anomale Dispersion[2] in diesem Gebiet zurück, welche Kundt entdeckt hatte und welche zu messen Becquerel im Jahre 1899 gelang. In diese Gruppe von Arbeiten gehören interessante Versuche über den Zeemaneffekt in Gemeinschaft mit Deslandres vom Jahre 1898.[3] Dazwischen fallen wertvolle Untersuchungen über den Di- und Pleochroismus und die Absorption der Didymverbindungen aus dem Jahre 1888.

---

AAW II–IIIb-Bd. 16, Bl. 194–195; Orig. hsl. eigenhändig.
Datum der Wahl zum KM 18. 2. 1904.
Der Wahlvorschlag wurde in der Sitzung der phys.-math. Klasse am 7. 1. 1904 vorgetragen.

Eines der hauptsächlichen Arbeitsgebiete des Vaters war die Phosphorescenz; auch diese Untersuchungen nahm der Sohn auf und sie sind es, welchen er, wen̄ auch nicht in logischem, doch in historischem Zusam̄enhang seine größte Entdeckung verdankt.

In der ersten Form der Röntgenröhre gehen die Röntgenstrahlen von *der* Stelle des Glases aus, welche von den Kathodenstrahlen getroffen und dadurch zum grünen Fluoresciren gebracht wird. Hierdurch kam Becquerel auf die Vermutung, es möchten vielleicht alle Körper, wenn sie in irgend einer Weise, wie z. B. die phosphorescirenden Körper durch Insolation, zum Leuchten gebracht würden, Röntgenstrahlen aussenden. Er aeußerte seine Vermutung gegen Hrn. Poincaré, welcher sie von sich aus in der Revue générale des sciences[4] veröffentlichte. Diese irrige Idee wurde von verschiedenen Forschern, so auch von Becquerel, experimentell geprüft und es wurden dabei teils negative, teils positive Ergebnisse erhalten, von denen die letztern aus noch unaufgeklärtem Grund nicht haben reproducirt werden kön̄en.

Nun hatte sich Becquerel, die Arbeiten seines Vaters[5] verfolgend, viel mit der Phosphorescenz der Uransalze beschäftigt, und glücklicherweise stellte er im Jahre 1896 den Versuch auch mit zwei Lamellen von dem phosphorescirenden Urankaliumsulfat an, welche er auf eine in schwarzes Papier eingehüllte photographische Platte legte, zwischen die eine Lamelle und die Platte ein Silberstück. Das Ganze wurde dem Sonnenlicht ausgesetzt, und die Platte nach einigen Stunden entwickelt, wobei die Silhouette der Lamellen und der Schatten des Silberstücks zum Vorschein kamen. Becquerel glaubte zuerst, hierdurch seine und Poincaré's Vermutung bestätigt zu haben; doch gab ein ähnlicher Versuch, bei welchem die Sonne garnicht geschienen hatte, das gleiche Resultat. So entdeckte Becquerel, daß das Phänomen mit der aeußeren Bestrahlung und der Phosphorescenz garnichts zu tun hat, daß vielmehr die Uransalze und noch mehr das garnicht phosphorescirende Uranmetall die Eigenschaft haben, ohne Unterlaß Strahlen auszusenden, welche durch opake Körper wie die Metalle hindurchgehen kön̄en. Auch zeigte er, daß diese Strahlen, die jetzt sogenan̄ten Becquerelstrahlen, ebenso wie die Kathoden und Röntgenstrahlen die Eigenschaft haben, die Luft, welche sie durchdringen, elektrisch leitend zu machen.

Es würde hier viel zu weit führen, die weitere Entwicklung dieser großartigen Entdeckung und den tätigen und erfolgreichen Anteil, welchen Hr. Becquerel bis auf den heutigen Tag an dieser Entwicklung nim̄t zu schildern. Allerdings ist die führende Rolle bei diesen Untersuchungen neuerdings wohl mehr auf das Ehepaar Curie in Paris und Rutherford in Canada übergegangen. Auch ist zu erwähnen, daß Becquerel im Anfang seiner Untersuchungen in einige Irrtümer verfallen ist, während die Angaben Röntgens über dessen Strahlen sich alle bestätigt haben. Andererseits verhalten sich die Becquerelstrahlen in bezug auf Entstehung und Eigenschaften noch viel merkwürdiger und unerwarteter als die Röntgenstrahlen; auch ist durch die Becquerelstrahlen ein in wissenschaftlicher Beziehung noch viel fruchtbareres Forschungsgebiet als durch die Röntgenstrahlen erschlossen worden.

Jene Strahlen, die seinen Namen tragen, entdeckt zu haben, ist Becquerels unsterbliches Verdienst, welches für sich allein unsern Vorschlag, ihn zum Korrespondenten zu wählen, vollauf rechtfertigen würde.

E. Warburg
Kohlrausch
J. H. van't Hoff
Planck

**Walther Nernst**

Photosammlung des Akademie-Archivs,
Original-Photo, eigenhändig signiert

## Nr. 38

## Wahlvorschlag für Walther Nernst (1864-1941) zum OM

**von Jacobus Hendricus van't Hoff**

**ohne Datum**

Die Unterzeichneten beehren sich Hrn. Walter Nernst zum ordentlichen Mitgliede der Akademie vorzuschlagen. Die Arbeiten des Hrn. Nernst bewegen sich vorwiegend auf physikalisch-chemischem und elektrochemischem Gebiete. Nach einigen mit von Ettinghausen durchgeführten Arbeiten[1] mehr rein physikalischen Inhalts (über Thermoströme und das Hall'sche Phänomen) wendet er sich unter Ostwald, nach Bestimmung der Bildungswärme einiger Quecksilberverbindungen, der neuen Theorie der Lösungen zu und erzielt alsbald einen durchschlagenden Erfolg, indem es gelingt, die Diffusionsgeschwindigkeit bei den Elektrolyten aus der Jonenbeweglichkeit zu berechnen,[2] was zu den hervorragendsten Leistungen Nernst's gehört.

Eine zweite, ebenfalls fundamentale Arbeit[3] bringt, unter Anwendung der osmotischen Gesetze und Jonenlehre, eine sehr einfache Ableitung der Gesetze, welche die elektromotorische Kraft in Flüssigkeitsketten beherrschen; dann folgen in ununterbrochener Reihe Bestimmungen über die gegenseitige Beeinflussung der Löslichkeit von Elektrolyten, über Teilungskoeffizienten, über Mischkrystalle, alles von den erwähnten Gesichtspunkten aus. Wichtig ist, daß in der letzt erwähnten Arbeit[4] eine Methode zur Molekulargewichtsbestimmung an festen Körpern ausgearbeitet wird.

Ein ganz neuer Gesichtspunkt wird durch Nernst eröffnet, indem auf den möglichen Einfluß der Dielektricitätskonstante auf die Jonenspaltung hingewiesen wird, eine Ansicht die, wiewohl in vieler Hinsicht bestätigt, sich jedoch noch nicht völlig geklärt hat.

Inmittels wird, nach Eröffnung des Institus für physikalische und Elektrochemie in Göttingen (1896), die Zeit mehr durch Lehrtätigkeit in Anspruch genommen, in Zusammenhang womit auch das Lehrbuch[5] erscheint, welches jetzt schon in vierter Auflage und mancher Uebersetzung vorliegt und zurecht

---

AAW II—IIIa-Bd. 17, Bl. 27—28; Orig. masch.schr.
Datum der Wahl zum OM 24. 11. 1905.
Der Wahlvorschlag wurde in der Sitzung der phys.-math. Klasse am 22. 6. 1905 vorgetragen.
Antrittsrede: SB 1906, 1, S. 549—552.
Nachruf: Max Bodenstein, JB 1942, S. 140—142.

als Standardwerk gilt. Gleichzeitig erscheint, gemeinsam mit Borchers bearbeitet, seitdem das Jahrbuch für Elektrochemie.[6]

Daß sodann eine mehr oder weniger bemerkbare Ruhepause in den rein wissenschaftlichen Veröffentlichungen eintritt, hängt wohl mit dem Arbeitsaufwand zusammen, welche die Konstruktion der Nernst-Lampe[7] erforderte. In neuester Zeit hat sich dies wieder geändert, und unter Anwendung der s.g. Mikrowaage, die erlaubt ganz minimale Mengen zu wägen, ist es Nernst gelungen, das Gebiet der Molekulargewichtsbestimmung an Dämpfen,[8] unter Benutzung von Quarzgefäßen, ganz wesentlich auszudehnen und z. B. Chlornatrium und ähnliche Körper mit in den Kreis der Untersuchung zu ziehen.

Nernst hat seit 1891 die Professur für physikalische Chemie an der Universität Göttingen inne und bekleidet jetzt eine entsprechende Stelle hierselbst.

J. H. van't Hoff Landolt Fischer
Planck Warburg

## Nr. 39

# Wahlvorschlag für Paul Drude (1863-1906) zum OM

**von Emil Warburg**

**ohne Datum**

Die Unterzeichneten beehren sich, als ordentliches Mitglied der Akademie in Vorschlag zu bringen

Dr. Paul Drude, geboren 1863 zu Braunschweig, promovirt 1887 in Goettingen, 1887—92 Assistent bei Prof. Dr. Voigt ebenda, 1894—1900 a. o. Prof. der Physik in Leipzig, 1900 o. Prof. d. Physik in Giessen, 1905 o. Prof. der Physik an der Universität Berlin.

Drude, Schüler unseres korresp. Mitgliedes W. Voigt, begann seine wissenschaftliche Tätigkeit mit theoretischen und anschließend experimentellen Untersuchungen über die Reflexion des Lichts. Unter diesen Arbeiten[1] ist hervorzuheben der Nachweis, daß, in Übereinstim̄ung mit einer von Voigt geäußerten Ansicht, die Abweichungen zwischen Theorie und Erfahrung bei der Reflexion durch fremde Oberflächenschichten bedingt sind; ferner eine größere Arbeit[2] über die optischen Konstanten der Metalle, welche zusam̄en mit ältern Arbeiten von Quincke, Wernicke und Kundt grundlegend für unsere Keñtnisse auf diesem Gebiet geworden ist. Diese umfangreichen und sehr gründlichen Untersuchungen haben Drude in den Jahren 1887—1894 beschäftigt.

Unter dem Eindruck der Hertz'schen Entdeckungen hielt Drude 1892 und 1893 in Goettingen Vorlesungen über die Eigenschaften des elektromagnetischen Feldes und ihre Heranziehung zur Erklärung optischer Erscheinungen. Aus diesen Vorlesungen ist ein größeres Werk: Physik des Aethers[3] hervorgegangen, welches jedenfalls anregend gewirkt und den neuen Anschauungen den Boden geebnet hat. Seitdem hat Drude eine große Zahl von Untersuchungen über elektrische Wellen geliefert. Hervorzuheben sind die Arbeiten über Brechung und anormale Dispersion dieser Wellen mit dem Ergebnis, daß die anormale Dispersion an gewisse Atomgruppen, besonders das Hydroxyl gebunden ist.

---

AAW II—IIIa-Bd. 17, Bl. 19—20; Orig. hsl. eigenhändig.
Datum der Wahl zum OM 12. 12. 1905.
Der Wahlvorschlag wurde in der Sitzung der phys.-math. Klasse am 27. 4. 1905 vorgetragen.
Antrittsrede: SB 1906, 1, S. 552—556.

Dazwischen fällt (1900) eine sehr wichtige Arbeit[4] über die Elektronentheorie der Metalle, eine Theorie, nach welcher die metallische Leitung ähnlich wie die elektrolytische auf fortschreitender Bewegung kleiner elektrisch geladener Partikel beruht. Eine solche Theorie, deren Grundanschauungen von W. Weber und Giese herrühren, war allerdings schon von Riecke[5] gegeben worden, aber die Drudesche Abhandlung lieferte die Uebereinstim̄ung mit den. empirischen Gesetzen von Wiedem̄ann und Franz und Lorenz das grundlegende Ergebnis, daß das Verhältnis der thermischen zum elektrischen Leitungsvermögen eine der absoluten Temperatur proportionale universelle Konstante ist; ja sogar der numerische Wert dieser Konstanten ergab sich in naher Übereinstimmung mit der Erfahrung. Diese Übereinstim̄ung hat sich zwar ganz neuerdings durch eine strengere Berechnung von H.-A. Lorentz[6] etwas verschlechtert, ist aber noch hinreichend, um, wie Lorentz sich ausdrückt, die gesunde Grundlage der Drude'schen Theorie zu erweisen, mit deren weiterem Ausbau der Urheber bis in die neueste Zeit sich beschäftigt.

Außerdem hat Drude einen großen Teil der Optik in Winkelmanns Handbuch[7] bearbeitet, ferner ein wertvolles Lehrbuch der Optik[8] geschrieben, endlich redigirt er seit dem Jahre 1900 die Annalen der Physik, das erste physikalische Journal Deutschlands.

Bedenkt man, daß Drude, 42 Jahre alt, die geschilderten Leistungen in 18 Jahren bewältigt hat, so muß man gestehen, daß er eine außerordentliche Arbeitskraft besitzt und darf die Erwartung hegen, daß ihm auch fernerhin Bedeutendes gelingen werde.

E. Warburg
Planck
C. Klein

## Nr. 40

## Wahlvorschlag für Hendrik Antoon Lorentz (1853-1928) zum KM

**von Max Planck**

**ohne Datum**

Die Unterzeichneten beehren sich, Herrn Dr. H. A. Lorentz, Professor an der Universität Leiden, zum correspondirenden Mitglied der Akademie im Fache der Physik vorzuschlagen.

Hendrik Antoon Lorentz, geb. am 18. Juli 1853 in Arnheim (Holland), ward im Jahre 1872 Lehrer an der Bürgerschule seiner Vaterstadt, promovirte 1875 zum Dr. phil., und wirkt seit 1878 ohne Unterbrechung als Professor der mathematischen Physik an der Universität Leiden. Lorentz zählt gegenwärtig zu den hervorragendsten Vertretern der theoretischen Physik. Seine zahlreichen Arbeiten umfassen das ganze Lehrgebäude dieser Wissenschaft, in dem es kaum eine principielle Frage gibt, zu der er nicht in bemerkenswerther Weise Stellung genommen hätte, von den elementaren Grundgesetzen der Mechanik, insbesondere dem uralten Gravitationsproblem an gerechnet bis zu den räthselhaften Strahlungsphänomenen der neuesten Zeit, deren Theorie sich noch in den Anfangsstadien befindet.

Von Lorentz' Arbeiten[1] auf dem Gebiete der *Mechanik* sei hier nur eine hydrodynamische erwähnt: über den Widerstand eines Flüssigkeitsstromes in einer cylindrischen Röhre (1898), in welcher die bei größeren Strömungsgeschwindigkeiten eintretenden Abweichungen von dem einfachen Poiseuilleschen Gesetz auf unregelmäßige Wirbelbewegungen zurückgeführt werden. In der *Thermodynamik* wendet sich das Interesse von Lorentz hauptsächlich der Frage zu, inwieweit sich eine Begründung des zweiten Hauptsatzes u. seiner Folgerungen aus den Vorstellungen der kinetischen Gastheorie ableiten läßt. Hier berühren sich seine Forschungen mit denen Boltzmanns, die er in wesentlichen Punkten ergänzt hat. Dahin gehören besonders ein Aufsatz über das Gleichgewicht der lebendigen Kraft unter Gasmolekülen (1889)[2] und ein anderer zur Molekulartheorie verdünnter Lösungen (1891).[3]

Die größten Verdienste jedoch hat sich Lorentz auf dem Gebiete der *Elektrodynamik* erworben, u. zwar durch die Ausbildung u. Weiterführung der Max-

---

AAW II–IIIb-Bd. 18, Bl. 108–109; Orig. hsl. eigenhändig.
Datum der Wahl zum KM 4. 5. 1905.
Der Wahlvorschlag wurde in der Sitzung der phys.-math. Klasse am 9. 2. 1905 vorgetragen.

wellschen Theorie. Schon seine Doktordissertation: über die Theorie der Reflexion und Brechung des Lichtes (1875)[4] ist diesem Thema gewidmet u. gibt in dieser Hinsicht gewissermaßen ein Programm seiner Hauptlebensarbeit. Er hat die Maxwellsche Theorie vereinfacht durch die Einführung und Durchführung der Hypothese, daß die Elektricität, ebenso wie die Materie, atomistisch constituirt ist. Denn hiedurch wurden die bis dahin angenommenen verschiedenen Arten der elektrischen Strömung (Leitungsströme in Leitern und Verschiebungsströme in Dielektrika) durch eine einzige Strömungsart: den Convektionsstrom der Elektronen, ersetzt. Er hat ferner die Maxwellsche Theorie erweitert durch die Annahme eines ruhenden, Alles durchdringenden Aethers, wodurch sowohl das Phänomen der Aberration des Lichtes, als auch der Fizeausche Versuch mit dem Durchgang des Lichtes durch strömendes Wasser eine einfache Erklärung fand, — Erscheinungen, für welche in der ursprünglichen Maxwellschen Theorie kein Platz war.

Eine große Reihe der scharfsinnigsten, mit musterhafter Sorgfalt und Selbstkritik durchgeführten Untersuchungen bezeichnet den allmählichen Entwicklungsgang der Lorentzschen Elektrodynamik, die mit ihren Consequenzen weit in die Nachbargebiete der Optik und der Wärmestrahlung hineinreicht, und die wie kaum eine zweite Theorie anregend und befruchtend auf die diesen Studien näher zugewandten Physiker und Mathematiker der Gegenwart eingewirkt hat. Die Schwierigkeiten, welche der vollständigen Durchführung seiner Theorie dadurch noch entgegenstehen, daß der von ihr geforderte Einfluß der Erdbewegung auf die irdischen optischen Vorgänge trotz der vielseitigsten Bemühungen in keinem einzigen Falle hat nachgewiesen werden können, haben Lorentz und mit ihm viele andere Fachgenossen bis heute beschäftigt und harren noch der definitiven Lösung. Eine meisterhafte Zusam̅enstellung aller mit diesen Fragen zusam̅enhängenden Arbeiten hat er selber vor Kurzem in der „Encyklopädie der mathematischen Wissenschaften"[5] geliefert.

Als Experimentator ist Lorentz nicht an die Oeffentlichkeit getreten, wohl aber hat er durch seine Untersuchungen über die Bewegungen der Ionen in einem Magnetfelde den Anstoß zur Aufsuchung des von Zeeman entdeckten magnetooptischen Phänomens (1897) gegeben, wofür er von der Schwedischen Akademie der Wissenschaften durch Verleihung des Nobel-Preises[6] ausgezeichnet wurde.

Auch unsere Akademie hat Lorentz schon einmal dadurch geehrt, daß sie nach dem Tode von Gabriel Stokes vor zwei Jahren seinen Namen auf die Liste der für den Orden pour le mérite Vorgeschlagenen setzte. Da er damals dem älteren Lord Rayleigh nachstehen mußte, so wäre es um so mehr erwünscht, daß die ihm von Seiten der Akademie entgegengebrachte Werthschätzung diesmal auch einen öffentlich sichtbaren Ausdruck findet.

Planck Kohlrausch Warburg Engelmann
Frobenius J. H. van't Hoff C. Klein

# Nr. 41

## Wahlvorschlag für Wilhelm Ostwald (1853-1932) zum KM

**von Jacobus Hendricus van't Hoff**

**ohne Datum**

Die Unterzeichneten beehren sich, Herrn Professor Friedrich Wilhelm Ostwald zu Leipzig als Korrespondenten für das Fach der Chemie vorzuschlagen.

Ostwald ist am 2. September 1853 zu Riga geboren und auch dort erzogen. In Dorpat hat er sich ausgebildet, besonders unter Leitung von Lemberg, von Oettingen und Carl Schmidt, und reichte 1877 und 1878 die Magister- und Doktordissertation ein. Im Jahre 1881 übernahm er die chemische Professur am Polytechnikum zu Riga, 1887 diejenige für physikalische Chemie in Leipzig.

Die Forschertätigkeit Ostwalds richtet sich zunächst auf das Affinitätsproblem,[1] und eine Reihe diesbezüglicher Messungen, welche sich wesentlich auf die Stärke der Säuren beziehen, an Hand der Aenderung von Volum und Brechung bei der Neutralisation, von katalytischer Wirkung u. s. w., führt zur Aufstellung einer Affinitätstabelle. Hier greifen dann die Auffassungen von Arrhenius ein, aus welchen Ostwald sein Verdünnungsgesetz ableitet und in der darin funktionierenden Dissociationskonstanten einen präcisen Ausdruck für die Stärke einer Säure findet, welche er für über 300 Säuren bestimmt.[2]

An die Leitfähigkeitsforschung schließt sich die Bestimmung der elektromotorischen Kraft, und auch hier wird alsbald eine reiche Ernte erzielt: die elektrolytische Dissociation des Wassers wird zum ersten Male quantitativ festgestellt,[3] eine sehr einfache Methode zur Bestimmung von kleinen Löslichkeiten wie von Chlorsilber ausgearbeitet, während unter Ostwalds Leitung durch Bredig und Knüpffer eine Beziehung zwischen elektromotorischer Kraft und Gleichgewichtskonstante[4] geprüft und bestätigt wird.

In neuerer Zeit beschäftigt Ostwald sich vorwiegend mit der Reaktionsgeschwindigkeit, besonders unter Einfluß von Katalysatoren.[5] Kam es hier nicht zu Verallgemeinerungen, so sind doch eine Reihe von interessanten Thatsachen und Messungen gewonnen worden, von welchen nur das photographische Reproduktionsverfahren ohne Licht, die Katatypie,[6] und die Messung der

---

AAW II–III b-Bd. 18, Bl. 86–87, Orig. masch.schr.
Datum der Wahl zum KM 12. 1. 1905.
Der Wahlvorschlag wurde in der Sitzung der phys.-math. Klasse am 24. 11. 1904 vorgetragen.

Geschwindigkeit der Knallgasverwandlung durch kolloidales Platin,[7] von Bredig ausgeführt, erwähnt seien, sowie auch die Verfolgung der Periodicität beim Angriff des Chroms durch Säuren.[8]

Die daneben entwickelte schriftstellerische, organisatorische und Lehrtätigkeit ist eine ganz außerordentliche und sehr nützliche gewesen. Das große Lehrbuch der allgemeinen Chemie[9] bildet ein unentbehrliches Nachschlagewerk auf diesem Gebiet, die Zeitschrift für physikalische Chemie[10] ist ein Centralorgan geworden, und auch durch seine Klassikerausgabe[11] hat Ostwald viel beigetragen, um die Forschertätigkeit von andern zum Gemeingut zu machen.

Unter den jetzigen Chemikern ist Ostwald unbedingt eine der meist hervorragenden Figuren in allen Weltteilen, deren Summe von Arbeit auch von den Vorgängern nur selten erreicht ist.

J. H. van 't Hoff
Landolt
Fischer

## Nr. 42

# Wahlvorschlag für Hugo Ritter von Seeliger (1849-1924) zum KM

**von Arthur von Auwers**

**Berlin, (23. November 1905)**
**13. Dezember 1899**

Die Unterzeichneten beantragen die Wahl der folgenden Astronomen zu correspondirenden Mitgliedern der physikalisch-mathematischen Classe der Akademie:

1. des Professors an den Universität München und Directors der Kgl. Sternwarte Bogenhausen Dr. Hugo von Seeliger,
2. des Professors am Harvard College und Directors der Sternwarte in Cambridge Mass. Edward Charles Pickering,

Zur Begründung dieser Anträge überreichen sie hiermit gemeinschaftlich die Darlegungen unverändert, welcher eine von ihnen als Wahlanträge aus Anlaß der Zweihundertjahrfeier im December 1899 allein aufgesetzt hatte, an deren Einbringung er jedoch damals verhindert wurde und die er in Folge dessen bis jetzt zurückgehalten hat.

Berlin, 23 November 1905

A. Auwers
H. Struve
H. C. Vogel
Helmert

Der Unterzeichnete beantragt aus Anlaß der 200 Jahr-Feier der Akademie zwei Astronomen, einen deutschen und einen ausländischen, zu correspondirenden Mitgliedern zu wählen, nämlich

1. den Direktor der Kgl. Sternwarte Bogenhausen bei München, Prof. Dr. Hugo Seeliger;
2. den Direktor des Astronomical Observatory of Harvard College in Cambridge, Mass., Prof. Edward Ch. Pickering

---

AAW II–IIIb-Bd. 18, Bl. 183–186; Orig. hsl. von Schreiberhand.
Gemeinsamer Wahlvorschlag für H. VON SEELIGER und E. CH. PICKERING; der zweite Teil des Wahlvorschlages betrifft E. CH. PICKERING, s. Nr. 43.
Datum der Wahl zum KM 11. 1. 1906.

Hugo Seeliger, geb. 23 September 1849 zu Biala in Oesterr. Schlesien, hat seine astronomische und mathematische Vorbildung vornehmlich auf der Universität Leipzig erhalten, an welcher er Ende der 70er Jahre auch docirt hat, und alsdann folgende öffentliche Stellungen bekleidet: 1874—1878 die Stelle des Observators der Bonner Sternwarte, 1881—1882 die Direktion der Sternwarte in Gotha, seit 1883 die der Sternwarte Bogenhausen und die ordentliche Professur der Astronomie an der Universität München. Aus der erstgenannten Stellung war Seeliger ein Jahr lang für den Dienst der Reichskommission für die Beobachtung des Venusdurchgangs beurlaubt.

Bei den Vorarbeiten für dieses Unternehmen stellte sich die wissenschaftliche Ueberlegenheit des jungen Astronomen über das gesammte übrige für die Beobachtung des ersten Durchgangs (1874) verfügbare Personal so ersichtlich heraus, daß die Kommission ihm die Leitung der bei weitem schwierigsten unter den auszuführenden Expeditionen, der Expedition nach den Auckland-Inseln zu übertragen beschloß. Die Art, wie sich Seeliger dieser verantwortungsvollen Aufgabe mit dem befriedigenden in dem großen Bericht der Kommission vom Unterzeichneten nachgewiesenen Erfolge entledigt hat, sichert allein schon ihm ein ehrenvolles Gedächtniß in der Geschichte der Astronomie. Eine Schrift „Theorie des Heliometers" (1877)[1], die als erste eigene größere Publikation Seeligers durch seine Beschäftigung mit dem Instrument anläßlich des Venusdurchgangs hervorgerufen wurde, verdient auch nach den Abhandlungen von Hansen und Bessel über dies mächtigste Meßwerkzeug der Astronomie Beachtung.

In seiner Bonner Stellung ist Seeliger vorzugsweise praktisch, an der Ausführung der Meridianbeobachtungen für die von der Bonner Sternwarte übernommene Zone des großen Katalog-Unternehmens der Astronomischen Gesellschaft[2] thätig gewesen. Diese Arbeitsleistung ist erheblich und wichtig, aber eben wegen des Umfangs der Aufgabe hat Seeliger selbst zu den Resultaten nicht bereits durchdringen können.

Mit der Übernahme der Direktion der für praktische Arbeit nur mehr in geringem Umfange geeigneten Gothaer Sternwarte hat Seeliger diejenige Arbeitsrichtung eingeschlagen, für welche ihn seine Veranlagung besonders und wie der Erfolg seitdem gezeigt hat in hervorragender Weise befähigt: die Bearbeitung von Problemen der himmlischen Mechanik und die mathematische Feststellung der Grundlagen für die Behandlung der in die Physik hinübergreifenden Aufgaben der praktischen Astronomie.

Zu den Arbeiten der ersteren Art gehören vornehmlich seine „Untersuchungen über die Bewegungsverhältnisse in dem dreifachen Sternsystem ζ Cancri", 1881 in den Denkschriften der Wiener Akademie erschienen, der erste, nachher in den Schriften der Münchener Akademie[3] fortgesetzte Versuch einen Fall des Problems der 3 Körper ohne die Beschränkungen zu behandeln, welche im Sonnensystem diese ihrer mathematischen Erledigung noch aussichtslos harrende Aufgabe praktisch genügend zu lösen gestatten. Die in zahlreichen Mittheilungen meist in den „Abhandlungen" und den „Sitzungsberichten" der

Münchener Akademie niedergelegten Arbeiten der anderen Art liegen hauptsächlich auf dem Gebiet der Photometrie, als mathematische, zum Theil auch durch Experimente begründete, Studien über Flächenbeleuchtung, die nicht allein in der Photometrie grundlegend, sondern auch für neue Theorien im Bereich der Himmelsmechanik von entscheidender Bedeutung sind. Als besonders wichtig sind anzuführen die Abhandlungen über die Beleuchtung der großen Planeten, insbesondere des Saturn (1887)[4] ; Zur Photometrie zerstreut reflektierender Substanzen (1888)[5]; Theorie der Beleuchtung staubförmiger kosmischer Massen, insbesondere des Saturnringes (1893)[6]; Maxwells' und Hirn's Untersuchungen über die Konstitution des Saturnringes (1894); Über den Schatten eines Planeten (1895)[7]; Die scheinbare Vergrößerung des Erdschattens bei Mondfinsternissen (1896)[8]. Ferner ist aus dem Grenzgebiet zwischen Astronomie und Physik anzuführen die Abhandlung „Ueber den Einfluß dioptrischer Fehler des Auges auf das Resultat astronomischer Messungen" (1886).[9]

In letzter Zeit hat sich Seeliger die Erforschung der allgemeinen Anordnung des Fixsternsystems zur Aufgabe gestellt. Nachdem er bereits früher (in den Sitzungsberichten der Münchener Akademie 1884 und 1886) Vorarbeiten geliefert hatte, um die unerschöpfliche Fundgrube der „Bonner Durchmusterung" für die Förderung dieser höchsten Aufgabe der Astronomie auszunutzen, hat er mit Verwerthung dieses Materials und weiterer Berücksichtigung der Herschel'schen und anderer Sternaichungen in den 1898 in den Münchener Abhandlungen Abhandlungen mitgetheilten „Betrachtungen über die räumliche Vertheilung der Fixsterne"[10] alle Schlüsse wohl vollständig gezogen und für unser Jahrhundert abschließend festgestellt, welche sich durch statistische Behandlung des Sternbestandes für jene Aufgabe gewinnen lassen. Zugleich hat er den Weg gezeigt und betreten, durch eine zweckentsprechende Erweiterung der Statistik des Himmels einen voraussichtlich weiten Schritt vorwärts zu thun.

Neben dieser Leistung in eigener Specialforschung hat Seeliger als Direktor der Münchener Sternwarte dies wichtige, aber einer recht weitgehenden Verwahrlosung anheim gefallene Institut gründlich reorganisirt und zu einer energischen und wirklicher Förderung der Astronomie dienlichen Thätigkeit zu bringen verstanden.

Seeliger ist einer der allezeit selten gewesenen und immer seltener werdenden Astronomen, welcher umfassende theoretische Kenntnisse und sichere mathematische Begabung mit einem vollen Verständniß der praktischen Astronomie und vielseitiger eigener Erfahrung auf deren Gebiet verbindet. Diese Vereinigung, und der Umstand, daß er seinen specifischen Beruf klar erkennend sich in seinen theoretischen Untersuchungen stets an die Bedürfnisse der Praxis anschließt und ihre actuellen Aufgaben fördert, macht seine Arbeit zu einer besonders werthvollen und fruchtbaren und verleiht ihm das Anrecht auf einen der ersten Plätze unter den zeitgenössischen Astronomen.

A. Auwers

## Nr. 43

# Wahlvorschlag für Edward Charles Pickering (1846-1919) zum KM

**von Arthur von Auwers**

**Berlin, (23. November 1905)**
**13. Dezember 1899**

Ein völlig verschiedenes Bild bietet die an Reiz der Gedankentiefe und wissenschaftlichen Vollendung nicht mit der Seeliger'schen Arbeit zu vergleichende, an Wichtigkeit für die Förderung der Wissenschaft aber in ihrer beispiellosen Entfaltung derselben mindestens vollständig ebenbürtige Thätigkeit Pickerings.

Edward Charles Pickering, geb. 19 Juli 1846 zu Boston, wurde 1877 zum Direktor der lange Zeit bedeutendsten Sternwarte Amerikas, des Harvard College Observatory in Cambridge, berufen, ohne bis dahin Astronom von Fach gewesen zu sein. Er hat gleichwohl verstanden, der Sternwarte die hohe Stellung, welche sie auf dem Gebiete der Präcisionsmessung und der Gestirnbeschreibung durch die Arbeiten seiner Vorgänger, der beiden Bonds[1], unter den amerikanischen Instituten erlangt hatte, auf diesem Gebiet zu erhalten. Zugleich hat er aber ihren Arbeitsplan nach der ihm selbst näher liegenden physikalischen Seite erweitert und in dieser Richtung durch zielbewußte und zweckmäßige Verwendung überreich ihm zufließender Mittel, durch geschickte Organisation und einsichtige Leitung der denselben entsprechend ausgedehnten Arbeit und in energischer eigener Betheiligung an deren Ausführung eine Leistung von kaum begreiflichem Umfange und vielseitigem Nutzen erzielt.

Zunächst wählte Pickerung die astronomische Photometrie[2] zur Hauptaufgabe der Sternwarte und zu derjenigen, an deren Bearbeitung er sich selbst in Ausführung und Discussion betheiligte. Er stellte das von Zöllner um 1860 erfundene Photometer in einer Form her, in welcher dies noch bis heute allein den Anforderungen der Astronomie entsprechende Werkzeug für Intensitätsmessungen zur Anwendung als selbständiges Meridianinstrument geeignet wurde, und gewann damit die Möglichkeit, die Bestimmung der Sternhelligkeit ohne ungemessenen Zeitaufwand für eine sehr große Anzahl von Objecten, den ganzen Sternbestand bis zu einer bestimmten Grenze, durchzuführen. In nicht ganz drei Jahren hat er, 1879—1882, mit dem zuerst construirten Instrument

---

AAW II—IIIb-Bd. 18, Bl. 186—190; Orig. hsl. von Schreiberhand.
Gemeinsamer Wahlvorschlag für H. von Seeliger und E. Ch. Pickering; der erste Teil des Wahlvorschlages betrifft H. von Seeliger, s. Nr. 42.
Datum der Wahl zum KM 11. 1. 1906.

dieser Art die Helligkeit von 4260 in Cambridge sichtbaren Sternen bis zur 6. Größe durch nahe 100000 von ihm und seinen Gehülfen ausgeführte Einzelmessungen bestimmt, und die Ergebnisse seiner Bearbeitung dieser Messungen 1884 im 14. Bande der Ann. Obs. H. C. veröffentlicht. Mit dem Erscheinen des in diesem Bande gegebenen photometrischen Katalogs wurde die Photometrie der mit bloßem Auge sichtbaren Fixsterne, die bis dahin im allgemeinen nur auf Ocularschätzungen beruhte, nur für einige verhältnißmäßig kleine monographisch bearbeitete Gruppen schon durch Messungen gestützt worden war, auf eine breite und sichere Grundlage gestellt, auf der später Pickering selbst und Andere — seine Arbeit ist u. a. für eine große Arbeit des Potsdamer Observatoriums anregend und vorbildlich geworden — mit Erfolg weiter gearbeitet haben.

Nach Vollendung dieser Arbeit hat Pickering ein zweites, erheblich größeres Meridianphotometer herstellen lassen, welches Sterne bis zur $10^{m}$ zu beobachten gestattete, hauptsächlich um damit eine photometrische Revision der Größenschätzungen der Bonner Durchmusterung und die Herstellung photometrischer Vergleichscataloge für veränderliche teleskopische Sterne vorzunehmen. Mit der Ausführung dieser in den Bänden 23 und 24 der Harvard Ann. veröffentlichten Arbeit wurde eine vollständige Wiederholung der älteren Messungsreihe verbunden, und schließlich ließ Pickering die Arbeit entsprechend — in einer zwischen den beiden Cambridger Bearbeitungen etwa die Mitte haltenden Ausdehnung — für den in Cambridge nicht der Beobachtung zugänglichen Himmelstheil in Südamerika ausführen, wohin das für die erste Arbeit benutzte Instrument zeitweilig gebracht wurde (Cat. of south. stars obs. with the Mer. Phot., 1895, Ann. Vol 37).[3]

Um die photometrische Arbeit noch weiter zu treiben, und Vergleichscataloge für Veränderliche bis zu den geringsten Helligkeiten herzustellen, verband Pickering ein Zöllner'sches Photometer mit dem großen Refraktor der Sternwarte und unternahm mit dieser Combination ferner eine systematische photometrische Beobachtung der Verfinsterungen der Jupitersmonde. Hierbei liegt der Zweck nicht auf dem Felde der Photometrie selbst, sondern diese liefert nur das Beobachtungsverfahren, während das Ziel die Bestimmung der Lichtgeschwindigkeit im interplanetarischen Raume ist. Es ist von hohem Interesse zu ermitteln, ob der Widerspruch zwischen der früher durch Ocularbeobachtungen der Finsternisse der Jupitersmonde erlangten Bestimmungen der Aberrationsconstante und ihrer directen Messung an den Ortsänderungen der Fixsterne durch bessere Versicherung des Beobachtungsverfahrens für erstere Erscheinungen behoben, oder ob ein Unterschied als thatsächlich bestehend festgestellt wird. Pickering hat, wie die Ann. Reports des H.C.O. seit 1878 ergeben, ein gewaltiges Material für die Beantwortung dieser Frage gesammelt, dasselbe aber noch nicht discutiren können.[4]

Die plötzliche vielfache Erweiterung der Verwendbarkeit der Photographie für astronomische Beobachtungen mit der Erfindung des Bromgelatine-Verfahrens hat nämlich die Hauptthätigkeit der Cambridger Sternwarte und

Pickering's seit der Mitte der 80er Jahre in eine andere Richtung geleitet, in welcher sie eine noch viel umfänglichere und wichtigere Entfaltung erlangt hat als auf dem Gebiete der Photometrie.

Pickering faßte den Plan, unabhängig von dem internationalen Unternehmen der photographischen Himmelskarte, eine photographische Statistik des gesammten Sternhimmels einzurichten;[5] und zwar sollte dieselbe für den sichtbaren Bestand an Stern-Individuen eine fortlaufende sein und hauptsächlich den Zweck haben vorkommende Änderungen in diesem Bestande oder an einzelnen Individuen festzustellen. Hierfür wurden geeignete schnelles Arbeiten gestattende Instrumente construirt;[6] und um Vollständigkeit zu erhalten, wurde eine mit gleichen Instrumenten ausgestattete Succursale auf der Südhalbkugel, in sorgfältig ausgewählter ausgezeichnet vortheilhafter Lage 8000' hoch bei Arequipa, eingerichtet, welche die südlicheren Theile des Himmels gleichmäßig mit den in Cambridge fortgehenden Arbeiten aufnimmt. Die Cambridger Sternwarte hat auf diese Weise einen in seiner Art ganz einzigen Schatz gesammelt in einer ungeheuren Anzahl von Platten, welche den Zustand eines jeden Stücks der gestirnten Himmelsfläche für eine bereits geraume Anzahl von Epochen fixiren; ihre Vergleichung hat bereits zur Auffindung einer großen Anzahl von interessanten Himmelskörpern geführt, und ihre Durchsicht bei besonderen Anlässen zur Vervollständigung der Geschichte wichtiger anderweit aufgefundener Objecte sehr werthvolle Beiträge geliefert. In letzterer Hinsicht mag an die lange Reihe von Aufnahmen, und daraus abzuleitenden guten Ortsbestimmungen für den merkwürdigen Planeten Eros mehrere Jahre vor seiner 1898 erfolgten Entdeckung (1893—4 und 1896)[7] erinnert werden, in ersterer will ich nur des Nachweises eines gehäuften Vorkommens von Veränderlichen und zwar solcher von ganz kurzer Periode in einer Anzahl gedrängter Sternhaufen gedenken, der in alteingewurzelte Vorstellungen von der Stellung dieser Gebilde im Sternsystem und vielleicht darüber hinaus von der Constitution des Universums tief eingreift und eine der interessantesten, wie ich jetzt nach längerm Zweifel in Folge anderweit erhaltener Bestätigung glaube gesicherte Entdeckung bildet. Hiermit nicht genug, hat Pickering gleichzeitig eine allgemeine spectrographische Himmelsaufnahme bewirkt, welche die spectrographische Statistik auf ein Vielfaches ihres vorherigen Umfanges gebracht und eine in gleichem Maße werthvollere Unterlage für die allgemeine Classification der Sternspektra geliefert hat. Diese Arbeit ist für den Himmelstheil zwischen dem Nordpol und —24 ° Decl. in den Jahren 1888—1891 in Cambridge durchgeführt und hat den „Draper Catalogue of Spectra" geliefert, welcher sofort als Vol. XXVII der H.C.O. Ann.[8] veröffentlicht wurde und die Spectra von 10351 Sternen nach fast 3Mal so viel Einzelaufnahmen nachweist. Dann wurde das benutzte Instrument nach Arequipa übergeführt, und die Arbeit dort über den Rest des Südhimmels ausgedehnt.

Neben dieser Durchmusterung hat eine eingehendere photographische Untersuchung der Spectra der helleren Sterne mit stärkeren Hülfsmitteln stattgefunden, welche für Cambridge gleichfalls bezüglich der Materialsammlung abgeschlossen ist und seitdem in Arequipa vervollständigt wird. Die Bearbeitung des Materials hat mit der Sammlung naturgemäß nicht gleichen Schritt halten können, hat aber gleichwohl bereits viele werthvolle Daten geliefert, u. a. an ζ ursae maj. die erste Beobachtung von Veränderlichkeit einer Sternbewegung in der Gesichtslinie, damit die Auffindung einer ganz neuen Classe von Doppelgestirnen herbeigeführt, welche ebenfalls eine der interessantesten und wichtigsten der astronomischen Entdeckungen der Neuzeit bildet. Die Fülle der durch Pickering's Arbeit auch auf diesem Felde Gebotenen kann auch vollständig dafür entschädigen, wenn in Zweifel gezogen werden darf, ob sein Verfahren und zwar sowohl bei der Beobachtung als bei der Discussion wohl den höchsten Anforderungen genüge, welche an spectral-analytische Arbeiten heute gestellt werden können.

Solcher Zweifel liegt in diesem Falle uns besonders nahe; ein ähnlicher ist aber auch gegen andere Pickering'sche Arbeiten nicht ohne Begründung erhoben worden. Derselbe ist eben untrennbar von der ganzen Art der Pickering'schen Thätigkeit und gerade auch von ihren charakteristischen Vorzügen. Pickering hat in Cambridge einen wissenschaftlichen Großbetrieb eingerichtet, wie er in diesem Umfange und in dieser Intensität kaum je in der Astronomie seines Gleichen gehabt hat. Von solchem Großbetriebe ist eine gewisse Fabrikmäßigkeit nicht abzustreifen, welche die äußerste Verfeinerung und strengste Versicherung jeder Einzelheit nicht zu erreichen gestattet. Seitdem die Astronomie aber an das Studium des Fixsternsystems gegangen ist, bedarf sie nothwendig des großen Massenmaterials, und kann nicht vorwärts kommen ohne Großbetriebe, welche ihr solches herbeischaffen. Wenn nun ein Astronom einen solchen Großbetrieb für mehrere wichtige Forschungsgebiete so zu organisieren, zu leiten und in fortgesetzter fruchttragender Arbeit zu erhalten verstanden hat wie Pickering 20 Jahre hindurch, so ist kein Zweifel darüber möglich, daß er den verdientesten Förderern seines Fachs zuzuzählen, und der wissenschaftlichen Ehrung, die ich für ihn beantrage, in hohem Maße würdig ist.

A. Auwers

## Nr. 44

# Wahlvorschlag für Heinrich Rubens (1865-1922) zum OM

**von Max Planck**

**Berlin, 6. Juni 1907**

Die Unterzeichneten beehren sich, Herrn Dr. Heinrich Rubens, Professor der Physik und Direktor des physikalischen Instituts an der hiesigen Universität, zum ordentlichen Mitglied der Akademie vorzuschlagen.

Rubens ist geboren am 30. März 1865 in Wiesbaden. Er studirte an der technischen Hochschule in Darmstadt, dann an den Universitäten Berlin u. Straßburg, promovirte 1889 u. habilitirte sich 1892 an der hiesigen Universität, ward 1895 Dozent und 1900 etatsmäßiger Professor an der technischen Hochschule in Charlottenburg. Nach dem Tode Paul Drude's im Sommer vorigen Jahres wurde er auf den Vorschlag der Philosophischen Fakultät als dessen Nachfolger in das erledigte Ordinariat u. zur Leitung des physikalischen Instituts berufen. —

Obwohl Rubens einen beträchtlichen Theil seiner Lern- u. Lehrjahre auf einer technischen Hochschule verbracht hat, waren seine physikalischen Interessen doch stets auf rein wissenschaftliche Ziele gerichtet; speziell zeigt er in seinen Arbeiten die eigenthümlichen Vorzüge der Kundtschen Schule, unter deren Jüngern er als der hervorragendste gelten kann: nämlich ein frisches Eindringen in bisher unbebaute Gebiete der Experimentalphysik, u. dabei eine mit allen Mitteln der modernen Experimentirkunst möglichst weit getriebene Präcision u. Sauberkeit in der Isolirung des zu prüfenden Phänomens, bis zur vollständigen Erledigung aller damit verknüpfter Fragen.

Sein spezielles Arbeitsgebiet war von Anfang an die Lehre von den optischen und elektrischen Schwingungen. Die Dissertation (1889), behandelt die selektive Reflexion der Metalle;[1] darauf folgte die Messung stehender Hertzscher Wellen mit dem Bolometer, und in Gemeinschaft mit Leo Arons die der Fortpflanzungsgeschwindigkeit elektrischer Wellen in isolirenden Flüssigkeiten,[2] in welcher Arbeit der Nachweis geliefert wurde, daß für Hertzsche Wellen die Maxwellsche Beziehung zwischen dem Brechungsexponenten und der Dielek-

---

AAW II—IIIa-Bd. 17, Bl. 139—140; Orig. hsl. eigenhändig.
Faksimiledruck in: Max Planck in seinen Akademie-Ansprachen, Berlin 1948, S. 157 bis 164.
Datum der Wahl zum OM 8. 8. 1907.
Antrittsrede: SB 1908, 2, S. 714—717.
Nachruf: Max Planck, SB 1923, S. CVIII—CXIII.

tricitätsconstanten viel besser erfüllt ist als für die optischen Wellen. Nicht minder interessante und zum Theil auch heute noch nicht vollständig aufgeklärte Resultate ergaben die zusam̄en mit H. du Bois ausgeführten Untersuchungen über die Brechung und Dispersion des Lichts in Metallen, und über die Polarisation ultrarother Strahlen durch Metallgitter.

Eine physikalische Entdeckung ersten Ranges machte Rubens durch die erstmalige Darstellung der nach ihm so genannten „Reststrahlen"[3], ultrarother Wärmestrahlen, welche aus einer intensiven Strahlungsquelle, z. B. eines Auerbrenners, erhalten werden durch mehrmalige selektive Reflexion an geeigneten Krystallflächen. Diese auf Grund theoretischer Ueberlegungen unternommenen Versuche wurden zuletzt ausgedehnt auf Flußspath, Steinsalz und Sylvin, u. lieferten im letzten Falle Wärmestrahlen von nicht weniger als 61 $\mu$ Wellenlänge, so daß hiedurch die große Kluft, welche zwischen den schnellsten Hertzschen Schwingungen u. den langsamsten Wärmeschwingungen besteht, um mehrere Oktaven verringert erscheint.

Doch hat sich Rubens nicht damit begnügt, die Physik um diese neuen eigenartigen Schwingungen zu bereichern, sondern er hat auch ihre Eigenthümlichkeiten verwerthet, um nach verschiedenen Richtungen hin wichtige Folgerungen principieller Natur daraus abzuleiten. Zunächst hat er durch eine Reihe sorgfältiger, zum größten Theil in gemeinsamer Arbeit mit seinen Schülern durchgeführter Messungsreihen die Helmholtz-Kettelersche Dispersionstheorie[4] an den Reststrahlen geprüft u. sie mit der zu erwartenden Genauigkeit bestätigt gefunden, so daß die ältere Cauchysche Theorie als definitiv überwunden zu betrachten ist. Sodann hat er durch äußerst mühsame Construktion sehr kleiner regelmäßig angeordneter isolirter Silberstreifen u. durch die Beobachtung ihrer Wirkung auf die Reststrahlen die Vorgänge im Großen nachgeahmt, welche beim Auftreffen optischer Strahlen auf die schwingungsfähigen Körpermoleküle im Kleinen entstehen. Der Bericht hierüber ist in den Sitz.ber. unserer Akademie (1896)[5] veröffentlicht. Er hat ferner in Gemeinschaft mit F. Kurlbaum die für die Theorie der Wärmestrahlung wichtigen Gesetze der Emission eines schwarzen Körpers für die längsten herstellbaren Wärmewellen festgestellt.[6]

Das unmittelbarste Aufsehen aber erregten seine zusam̄en mit E. Hagen ausgeführten Messungen des Reflexionsvermögens der Metalle,[7] besonders für lange Wellen. Denn in diesen Versuchen führte die schon öfter, aber bis dahin stets mit negativem Erfolge angestellte Vergleichung der Maxwellschen Lichttheorie mit der experimentellen Metalloptik zu einer genauen quantitativen Uebereinstim̄ung zwischen Theorie u. Experiment für hinreichend lange Wellen, u. in Folge dieser Feststellung hat sich das bisherige Schmerzenskind der Maxwellschen Theorie zu einem ihrer stolzesten Sprößlinge entwickelt.

Nicht unerwähnt dürfen die zahlreichen Verbesserungen u. Neukonstruktionen bleiben, die Rubens bei verschiedenen Gelegenheiten an physikalischen Präcisionsapparaten angebracht hat. Hier seien nur genannt die Einrichtung des Bolometers für elektrische Messungen, das Vibrationsgalvanometer, die Aufstellung u. Astasierung eines empfindlichen Spiegelgalvanometers, Verbesserungen an der Thermosäule, das zusam̄en mit H. du Bois construirte Panzergalvanometer.

Schließlich sei noch genannt ein in neuerer Zeit von ihm construirter Apparat, um minimale periodische Luftdruckschwankungen mittelst Manometerflam̄en sichtbar zu machen, — Demonstrationsversuche, die durch ihre augenfällige Schönheit im In- und Ausland berechtigten Beifall gefunden haben.

Wenn Rubens sich bei vielen seiner Spezialuntersuchungen, deren experimenteller Teil oft großen Aufwand von Mühe u. Zeit erforderte, gern der Hülfe von Mitarbeitern bediente, so erscheint dadurch seine Begabung, Fachgenossen zu physikalischer Thätigkeit anzuregen, in besonders helles Licht gerückt. Ihr entspricht auch das bei ihm vorhandene Interesse für den internationalen Betrieb seiner Wissenschaft.

Planck
Warburg
Nernst
Frobenius
Schottky

## Nr. 45

## Wahlvorschlag für Philipp Lenard (1862-1947)

## zum KM

**von Emil Warburg**

**ohne Datum**

*Philipp* Ed. Anton Lenard wurde 1862 zu Pressburg geboren. Er studirte in Budapest, Wien, Berlin und Heidelberg, wo er im Jahre 1886 promovirte. Von großem Einfluß auf seine wissenschaftlichen Anschauungen war Heinrich Hertz, unter welchem er in Bonn arbeitete. Im Jahre 1894 wurde er Prof. extr. in Breslau, 1895 Dozent in Aachen, 1896 Prof. der theoretischen Physik in Heidelberg, 1898 ord. Prof. der Experimentalphysik in Kiel, 1907 ging er in der gleichen Eigenschaft als Nachfolger Quinckes nach Heidelberg. Im Jahre 1896 wurde ihm der Baumgärtnerpreis der Wiener Akademie verliehen, im Jahre 1897 die Rumfordmedaille der Royal Society und die Matteuccimedaille, im Jahre 1906 erhielt er den Nobelpreis.

Bereits in seinen ersten Arbeiten aus den Jahren 1887 bis 1892[1] hat Lenard sich als außerordentlich sorgsamer, erfindungsreicher und scharfsiñiger Experimentator bewährt, so bei der Bestim̄ung der Oberflächenspañung aus Schwingungsdauer und Gewicht fallender Tropfen und bei den Arbeiten über Wismut und Wasserfallelektrizität. In jener Arbeit wies er nach, daß das elektrische Leitungsvermögen des Wismuts im Magnetfeld für hochfrequente Wechselströme ein anderes ist als für Gleichstrom, ferner, daß die elektrische Leitung dieses Materials durch häufig nicht nachweisbare Spuren fremder Beimengungen in hohem Maße beeinflußt wird. Erst durch die elektrolytische Reindarstellung nach Lenard wurden, wie Dewar fand, die eigentümlichen Anomalieen zum Verschwinden gebracht, welche früher von diesem Forscher untersuchte Materialproben in bezug auf Aenderung der Leitung mit der Temperatur gezeigt hatten. In der Arbeit über Wasserfallelektrizität[2] wies Lenard nach, daß beim Zusam̄enfließen von Wassertropfen das Wasser positiv, die Luft negativ elektrisch wird und erklärte dieses interessante Verhalten durch das Verschwinden elektrischer Doppelschichten.

Die zahlreichen vorhin genañten Ehrungen verdankt aber Lenard seinen durch H. Hertz angeregten Arbeiten[3] über Kathodenstrahlen. Nachdem Hertz ent-

---

AAW II—IIIb-Bd. 20, Bl. 25—26; Orig. hsl. eigenhändig.
Datum der Wahl zum KM 21. 1. 1909.
Der Wahlvorschlag wurde in der Sitzung der phys.-math. Klasse am 3. 12. 1908 vorgetragen.
Datum der Wahl zum EM 3. 4. 1942.

deckt hatte, daß dünne Metallblätter Kathodenstrahlen durchlassen, faßte er sofort den Plan, den Strahlen durch ein dün̄es Metallfenster aus dem Raum, in welchem sie entstehen, einen Weg ins freie zu eröffnen. Die Ausführung dieses Planes überließ er Lenard, der Versuch gelang, und es war nunmehr möglich, die Bedingungen für die Fortpflanzung der Strahlen unabhängig von den Bedingungen, unter welchen sie entstehen, zu variieren. That ist the best discovery that has been made in many a day sagte Rowland, als er dies erfuhr. Es zeigte sich, daß die Kathodenstrahlen die von ihnen durchsetzten Gase unter Absorption und Diffusion erleuchten und elektrisches Leitungsvermögen sowie Kondensationskerne in ihnen erzeugen, Wirkungen, welche, wie Lenard später nachwies, auch von kurzwelliger Strahlung ausgeübt werden; das Vakuum aber durchdringen sie ungeschwächt. Ferner zeigte es sich, daß, wie schon Hertz gefunden hatte, die Eigenschaften der Strahlen, nämlich ihre magnetische Ablenkbarkeit und Absorbierbarkeit mit dem Entladungspotential, unter welchem sie entstehen, variieren, als wichtiges neues Resultat ergab sich, daß die Absorbierbarkeit nur von der Dichte, nicht von der Natur der absorbierenden Substanz abhängt.

Später fand Lenard, daß die von Hertz und Hallwachs entdeckten lichtelektrischen Wirkungen auf der Eigenschaft kurzwelliger Strahlung beruhen, aus den getroffenen Körpern Elektronen frei zu machen, welche, den Körper verlassend, Kathodenstrahlen bilden; ferner, daß die Anfangsgeschwindigkeit dieser Strahlen unabhängig ist von äußeren Einflüssen, d. h. von aeußeren elektrischen Kräften und von der Intensität der Bestrahlung, also, ebenso wie die Geschwindigkeit der Radiumstrahlen, durch intraatomistische Vorgänge bedingt ist. Zugleich war hiermit eine Methode zur Erzeugung sehr langsamer Kathodenstrahlen gefunden, es wurde deren Absorbierbarkeit untersucht, es stellte sich auch heraus, daß die Strahlen, besonders in̄erhalb eines gewissen Geschwindigkeitsbereichs, die Eigenschaft haben, aus den getroffenen Körpern wiederum Elektronen frei zu machen, respektive neue, sogenan̄te sekundäre Kathodenstrahlen auszulösen. Darauf beruht nach Lenard die Eigenschaft der Kathoden- und anderer Strahlen, die von ihnen durchsetzten Gase elektrisch leitend zu machen.

Diese glänzenden Untersuchungen haben eine Fülle neuer Gesichtspunkte eröffnet, außerdem die Entdeckung der Röntgen- und Becquerelstrahlen vorbereitet. Daß die Ansicht über die Natur der Kathodenstrahlen, zu welcher Lenard durch seine Versuche im Einklang mit den Ansichten von Hertz geführt wurde, sich nicht bestätigt hat, gereicht ihm gewiß nicht zum Vorwurf und wäre hier nicht erwähnt worden, wen̄ nicht aus seiner Nobelvorlesung[4] das Gegenteil herausgelesen werden kön̄te. Aus demselben Grunde ist festzustellen, daß die neueren Ansichten, nach welchen die Kathodenstrahlen[5] rein elektrische Konvektionsstrahlen sind, nicht von Lenard herrühren, und daß die Endeckung der Röntgenstrahlen nicht als eine so einfache experimentelle Folgerung aus den Lenardschen Arbeiten sich darstellt, als man nach seiner Schilderung meinen sollte; ist doch ihm selbst diese Entdeckung entgangen.

Neuerdings beschäftigt er sich mit den Spektren der Metalle und hat auf diesem Gebiet bereits die wichtige Tatsache entdeckt, daß die verschiedenen Serien eines Metallspektrums von verschiedenen leuchtenden Partikeln ausgesandt werden, und daß die Hauptserien von elektrisch neutralen Molekeln, die Nebenserien von positiv elektrisch geladenen Teilchen herrühren.

Die im Anfang seiner Laufbahn begoñenen, bis in die neueste Zeit sich erstreckenden gemeinsam mit Klatt ausgeführten umfangreichen Untersuchungen über Phosphorescenz[6] sind ein Beispiel für seine Experimentierkunst und zugleich für seine Vorsicht in der Einführung von Hypothesen auf noch dunklem Gebiet.

Auf Grund des vorstehenden beehren sich die unterzeichneten, Hrn. Lenard zum korrespondierenden Mitglied der mathematisch physikalischen Klasse vorzuschlagen.

E. Warburg
Planck
Rubens

## Nr. 46

# Wahlvorschlag für Theodore William Richards (1868-1928) zum KM

**von Jacobus Hendricus van't Hoff**

**Berlin, 22. Juni 1909**

Die Unterzeichneten beehren sich hierdurch: Theodore William Richards, Professor der Chemie a/d Harvard Universität, Cambridge Mass. zum korrespondierenden Mitglied der mathematisch-physikalischen Klasse für das Fach Chemie vorzuschlagen.

Richards wurde 31 Jan. 1868 in Germantown geboren, studierte 1885/8 in Harvard, danch in Göttingen, Dresden und Leipzig, und wurde dann 1891/1901 sukzessive Instructor, Assistent-Professor und Professor in Harvard. Seine Leistungen liegen wesentlich auf anorganischem und physikalisch-chemischem Gebiet.

Schon Richards' Erstlingsarbeit (über Wärmeentwicklung bei Einwirkung von Silbernitrat auf Metallchloride 1886)[1] brachte ihn in Berührung mit Fragen der Atomgewichtsbestimmung und in dieser Richtung wurde alsbald eine ganz hervorragend erfolgreiche Tätigkeit entwickelt. In zwanzigjähriger Arbeit wurde eine Atomgewichtsrevision an zwölf Elementen (Cl, Ca, Cu, Ag, Ba, Sr, Zn, Ni, Co, Fe, Cs, Mg)[2] vorgenommen, deren Resultate in vielen Fällen von der internationalen Atomgewichtskommission übernommen wurden; Richards gilt auf diesem Gebiet als unbestrittene Autorität, und erfüllte auch in diesem Sinne 1907 eine hiesige Austauschprofessur. Von andern ebenfalls mit größter Genauigkeit festgestellten Fixpunkten sei erwähnt die Aufstellung der Umwandlungstemperatur bei Salzhydraten, wie Glaubersalz, welche sich bis auf tausendstel Celsiusgrade konstant zeigte, und also als thermometrischer Fixpunkt sich eignet.

Die zweite große Experimentaluntersuchung[3], die jetzt in Richards Arbeiten im Vordergrund steht, liegt mehr auf physikalisch-chemischem Gebiet und hängt zusammen mit seiner Auffassung über die durch Affinitätskräfte erfolgende Verringerung des Atomvolums.[4] Mag diese Annahme sich auch nicht der allgemeinen Anerkennung erfreuen, so hat dieselbe doch zu einer Reihe von sehr wertvollen Bestimmungen über Dichte und Zusammendruckbarkeit der Elemente und deren einfache Verbindungen geführt; gegen 35 der erstern wurden

---

AAW II–III b-Bd. 20, Bl. 100–101; Orig. hsl. eigenhändig.
Datum der Wahl zum KM 28. 10. 1909.

durchgenommen und wohl in beider Hinsicht die jetzt zuverlässigsten Zahlenwerte enthalten. Von den Resultaten sei erwähnt, daß die Kontraktion beim Entstehen einer Verbindung mit der Größe der Affinität und der Kompressibilität in sichtlichem, wiewohl nicht streng berechenbaren Zusammenhang steht, und daß die Kompressibilität eine periodische Funktion des Atomgewichts ist, ungefähr wie das Atomvolum.

Es sei hinzugefügt, daß die Wahl von Richards zum korrespondierenden Mitglied, die Lücke welche der einzige Vertreter der Amerikanischen Chemie, Wolcott Gibbs, darin zurückließ, ausfüllen würde.

J. H. van't Hoff
Nernst
Fischer

## Nr. 47

# Wahlvorschlag für Baron Lorand Eötvös (1848-1919) zum KM

**von Robert Helmert**

**Berlin, 4. November 1909**

Die Unterzeichneten beehren sich der Königlichen Akademie in der mathematisch-physikalischen Klasse als Korrespondenten im Gebiete der Geophysik den Professor der Physik an der Universität in Budapest Herrn Baron *Roland von Eötvös* in Vorschlag zu bringen.

Roland von Eötvös wurde im Jahre 1848 in Budapest geboren; ordentlicher Professor der Physik an der Universität daselbst ist er seit 1873. Seit 1889 bekleidet er auch das Amt des Präsidenten der ungarischen Akademie der Wissenschaften.

Seine wissenschaftlichen Arbeiten[1] betreffen vorzugsweise nur *ein* Gebiet, ein engbegrenztes sogar, aber es ist ihm ganz eigentümlich und von außerordentlicher Bedeutung, indem es neue Wege für die geodätische Forschung erschließt.

Schon vor etwa 20 Jahren zeigte Eötvös,[2] daß man mit einer geeigneten Drehwage gewisse 2te Differentialquotienten des Schwerkraftspotentials bestimmen könne, aus denen hervorgehen 1.) die horizontale Änderungsgeschwindigkeit der Schwerebeschleunigung und 2.) die Gestalt der Niveauflächen der Schwere (wenn noch eine Konstante aus astronomisch-geodätischen Beobachtungen entnommen wird).

Nach und nach hat er das Instrument noch vervollkommnet, wodurch die praktische Anwendung sich bequemer und genauer gestaltet.

Seit dem Jahre 1900 ist v. Eötvös auch dazu übergegangen, das Instrument in den Dienst der Geodäsie zu stellen. Namentlich in den letzten 6 Jahren wurden erfolgreiche Arbeiten in einem 400 Quadratkilometer umfassenden Gebiet der ungarischen Tiefebene östlich von Arad ausgeführt.

Hierdurch wurde zum ersten Male die Gestalt einer Niveaufläche mit ihren mathematischen Einzelheiten ermittelt, was den älteren Methoden unmöglich ist.

Das Eötvös'sche Verfahren kann auch von Bedeutung werden, wenn es gilt, den Sitz störender Massen in der Erdkruste genau zu ermitteln.

Diese Förderung der physikalischen Methoden der Geodäsie allein würde genügen, um Baron v. Eötvös für die Wahl zum Korrespondenten zu empfehlen.

---

AAW II–IIIb-Bd. 20, Bl. 127–128; Orig. masch.schr.
Datum der Wahl zum KM 6. 1. 1910.

Es muß aber noch darauf hingewiesen werden, daß es ihm auch gelungen ist, mit seiner Drehwage die gleiche Stärke der Anziehung des Erdkörpers auf eine große Reihe der verschiedensten Materialien mit bisher unerreichter Genauigkeit nachzuweisen. Für diese Arbeit erhielt er im März d. J. den von der Göttinger Gesellschaft der Wissenschaften dafür im Jahre 1906 ausgeschriebenen Preis.

Helmert
Penck
Warburg

## Nr. 48

# Wahlvorschlag für Wilhelm (Willy) Wien (1864-1928) zum KM

**von Max Planck**

**Berlin, 2. Juni 1910**

Die unterzeichneten Mitglieder der Akademie beehren sich, zum correspondirenden Mitglied der physikalisch-mathematischen Klasse im Fache der Physik vorzuschlagen:

Den Professor der Physik und Direktor des physikalischen Instituts an der Universität Würzburg Prof. Dr. Willy *Wien*. Geboren am 13. I. 1864 in Gaffken bei Fischhausen (Ostpreußen) studirte Wien an den Universitäten Göttingen, Heidelberg und Berlin, wo er im Jahre 1886 promovirte. Von 1890 an war er Assistent an der physikalisch-technischen Reichsanstalt unter Helmholtz und habilitirte sich als solcher 1892 an der Universität Berlin. Im Jahre 1896 folgte er einem Rufe als Extraordinarius an die technische Hochschule in Aachen, 1899 einem solchen an die Universität Gießen, deren physikalisches Institut nach seinen Plänen neu erbaut und eingerichtet wurde, aber schon im nächsten Jahre Paul Drude zum Direktor erhielt, da Wien als Nachfolger Roentgens nach Würzburg berufen wurde. Dort entfaltet er seitdem eine vielseitige und erfolgreiche Forschungs- und Lehrtätigkeit. Nach Drude's tragischem Ende (1906) wurde Wien von der Fakultät und von der Regierung als Nachfolger in der Leitung des Berliner physikalischen Instituts in Aussicht genommen. Indessen blieben die daraufhin mit ihm eingeleiteten Verhandlungen ohne Resultat.

Wien ist ein Schüler von Helmholtz, unter dessen Leitung er auch seine Dissertation[1] ausarbeitete: über den Einfluß der ponderabeln Teile auf das gebeugte Licht. Auch in der nächstfolgenden Zeit wandte er sein Hauptinteresse optischen Untersuchungen zu u. wies insbesondere durch genaue Messungen nach, daß die Maxwellsche elektromagnetische Lichttheorie nicht ohne Weiteres im Stande ist, die charakteristischen Tatsachen der Metalloptik, im sichtbaren Spektrum, zu erklären. Die gemessenen Werte der Lichtabsorption in Metallen sind weit kleiner, sogar der Größenordnung nach, als die von der Theorie geforderten.

An der physikalisch-technischen Reichsanstalt wurde Wien die Aufgabe zuerteilt, im Verein mit Holborn nach systematischem Plane exakte Temperaturmessungen vorzunehmen. Diese Messungen wurden zuerst (1892) bei hohen

---

AAW II–IIIb-Bd. 20, Bl. 191–192; Orig. hsl. eigenhändig.
Datum der Wahl zum KM 14. 7. 1910.

Temperaturen, später (1896) bei tiefen Temperaturen, bis herab zur Temperatur der flüssigen Luft, teils mit Gasthermometern, teils mit Platinwiderständen, in sorgfältiger Weise durchgeführt. — Auch noch unter dem direkten Einfluß von Helmholtz stehen Wiens zahlreiche hydrodynamische Untersuchungen[2] theoretischer Natur, so über den Einfluß des Windes auf die Gestalt der Meereswellen, über die Bewegung der Luft in Cyklonen, in welchen die Helmholtzsche Theorie der Meeres- und Luftwogen an speziellen Fällen weiter verfolgt wurde. Im Zusam̄enhang damit mag auch das 1900 erschienene Lehrbuch der Hydrodynamik[3] genannt werden, welches eine wohlgeordnete und vollständige Darstellung des damaligen Standes der Theorie der Flüssigkeitsbewegungen enthält.

Selbständige Bahnen, und zwar mit großem Erfolg, schlug Wien ein mit seinen Untersuchungen über die Gesetze der Wärmestrahlung. Durch eine glückliche Combination thermodynamischer Betrachtungen mit dem Dopplerschen Prinzip in seiner Anwendung auf die Lichtreflexion an bewegten Spiegeln gelangt er zu einem allgemeinen Satz betr. den Einfluß der Temperatur auf die Energieverteilung im Spektrum schwarzer Körper, dem nach ihm benannten „Verschiebungsgesetz", u. zwar zu einer Zeit (1893)[4], wo von einer scharfen experimentellen Prüfung noch nicht die Rede sein konnte. Als es ihm aber 3 Jahre später im Verein mit Otto Lummer gelungen war, einen schwarzen Körper in einer für genauere Messungen geeigneten Form zu realisiren, zeigte es sich, daß das Wiensche Verschiebungsgesetz ein vollkommen exaktes Naturgesetzt darstellt, welches gegenwärtig zu den Fundamenten der ganzen Strahlungstheorie zählt. Auch ein anderes von Wien aufgestelltes Strahlungsgesetz, das sogenannte Energieverteilungsgesetz hat sich, wenn auch nicht vollkommen allgemein, so doch innerhalb eines weiten Gebiets, nämlich für hinreichend kurze Wellen, bez. für hinreichend tiefe Temperaturen, auch den empfindlichsten Proben gegenüber bewährt.

Einen gleichfalls durchschlagenden Erfolg errang sich Wien durch seine experimentellen Arbeiten über die von Goldstein entdeckten Kanalstrahlen.[5] Indem er zuerst zeigte, daß diese Strahlen ein Elektroskop positiv aufladen, und später, daß sie eine den Kathodenstrahlen entgegengesetzte elektrische und magnetische Ablenkbarkeit besitzen, lieferte er den Nachweis, daß die Kanalstrahlen positive Elektrizität mit sich führen. Auch durch spätere Arbeiten trug er wesentlich mit bei zur Aufklärung der Natur dieser Strahlen, mit deren Untersuchung er an̄dauernd beschäftigt ist.

Wien ist eine gewandte, vielseitige Natur, er bringt allen Fragen seiner Wissenschaft, besonders aber den allgemeineren, ein lebhaftes Interesse entgegen, wenn es ihm auch naturgemäß nicht beschieden ist, überall in die Tiefe zu dringen. Davon zeugen auch eine Reihe von Aufsätzen und Vorträgen allgemeineren Inhalts,[6] so eine Untersuchung über die sogenannte Lokalisirung der Energie (1892), eine über die elektromagnetische Begründung der Mechanik (1900), ein vor der Naturforscherversammlung in Düsseldorf (1898) erstattetes Referat über die Bewegung des Lichtäthers, ein Vortrag über die Elektronen in der allgemeinen Sitzung der Naturforscherversam̄lung (1905) in Meran, jetzt in zweiter Auflage erschienen. In der Gesellschaft deutscher Naturforscher und Aerzte bekleidet er im laufenden Jahre das Amt des ersten Vorsitzenden, auch führt er seit Drudes Tod die Redaktionsgeschäfte der wichtigsten physikalischen Zeitschrift Deutschlands: der Annalen der Physik.

Planck
Rubens
Warburg
Nernst

## Nr. 49

# Wahlvorschlag für Sir Joseph John Thomson (1856-1940) zum KM

**von Heinrich Rubens**

**Berlin, 14. Juni 1910**

Sir John Joseph Thosmson wurde am 6ten Dec. 1856 geboren; er steht also jetzt in seinem 54ten Lebensjahre. Er begann sein Universitätsstudium in Owen's College, Manchester, und veröffentlichte damals, kaum 18 Jahre alt, seine erste Untersuchung über Contactelectricität.[1] An dem Trinity College, Cambridge, setze Thomson seine Studien fort, und zwar unter Maxwell's und Lord Rayleigh's Leitung. Der Abschluß der Studien gestaltete sich für Thomson besonders glänzend: er gewann 1880 den Smithpreis und erhielt zugleich ein Fellowship an dem Trinity College, wo er 3 Jahre später zum College Lecturer ernannt wurde. In demselben Jahre wurde seine Arbeit „On the motion of vortex rings"[2] mit dem Adam's Preis gekrönt und im folgenden — 1884 — wurde der noch nicht 28-jährige Dozent zum Mitgliede der Royal Society gewählt. Als Lord Rayleigh 1884 von seinem Lehramt an der Universität Cambridge zurücktrat, wurde Thomson zu seinem Nachfolger ernannt und der glänzende Erfolg, welchen der jugendliche Inhaber der berühmten Cavendish-Professur sowohl als Forscher wie als Lehrer erzielte, ließ es alsbald gerechtfertigt erscheinen, daß man ihm vielen älteren Bewerbern gegenüber den Vorzug gegeben hatte. Als im Jahre 1895 das Cavendish-Laboratorium gegründet wurde, gelang es Thomson in kurzer Zeit, dieses Institut zum Mittelpunkt der experimentellen Forschung in England[3] zu erheben. Es sammelte sich eine große Zahl ausgezeichneter Schüler um ihn, welche durch seine Ideen befruchtet, eine hervorragende produktive Tätigkeit entfalteten und den Ruf der Cambridger Schule in der ganzen Welt verbreiteten. Unter diesen befinden sich Rutherford, Townsend, H. A. Wilson, C. Tr. Wilson, Strutt, O. W. Richardson, Campbell, Mc. Clelland, Langevin und viele andere, die heute als verdienstvolle Forscher bekannt sind.

Thomson ist unter den heute lebenden Physikern zweifellos einer der ideenreichsten und fruchtbarsten. Mehr als 100 wissenschaftliche Abhandlungen aus fast allen Gebieten der experimentellen und theoretischen Physik sind während seiner Lehrtätigkeit in Cambridge von ihm erschienen. Außerdem hat er eine Reihe größerer Arbeiten in Buchform veröffentlicht. In allen diesen Schriften

---

AAW II–IIIb-Bd. 20, Bl. 207–209; Orig. hsl. eigenhändig.
Datum der Wahl zum KM 28. 7. 1910.

tritt seine ungewöhnliche Erfindungsgabe hervor, welche die stärkste Seite seiner Veranlagung ist. Daß er bei seinen Veröffentlichungen die auswärtige Literatur nicht immer in vollständiger Weise berücksichtigt und die Priorität ausländischer Kollegen in einigen Fällen gebührend hervorzuheben unterlassen hat, soll nicht verschwiegen werden.

Als sein Hauptwerk, in welchem er unstreitig den größten und wichtigsten Teil seiner Lebensarbeit niedergelegt hat, ist das Buch: „Conduction of Electricity through Gases"[4] zu bezeichnen. Es wird hierin das ungemein vielgestaltige Gebiet des Durchgangs der Elektrizität durch Gase auf Grund der Anschauung, daß die Stromleitung in Gasen durch Bewegung elektrisch geladener Ionen und Electronen bewirkt wird, in einheitlicher Weise dargestellt. Ein erheblicher Teil der in diesem Werk enthaltenen Theorieen und des geschilderten Tatsachenmaterials rührt von dem Verfasser selbst her oder ist aus dem Cavendish-Laboratorium hervorgegangen. Unter diesen Entdeckungen Thomson's findet sich die außerordentlich wichtige Beobachtung,[5] daß die negativ geladenen Teilchen, aus welchen die Kathodenstrahlen in Geißler'schen Röhren bestehen, ein von der Natur des Gases und der Beschaffenheit der Elektroden unabhängiges Verhältnis der Ladung zur Masse besitzen und daß dieses Verhältnis über 700 mal größer ist, als bei einem Wasserstoffion, eine Tatsache, welche gleichzeitig auch von Wiechert in Königsberg festgestellt worden war. Wenn man in beiden Fällen gleiche Größe der elektrischen Ladung annimmt, so berechnet sich hieraus die Masse eines Elektrons über 700 mal kleiner als die eines Wasserstoffatoms. — Die Größe der elektrischen Elementarladung bestimmte Thomson zum ersten mal in direkter Weise nach einem ungemein geistreichen Verfahren, indem er die Bewegung kleiner Wassertröpfchen, welche durch Kondensation des Wasserdampfs an Ionenkernen entstanden waren, beobachtete und ihren Durchmesser unter Zugrundelegung des Stoke'schen Gesetzes berechnete. Aus der Menge des in der Volumeinheit enhaltenen Condenswassers und dem Durchmesser der Teilchen ließ sich ihre Zahl feststellen, während durch Stromstärkemessung die von den Ionen mitgeführte Gesamtladung ermittelt wurde. Das Verhältnis aus beiden Größen ergab die gesuchte Elementarladung eines Ions. Weiterhin hat Thomson in Gemeinschaft mit seinem Schüler Townsend unsere Kenntnis von dem Wesen der Elektrizitätsleitung in Gasen durch Einführung des Begriffs der Stoßionisation bedeutend gefördert.[6]

In den letzten Jahren hat sich Thomson vorwiegend mit der Erforschung der so genannten positiven Strahlen (Kanalstrahlen und $K_1$ Strahlen) beschäftigt[7] und ist dabei zu dem überraschenden Ergebnis gelangt, daß auch die Natur dieser Strahlen bei hinreichend geringen Drucken von dem Gasinhalt des Rohres unabhängig ist und die Geschwindigkeit der Teilchen nicht von dem durchlaufenen Potentialgefälle bestimmt wird. Die Versuche decken sich in manchen Punkten mit denen Willy Wiens, doch sind andererseits Abweichungen vorhanden, welche noch der Aufklärung bedürfen.

Außer den im Vorstehenden bereits genannten Auszeichnungen sind J. J. Thomson noch folgende Ehrungen zu Teil geworden:

1894: Royal Medal of the Royal Society
1902: Hughes Medal of the Royal Society
1906: Nobel Preis
1908: Erwählung zum Präsidenten der British Association
1908: Erhebung in den Adelsstand.

Die Unterzeichneten stellen den Antrag, Sir J. J. Thomson zum korrespondierenden Mitgliede der Berliner Akademie zu wählen.

Rubens Planck Warburg

**Karl Schwarzschild**

Photosammlung des Akademie-Archivs,
Original-Photo Robert Bein, Göttingen

# Nr. 50

## Wahlvorschlag für Karl Schwarzschild (1873-1916) zum OM

**von Hermann Struve**

**ohne Datum**

Die Unterzeichneten beantragen: Professor Dr. Karl Schwarzschild, Direktor des Astrophysikalischen Observatoriums in Potsdam, zum ordentlichen Mitgliede der Akademie zu wählen.

Professor Karl Schwarzschild, geboren am 9. Oktober 1873, studierte in Straßburg und München, war von 1896—99 Assistent an der von Kuffner'-schen Sternwarte in Wien, habilitierte sich 1899 in München, wurde 1901 als Professor der Astronomie und Direktor der Sternwarte nach Göttingen berufen und 1909 zum Direktor des Astrophysikalischen Observatoriums in Potsdam ernannt.

Seine ersten Arbeiten,[1] die zum Teil auf die Anregung seines Lehrers Seeliger zurückzuführen sind, behandeln Aufgaben aus der theoretischen Astronomie und Himmelsmechanik. Dahin gehören die Untersuchungen über die definitive Bahn des Kometen 1843/3, über periodische Lösungen des Dreikörperproblems, über die Stabilität der Bewegung eines durch Jupiter gefangenen Kometen, über ein neues Verfahren der Bahnbestimmung spektroskopischer Doppelsterne, ferner die umfangreiche Abhandlung[2] über die Poincaré'sche Theorie des Gleichgewichts einer homogenen rotierenden Flüssigkeitsmasse. In derselben Zeit erschienen die Beiträge zur photographischen Photometrie der Gestirne, in welchen eine neue Methode zur Bestimmung der Sternhelligkeiten aus extrafokalen photographischen Aufnahmen angegeben und die Zweckmäßigkeit dieser Methode durch Beobachtungen an veränderlichen Sternen dargelegt wird. Ferner veröffentlichte er eine Reihe kleinerer Aufsätze: über Messung von Doppelsternen durch Interferenzen, über Bestimmung der Teilungsfehler von Maßstäben, über den Einfluß der säkularen Aberration auf die Fixsternörter, über das zulässige Krümmungsmaß des Raumes u. a.

Nach seiner Berufung nach Göttingen 1901 wandte sich Schwarzschild vorwiegend physikalischen und astrophysikalischen Forschungen zu. Als die be-

---

AAW II—IIIa-Bd. 18, Bl. 215—216; Orig. masch.schr.
Datum der Wahl zum OM 14. 6. 1912.
Der Wahlvorschlag wurde in der Sitzung der phys.-math. Klasse am 15. 2. 1912 vorgetragen.
Antrittsrede: SB 1913, 1, S. 596—600.
Nachruf: Albert Einstein, SB 1916, 1, S. 768—770.

deutendsten seitdem in kurzer Folge erschienenen Werke sind die folgenden hervorzuheben:

In den Untersuchungen über geometrische Optik[3] wird die allgemeine Fehlertheorie optischer Instrumente mit Hülfe der Eikonalfunktion entwickelt und daraus in vollständigerer Weise, als es bisher geschehen konnte, die Theorie der Spiegelteleskope und Linsensysteme abgeleitet. Man darf diese Arbeit als eine der hervorragendsten Leistungen auf diesem Gebiet seit Gauß bezeichnen, welche auch in praktischer Hinsicht großen Wert besitzt und zu neuen Konstruktionen von Objetiven und Spiegeln geführt hat.

In der Abhandlung über den Druck des Lichts auf kleine Kugeln[4] wird die Arrhenius'sche Theorie der Kometenschweife durch eine strenge mathematische Analyse begründet und in wesentlichen Punkten vervollständigt. Es ist ihm hierdurch gelungen, die Bedingungen für die Entstehung der bekannten Typen der Kometenschweife genau zu formulieren und den Nachweis zu liefern, daß sich dieselben durch den Maxwell'schen Strahlungsdruck in ungezwungener Weise erklären lassen.

Für die Photometrie und Photographie der Gestirne sind ferner von Bedeutung die Untersuchungen über das Schwärzungsgesetz photographischer Aufnahmen, über die Bestimmung photographischer Helligkeiten und die nach seinem Plane an der Göttinger Sternwarte ausgeführte Aktinometrie der Sterne bis zur 7.5 Größe, welche gegenwärtig für den Gürtel zwischen 0° und 20° Deklination vollendet ist[5] und ein Seitenstück zu der Potsdamer Photometrie bildet.

Auf die Sonnenphysik[6] beziehen sich die Arbeiten über die Verteilung des ultravioletten Lichts auf der Sonnenscheibe, über die Strahlung der Fackeln und Flecken, sowie die mit Hülfsmitteln der mechanischen Wärmetheorie geführte Untersuchung über das Gleichgewicht der Sonnenatmosphäre. Von besonderem Wert sind auch die interessanten Resultate aus der Beobachtung der Sonnenfinsternis 1905,[7] welche neue Wege zum Studium der Sonnencorona erschließen.

An den im Laufe des letzten Jahrzehnts durch die Arbeiten von Seeliger, Kapteyn u. A. in den Vordergrund getretenen Untersuchungen über die räumliche Verteilung und die Strömungen der Fixsterne, den Zusammenhang der Eigenbewegungen, Parallaxen, Helligkeiten und Sternspektren hat sich Schwarzschild gleichfalls durch eine Reihe wichtiger Beiträge beteiligt, unter denen besonders die Aufsätze über die Eigenbewegungen der Fixsterne und die Stellarstatistik Beachtung gefunden haben.[8] Als vielseitigen Gelehrten und scharfsinnigen Physiker kennzeichnen ihn außerdem mehrere größere Abhandlungen aus dem Gebiete der Elektrodynamik, Elektronentheorie und theoretischen Optik.[9]

H. Struve M. Planck Helmert E. Warburg
Nernst Hellmann Rubens

## Nr. 51

## Wahlvorschlag für Emil Wiechert (1861-1928) zum KM

**von Robert Helmert**

**Berlin, Dezember 1911**

Die Unterzeichneten beehren sich der Akademie der Wissenschaften den ordentlichen Professor der Geophysik an der Universität Göttingen und Direktor des geophysikalischen Instituts daselbst, Dr. Emil Wiechert, als korrespondierendes Mitglied im Fache der Geophysik vorzuschlagen.

Wiechert stammt aus Tilsit in Ostpreußen, wo er am 26. Dezbr. 1861 geboren wurde; er vollendet also gegenwärtig sein 50stes Lebensjahr. Seine akademische Laufbahn begann er als Privatdozent an der Universität in Königsberg und wandte sich hier dem Problem der Massenverteilung im Innern der Erde und ihrem Zusammenhang mit deren Figur zu. Das Ergebnis seiner Studien erschien 1897 in den Nachrichten der Gesellschaft der Wissenschaften zu Göttingen,[1] an welchen Ort Wiechert um diese Zeit übergesiedelt war.

Diese Arbeit ist von epochemachender Bedeutung. Wiechert gibt darin die bisher übliche Vorstellung auf, daß im Erdinnern die Dichtigkeit wesentlich nur vom Drucke abhänge. Vielmehr seien es in erster Linie Materialverschiedenheiten, die bei der Massenanordnung zur Geltung gelangen. Mit Benutzung bekannter astronomischer und geophysikalischer Angaben gelingt es ihm zu plausiblen Zahlenwerten für die Massenverteilung im Erdinnern zu kommen; wertvolle Betrachtungen über die Figur der Erde schließen sich an.

Die Universität zu Göttingen zögerte nicht bei sich gerade darbietender Gelegenheit den viel versprechenden Forscher an sich zu fesseln; mit Beginn des Jahres 1898 wurde er zum Professor der Geophysik ernannt und ihm zugleich das neu einzurichtende geophysikalische Institut unterstellt. Dasselbe sollte die von Gauß eingeleiteten, zuletzt von Schering weitergeführten magnetischen Arbeiten übernehmen, aber auch die anderen Zweige der Geophysik kultivieren.

Nun fiel in diese Zeit der Aufschwung der Erdbebenforschung, die gerade geeignet ist, die von Wiechert begonnenen Studien über das Erdinnere auf sichere Grundlage zu stellen. So sehen wir denn W. in den nächsten Jahren sich zunächst den theoretischen und praktischen Grundlagen dieser Forschung widmen. Er fand in dieser Zeit aber auch noch die Kraft zu einer großen Arbeit

---

AAW II – IIIb-Bd. 21, Bl. 115–116; Orig. hsl. eigenhändig.
Datum der Wahl zum KM 8. 2. 1912.
Der Wahlvorschlag wurde in der Sitzung der phys.-math. Klasse am 14. 12. 1911 vorgetragen.

von rein physikalischer Bedeutung über die Grundlagen der Elektrodynamik,[2] woran sich später diejenige über die Geschwindigkeit der Kathodenstrahlen anschloß.[3]

Für das geophysikalische Institut wurde unter Wiecherts Leitung in den Jahren 1899—1902 ein Neubau auf dem Hainberge errichtet und hierbei namentlich auch für die Beobachtung der mikroseismischen Erscheinungen Sorge getragen.

Eine erste Mitteilung über seismometrische Beobachtungen noch im alten Institute erfolgte 1899. Bei diesen Beobachtungen hatte sich W. noch eines Horizontalpendels mit photographischer Registrierung bedient. Durch Luftdämpfung der Schwingungen des Pendels gelang es ihm, den Aufzeichnungen das Verwirrende zu nehmen und sie dem idealen Zustande näher zu führen, in welchem sie die wahre Bodenbewegung unmittelbar angeben.

Das Horizontalpendel ersetzte W. 1903 durch sein astatisches Pendel mit mechanischer Registrierung von hervorragender Feinheit. Und in demselben Jahre veröffentlichte er eine Theorie der automatischen Seismographen[4] überhaupt, worin ihre Wirksamkeit mit großer Klarheit zu Tage gebracht und mathematisch charakterisiert wird.

An der im Anschluß an die Gründung der internationalen seismischen Assoziation zu bewirkenden Organisation des Erdbebendienstes beteiligte sich W. ganz besonders wirksam; namentlich trat er für die Einrichtung geeigneter Beobachtungsstationen in den deutschen Kolonien ein.

So schuf er nach und nach in den ersten zehn Jahren den geeigneten Boden und das Material für die Begründung einer strengen Theorie der mikroseismischen Erscheinungen und ihre Benutzung zur Erforschung des Erdinnern. Was alles man aus einem Erdbebendiagramm herauslesen kann, das hat hauptsächlich Wiechert gezeigt, wobei er allerdings sich der Mitarbeit mehrerer talentvoller Schüler zu erfreuen hatte. Sein tiefgehendes physikalisches Wissen und Können zeigt sich in bewunderungswürdigem Maße in der Arbeit von 1907 über die Ausbreitung der Erdbebenwellen.[5] Hierin sowie in mehreren, zum Teil von seinen Schülern verfaßten Fortsetzungen wird sowohl eine vollständige Theorie der Erscheinungen aufgestellt, wie auch die rechnungsmäßige Darstellung derselben nach Maßgabe der Beobachtungen nebst zahlenmäßigen Folgerungen für das Erdinnere gegeben.

Noch sind diese Forschungen in ihrem Anfange; wir dürfen aber von W. und seinen Schülern noch viele weitere gründliche und aufklärende Arbeiten erwarten. W. ist dazu hervorragend befähigt durch sein experimentelles Geschick im Verein mit großer theoetischer Befähigung, die ihn vor der Beurteilung der schwierigsten physikalischen Probleme nicht zurückschrecken läßt, wie seine etzte Veröffentlichung über Relativitätstheorie und Äther zeigt.[6]

Helmert
Nernst
Planck

**Albert Einstein**

Zentralbild, Berlin, nach einer Photographie von 1929

## Nr. 52

# Wahlvorschlag für Albert Einstein (1879-1955) zum OM

**von Max Planck**

**Berlin, 12. Juni 1913**

Die unterzeichneten Mitglieder der Akademie beehren sich, die Erwählung des ordentlichen Professors der theoretischen Physik an der eidgenössischen technischen Hochschule in Zürich, Dr. Albert Einstein, zum ordentlichen Mitglied der Akademie, mit einem besonderen persönlichen Gehalt von 12000 M., zu beantragen.

A. Einstein, geboren im März 1879 im Ulm, erzogen in München, seit 1901 Bürger von Zürich, war schon lange vor seiner Promotion literarisch tätig, zuerst in Zürich, dann in Bern, wo er von 1902—1909 als technischer Experte am eidgenössichen Patentamt angestellt war. Erst im Jahre 1905 promovirte er an der Universität Zürich, habilitirte sich 1908 in Bern, und folgte 1909 einem Ruf als außerordentlicher Professor der theoretischen Physik an die Universität Zürich, im folgenden Jahre einem solchen als Ordinarius an die deutsche Universität Prag, von wo er 1912 von Zürich für das eidgenössische Polytechnikum zurückgewonnen wurde.

Durch seine Arbeiten auf dem Gebiet der theoretischen Physik, die zu allermeist in den Annalen der Physik[1] publicirt sind, hat sich Einstein in den Kreisen seiner Fachwissenschaft schon mit jugendlichen Jahren einen Weltruf erworben. Am weitesten ist sein Name bekannt geworden durch das von ihm in seiner berühmten Abhandlung über die Elektrodynamik bewegter Körper (1905)[2] aufgestellte Prinzip der Relativität, nach welchem der Widerspruch zwischen der sonst ausgezeichnet bewährten Lorentzschen Theorie des ruhenden Lichtäthers und der experimentell nachgewiesenen Unabhängigkeit der elektrodynamisch-optischen Vorgänge an irdischen Körpern von der Bewegung der Erde seine radikale Erklärung findet durch den Umstand, daß ein mit der Erde bewegter Beobachter sich einer anderen Zeitmessung bedient als ein im heliocentrischen System ruhender Beobachter. Die umwälzenden Folgerungen dieser neuen Auffassung des Zeitbegriffs, die sich auf die gesammte Physik, vor Allem auch auf die Mechanik, und darüber hinaus bis tief in die Erkenntnistheorie erstrecken, haben später durch den Mathematiker Minkowski[3] eine

---

AAW II—IIIa-Bd. 19, Bl. 36—37; Orig. hsl. eigenhändig.
Datum der Wahl zum OM 12. 11. 1913; Austritt am 28. 3. 1933 aus Protest gegen den Hitlerfaschismus.
Antrittsrede: SB 1914, 2, S. 739—742.

Formulirung gefunden, welche dem ganzen System der Physik ein neues einheitliches Gepräge gibt, indem darin die Zeitdimension als völlig gleichberechtigt mit den 3 Raumdimensionen auftritt.

So fundamental sich dieser Gedanke Einsteins für die Entwicklung der physikalischen Prinzipien erwiesen hat, so liegen doch die Anwendungen desselben einstweilen noch hart an der Grenze des Meßbaren. Weit bedeutungsvoller für die praktische Physik hat sich sein Eingreifen in andere zur Zeit im Vordergrunde des Interesses stehende Fragen erwiesen. So war er vor Allem der Erste, der die Bedeutung der Quantenhypothese auch für die Energie der Atom- und Molekularbewegungen nachgewiesen hat, indem er aus dieser Hypothese eine Formel für die spezifische Wärme fester Körper ableitete,[4] die sich später zwar im Einzelnen nicht vollkom̄en bestätigt hat, aber doch die Grundlagen für die weitere Entwicklung der neueren kinetischen Atomistik schon richtig angibt. Auch mit dem lichtelektrischen und mit dem photochemischen Effekt[5] hat er die Quantenhypothese durch Aufstellung neuer interessanter, durch Messungen controllirbarer Beziehungen in Zusammenhang gebracht, und hat als einer der ersten auf die enge Verwandtschaft zwischen den Constanten der Elasticität und denen der optischen Eigenschwingungen der Kristalle hingewiesen.

Zusammenfassend kann man sagen, daß es unter den großen Problemen, an denen die moderne Physik so reich ist, kaum eines gibt, zu dem nicht Einstein in bemerkenswerter Weise Stellung genommen hätte. Daß er in seinen Spekulationen gelegentlich auch einmal über das Ziel hinausgeschossen haben mag, wie z. B. in seiner Hypothese der Lichtquanten, wird man ihm nicht allzuschwer anrechnen dürfen; denn ohne einmal ein Risiko zu wagen, läßt sich auch in der exaktesten Naturwissenschaft keine wirkliche Neuerung einführen. Gegenwärtig arbeitet er intensiv an einer neuen Gravitationstheorie;[6] mit welchem Erfolg, kann auch erst die Zukunft lehren. Der eigenen reichen Produktivität gegenüber steht die besondere Begabung Einsteins, fremden neu auftauchenden Ansichten und Behauptungen schnell auf den Grund zu gehen und ihr Verhältnis zu einander u. zur Erfahrung mit überraschender Sicherheit zu beurteilen.

Aber nicht nur in der Aufstellung und Kritik neuer Hypothesen, auch in der Behandlung und Vertiefung der klassischen Theorie konnte Einstein von Beginn seiner literarischen Tätigkeit an als Meister gelten. Sein bevorzugtes Arbeitsfeld ist hier die kinetische Theorie der Materie und ihre Beziehungen zu den Hauptsätzen der Wärmelehre. Die Gibbssche etwas abstrakte Behandlungsweise der statistischen Mechanik hat er durch eine physikalisch anschaulichere Darstellung[7] ergänzt, und hat aus den Boltzmannschen Sätzen über die Schwankungen der Zustandvariabeln eines im thermodynamischen Gleichgewicht befindlichen Systems eine Anzahl Folgerungen gezogen, welche die experimentelle Forschung nach verschiedenen Richtungen befruchtet haben, so in erster Linie die schönen Perrinschen Untersuchungen der Brownschen Molekularbewegung (Translation und Rotation der suspendirten Teilchen),[8] deren

Bedeutung für die kinetische Theorie der Materie gerade durch die Mitwirkung Einsteins noch erheblich verstärkt worden ist.

Die Unterzeichneten sind sich wohl bewußt, daß ihr Antrag, einen in noch so jugendlichem Alter stehenden Gelehrten als ordentliches Mitglied in die Akademie aufzunehmen, ein ungewöhnlicher ist, sie meinen aber, daß er sich nicht nur durch die ungewöhnlichen Verhältnisse hinreichend begründen läßt, sondern daß es das Interesse der Akademie direkt fordert, die sich darbietende Gelegenheit zur Erwerbung einer so außerordentlichen Kraft nach Möglichkeit zu nutzen. Wenn sie auch naturgemäß für die Zukunft keine Bürgschaft zu übernehmen vermögen, so treten sie doch mit voller Ueberzeugung dafür ein, daß die heute schon vorliegenden wissenschaftlichen Leistungen des Vorgeschlagenen, von denen in der gegebenen Zusam̄enstellung nur die markantesten hervorgehoben sind, seine Berufung in das vornehmste wissenschaftliche Institut des Staates vollauf rechtfertigen, und sie sind weiter auch davon überzeugt, daß der Eintritt Einsteins in die Berliner Akademie der Wissenschaften von der gesammten physikalischen Welt im Sinne eines besonders wertvollen Gewinns für die Akademie beurteilt werden würde.

Planck
Nernst
Rubens
E. Warburg

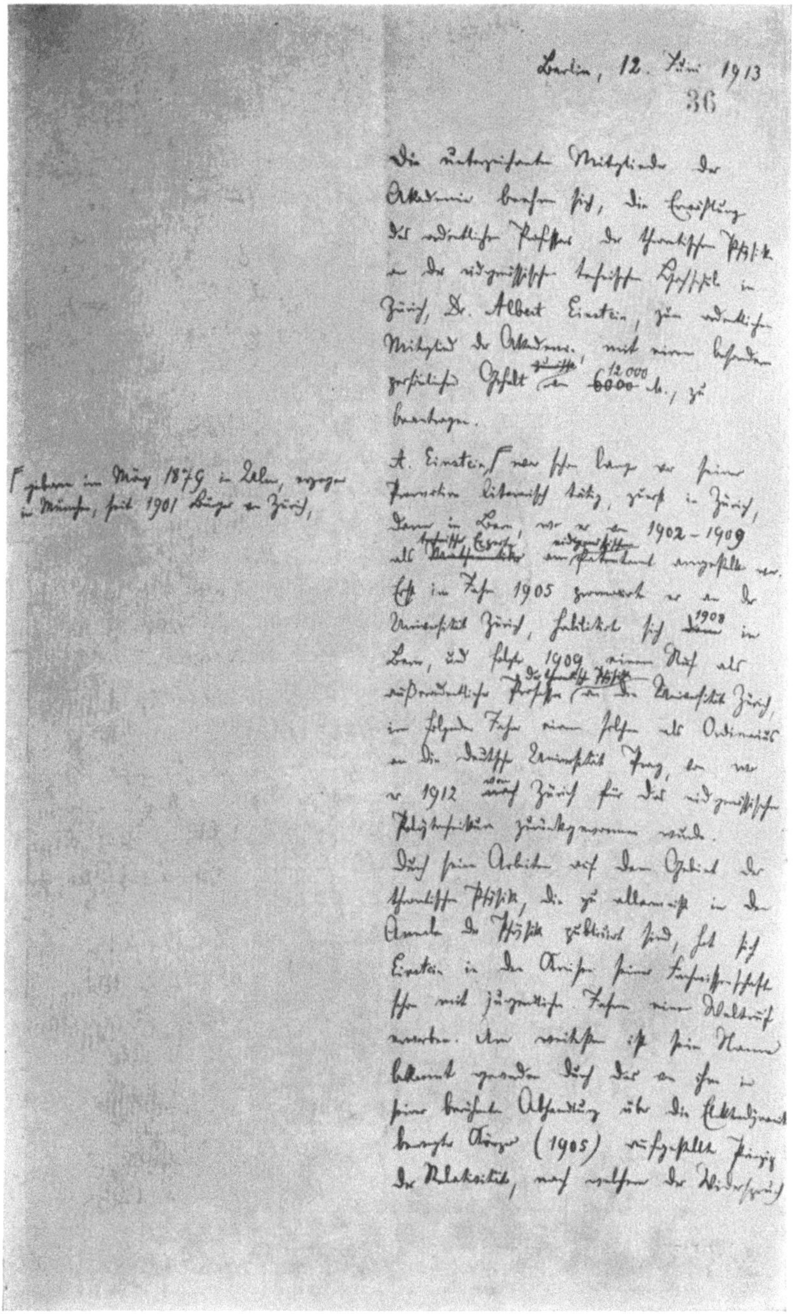

Berlin, 12. Juni 1913
36

Die unterzeichneten Mitglieder der Akademie beehren sich, die Ernennung des ordentlichen Professors der theoretischen Physik an der eidgenössischen technischen Hochschule in Zürich, Dr. Albert Einstein, zum ordentlichen Mitglied der Akademie, mit einem besonderen persönlichen Gehalt jährlich von ~~6000~~ 12000 M., zu beantragen.

A. Einstein, geboren im März 1879 in Ulm, erzogen in München, seit 1901 Bürger von Zürich, war schon lange vor seinem Examen literarisch tätig, zuerst in Zürich, dann in Bern, wo er von 1902–1909 als technischer Experte am eidgenössischen Patentamt angestellt war. Erst im Jahr 1905 promovierte er an der Universität Zürich, habilitierte sich 1908 in Bern, und folgte 1909 einem Ruf als außerordentlicher Professor der theoretischen Physik an die Universität Zürich, im folgenden Jahre einem solchen als Ordinarius an die deutsche Universität Prag, bis er 1912 von Zürich für das eidgenössische Polytechnikum zurückgewonnen wurde.
Durch seine Arbeiten auf dem Gebiet der theoretischen Physik, die zu allermeist in den Annalen der Physik erschienen sind, hat sich Einstein in der Reihe seiner Fachgenossen schon mit jugendlichen Jahren einen Weltruf erworben. Am weitesten ist sein Name bekannt geworden durch das von ihm in seiner berühmten Abhandlung über die Elektrodynamik bewegter Körper (1905) aufgestellte Prinzip der Relativität, nach welchem der Widerspruch

**Faksimile**

**der Laudatio von Planck für Einstein**

36b

zwischen der bisher allgemein herrschenden Lorentzschen Theorie des ruhenden Lichtäthers und der experimentell nachgewiesenen Unabhängigkeit der elektrodynamisch-optischen Vorgänge in irdischen Körpern von der Bewegung der Erde. Bei seiner wichtigste Entdeckung findet sich der Umstand, dass ein mit der Erde bewegter Beobachter sich einer anderen Zeitmessung bedient als ein im Sonnen-systems ruhender Beobachter. Die umwälzenden Folgerungen dieser neuen Auffassung des Zeitbegriffs, die sich auf die gesamte Physik, vor Allem auch auf die Mechanik, und darüber hinaus bis tief in die Erkenntnistheorie erstrecken, haben später durch den Mathematiker Minkowski eine Formulierung gefunden, welche dem ganzen System der Physik eine neue einheitliche Gestaltung gibt, indem darin die Zeitdimension als völlig gleichberechtigt mit den 3 Raumdimensionen erscheint.

So fundamental sich dieser Gedanke Einsteins für die Entwicklung der physikalischen Prinzipien erweisen hat, so liegen doch die Anwendungen desselben einstweilen noch fast an der Grenze des Messbaren. Weit bedeutungsvoller für die praktische Physik hat sich sein Eingreifen in andere zur Zeit im Vordergrund des Interesses stehende Fragen erwiesen. So war er vor Allem der Erste, der die Bedeutung der Quantenhypothese auch für die Energie der Atom- und Molekularbewegungen nachgewiesen hat, indem er aus dieser Hypothese eine Formel für die spezifische Wärme fester Körper ableitete, die sich später zwar im Einzelnen nicht völlig bestätigt hat, aber daß die Grundlagen für die weitere Entwicklung der neueren kinetischen Atomistik schon richtig erzielt. Auch mit dem lichtelektrischen und mit dem photochemischen Effekt hat er die Quantenhypothese durch Aufstellung neuer interessanter, durch Messungen [illegible] Beziehungen in Zusammenhang gebracht, und hat als einer der ersten auf die enge Verwandtschaft zwischen den Konstanten der Elastizität und denen der optischen Eigenschwingungen der Kristalle hingewiesen.

Zusammenfassend kann man sagen, daß es unter den großen Problemen, an denen die moderne Physik so reich ist, kaum eines gibt, zu dem nicht Einstein in bemerkenswerter Weise Stellung genommen hätte. Daß er in seinen Spekulationen gelegentlich auch einmal über das Ziel hinausgeschossen haben mag, wie z. B. in seiner Hypothese der Lichtquanten, wird man ihm nicht allzuschwer anrechnen dürfen. Denn ohne einmal ein Risiko zu wagen, läßt sich auch in der exaktesten Naturwissenschaft keine wirkliche Neuerung einführen. Gegenwärtig arbeitet er intensiv an einer neuen Gravitationstheorie; mit welchem Erfolg, kann auch erst die Zukunft lehren. Der eigenen wissenschaftlichen Produktivität gegenüber steht die besondere Begabung Einsteins, fremde neu auftauchende Ansichten und Behauptungen schnell auf den Grund zu gehen und ihr Verhältnis zu einander u. zur Erfahrung mit überraschender Sicherheit zu beurteilen.

Aber nicht nur in der Aufstellung und Kritik neuer Hypothesen, auch in der Behandlung und Verknüpfung der klassischen Theorien konnte Einstein [illegible] Beginn seiner literarischen Tätigkeit an als Meister gelten. Sein bevorzugtes Arbeitsfeld ist hier die kinetische Theorie der Materie und ihre Beziehungen zu den Hauptsätzen der Wärmelehre. Die Gibbssche etwas abstrakte Behandlungsweise der statistischen Mechanik hat er durch eine [illegible] anschaulichere ~~Lehre~~ Darstellung ergänzt,

370

und hat er auf der Boltzmannschen Lehre über die Schwankungen der Zustandsvariabeln eines im thermodynamischen Gleichgewicht befindlichen Systems eine Anzahl Folgerungen gezogen, welche die experimentelle Prüfung nach verschiedenen Richtungen herausfordern, so in erster Linie die schönen Perrinschen Untersuchungen der Brownschen Molekularbewegung (Translation und Rotation der schwebenden Teilchen), deren Bedeutung für die kinetische Theorie der Materie gerade durch die Mitwirkung Einsteins noch erheblich verstärkt worden ist.

Die Unterzeichneten sind sich wohl bewußt, daß ihr Antrag, einen so jugendlichen Gelehrten als ordentliches Mitglied in die Akademie aufzunehmen, ein ungewöhnlicher ist; sie meinen aber, daß er sich nicht nur durch die ungewöhnlichen Verhältnisse hinreichend begründen läßt, sondern daß auch das Interesse der Akademie direkt fordert, die sich darbietende Gelegenheit zur Gewinnung einer so außerordentlichen Kraft nach Möglichkeit zu nutzen. Wenn sie auch naturgemäß für die Zukunft keine Bürgschaft zu übernehmen vermögen, so treten sie doch mit voller Überzeugung dafür ein, daß die bisher schon vorliegenden wissenschaftlichen Leistungen des Vorgeschlagenen, an denen in der gegebenen Zusammenstellung nur die markantesten hervorgehoben sind, seine Berufung in die vornehmste wissenschaftliche Körperschaft des Landes vollauf rechtfertigen, und sie sind weiter auch davon überzeugt, daß der Eintritt Einsteins in die Berliner Akademie der Wissenschaften von der gesamten physikalischen Welt im Sinne eines besonders wertvollen Gewinnes für die Akademie betrachtet werden würde.

Planck.

Nernst.

Rubens

E. Warburg.

## Nr. 53

## Wahlvorschlag für David Hilbert (1862-1943)

## zum KM

**von Georg Frobenius**

**Berlin, 27. Februar 1913**

Die Unterzeichneten beehren sich, der Akademie die Wahl des Herrn Hilbert zum korrespondierenden Mitglied im Fach der Mathematik vorzuschlagen.

*David Hilbert*, Professor an der Universität Göttingen, wurde im Jahre 1862 zu Königsberg geboren. Dort promovierte er 1884, habilitierte sich 1886, wurde 1892 außerordentlicher, 1893 ordentlicher Professor. Von Königsberg wurde er im Jahre 1895 nach Göttingen berufen.

Hilbert ist einer der scharfsinnigsten und vielseitigsten unter den lebenden Mathematikern.[1] Darin steht er dem vor kurzem gestorbenen Poincaré nur wenig nach. Mit dieser Vielseitigkeit vereinigt er zeitweise die größte Einseitigkeit. Augenblicklich, wo ihn die Begründung der kinetischen Gastheorie beschäftigt, wo er die Stellung von Poincaré und Minkowski in der mathematischen Physik anstrebt, sieht er sicher mit Geringschätzung auf die Invariantentheorie und alle Teile der Mathematik, die der Physik nicht unmittelbar dienen. Und doch gab es in seinen Anfängen eine Zeit, wo er außer der Invariantentheorie nichts seiner Beachtung für wert hielt. Nach seinem eigenen Ausspruch leitete er die kritische Periode in ihrer Entwicklung ein, im Gegensatz zu der naiven von Cayley und Sylvester, und zu der formalen von Clebsch und Gordan. In der Tat hatte diese formale Periode die Invariantentheorie bei allen ernsthaften Mathematikern in den schlechtesten Ruf gebracht. Dagegen hoben sich die Leistungen Hilbert's in der vorteilhaftesten Weise ab, vor allem sein Beweis für die Endlichkeit des Systems der Invarianten und Kovarianten eines Formensystems und die Endlichkeit der zwischen ihnen bestehenden Syzygien. Fast unglaublich klingt in seiner Allgemeinheit der Hilfssatz, der ihn zu seinen Resultaten führte. Besonders wichtig war seine Anwendung der Invariantentheorie auf Kroneckers Modultheorie, und die Entdeckung einer dabei auftretenden charakteristischen Funktion. Weiter zeigte er, daß sich nicht jede definite Form als Summe von Quadraten darstellen läßt, wohl aber jede ternäre definite Form als Quotient zweier Quadratsummen.

---

AAW II–IIIb-Bd. 22, Bl. 72–73; Orig. hsl. eigenhändig.
Abgedruckt in: K.-R. Biermann, David Hilbert und die Berliner Akademie; Mathematische Nachrichten 27 (1964) S. 380–383.
Datum der Wahl zum KM 10. 7. 1913, EM 7. 5. 1942.

Damit bereitet sich allmählich das vor, was man seinen Abfall von der Invariantentheorie und seinen Uebergang zur Zahlentheorie und Algebra nennen könnte. Seine ausgedehnten arithmetischen Forschungen vereinigte er in seinem der deutschen Mathematikervereinigung erstatteten Bericht über die Fortschritte der Theorie der algebraischen Zahlen. Sein Versuch, die Theorie der Primideale aus ihren speziellen Eigenschaften im Galoisschen Körper abzuleiten, fand zwar bei den Kennern nur wenig Anerkennung. Um so mehr aber seine Entdeckung des Zerlegungskörpers und Verzweigungskörpers, die ihn zu einem rein algebraischen Beweis des Satzes von Kronecker über die Abelschen Gleichungen im absoluten Rationalitätsbereich führten. Um diesen Satz auf allgemeinere Bereiche zu übertragen, studierte er ausführlich die Relativkörper und fand im quadratischen Relativkörper ein allgemeines Reziprozitätsgesetz. Die schwierigen Forschungen von Kummer über die allgemeinen Reziprozitätsgesetze und über den Fermatschen Satz brachte er durch eine eingehende Untersuchung des Kummerschen Zahlkörpers dem Verständnis näher.

Vielleicht war Hilbert's Uebergang von einem Gebiete der Mathematik in ein anderes nicht ganz so plötzlich, wie es dem Fernstehenden erscheint. Aber mit einem Mal hören seine arithmetischen Forschungen auf, und er überrascht die wissenschaftliche Welt durch seine auch den Philosophen bekannte Untersuchungen über die Grundlagen der Geometrie.[2] Wie er hier die Widerspruchslosigkeit der von ihm aufgestellten Axiome nachweist, wie er ihre gegenseitige Unabhängigkeit dartut durch Konstruktion von Mannigfaltigkeiten, die alle Axiome erfüllen mit Ausnahme von einem, gehört zu den feinsten Ueberlegungen nicht nur der Geometrie, sondern auch der Logik und Erkenntnistheorie. Die kleine Schrift ist in mehreren vermehrten und verbesserten Auflagen erschienen und in viele Sprachen übersetzt worden.

Gern hätte Hilbert auch die Grundlagen der Arithmetik und der Logik nach ähnlichen Prinzipien entwickelt. Aber schon wieder trat er in eine neue Schaffensperiode ein, gab er in der Festschrift zum 150jährigen Bestehen der Gesellschaft der Wissenschaften zu Göttingen[3] eine neue Begründung der Existenztheoreme, deren Herleitung mittelst des Dirichlet'schen Prinzips Weierstrass mit Recht angefochten, und die zuerst H. Schwarz und Neumann strenge begründet hatten. Von dort führte ihn sein Weg zur allgemeinen Theorie der linearen Integralgleichungen, deren Grundzüge er in 6 großen Abhandlungen[4] niederlegte. Davon machte er wichtige Anwendungen auf die Theorie der linearen Differentialgleichungen zweiter Ordnung, der gewöhnlichen und der partiellen, auf die Entwicklung willkürlicher Funktionen in Reihen, auf die Variations-Rechnung und die Potentialtheorie, endlich auf die Hydrodynamik und die kinetische Gastheorie. Und damit beginnt Hilbert's Abkehr von der reinen Mathematik, sein Uebergang zur mathematischen Physik.

Zwischen diese analytischen Untersuchungen erfolgt ein Rückfall in die Zahlentheorie, aber nicht die multiplikative des Berichtes, sondern die additive, sein allgemeiner Beweis des von Waring vermuteten Satzes über die Darstellbarkeit jeder Zahl durch die Summe einer festen Anzahl $n$ter Potenzen.

Das Studium der Hilbertschen Arbeiten wird erschwert nicht nur durch die große Allgemeinheit seiner Resultate, sondern auch durch seine Darstellung, die sich meist mit der zuerst gefundenen Form des Beweises begnügt. Ein volles Verständnis kann man für seine Untersuchungen nur durch Nachschaffung oder Neuschaffung gewinnen. So haben A. Mayer seinen Unabhängigkeitssatz in der Variationsrechnung, Steinbacher seinen Beweis des Kroneckerschen Satzes, Hausdorff seinen Beweis der Waringschen Satzes, Erhard Schmidt seine Theorie der Integralgleichungen in neuer wesentlich vereinfachter Form dargestellt. Wenn nun dabei auch das Zyklopische seiner Methoden in die Brüche geht, so bleibt ihm doch das Verdienst, die schwierigsten Probleme kraftvoll angefaßt und beharrlich durchgeführt zu haben. Daß er Edelsteine nicht nur zu schürfen, sondern auch zu schleifen versteht, zeigt die schöne Arbeit, worin er auf vier Seiten in der einfachsten Art die Transzendenz von $e$ und $\pi$ beweist, die Hermite in der mühsamsten Weise gefunden, und deren Herleitung auch in der Darstellung von Weierstrass noch umständlich genug erscheint.

Hilbert ist Mitglied der meisten gelehrten Gesellschaften. Auch wir hätten ihn längst zur Wahl als Korrespondent vorgeschlagen, wenn nicht die 10 Stellen, die wir für unsere große Wissenschaft leider nur zur Verfügung haben, lange Zeit alle besetzt gewesen wären.

H. A. Schwarz Frobenius Schottky
Planck

## Nr. 54

# Wahlvorschlag für Fritz Haber (1868-1934)

# zum OM

**von Walther Nernst**

**ohne Datum**

Fritz Haber, geboren 1868 in Breslau, promovierte 1891 in Berlin mit einer Dissertation über Derivate des Piperonals und habilitierte sich 1896 in Karlsruhe mit einer Schrift: Experimental-Untersuchungen über Zersetzung und Verbrennung von Kohlenwasserstoffen. 1898 wurde er daselbst außerordentlicher Professor, 1906 ordentlicher Professor und ist seit 1911 Direktor des Kaiser-Wilhelm-Institutes für physikalische Chemie in Dahlem.

Wir verdanken Professor Haber eine große Anzahl Arbeiten aus dem Gebiete der physikalischen und der technischen Chemie. Hier seien nur Gegenstände angedeutet, denen während einer längeren Zeit eine größere Anzahl von Arbeiten gewidmet wurde.

Für die Theorie des Bunsenbrenners und der Verbrennungsvorgänge überhaupt sind seine Forschungen über das Wassergasgleichgewicht in der Bunsenflamme, über die Temperaturverhältnisse darin und über verschiedene Verbrennungsgleichgewichte von größter Bedeutung. Diese und ähnliche Arbeiten sind von ihm in dem Werke „Thermodynamik technischer Gasreaktionen" zusammengefaßt.[1]

Eine weitere Anzahl von Untersuchungen betreffen elektrochemische Fragen. Bereits 1898 lieferte er das Schema der Reduktion der Nitrokörper und legte den Zusammenhang von Reduktion und Kathodenpotentialen klar;[2] es wurde ferner der wichtige Nachweis geliefert, daß die elektromotorische Kraft der Knallgaskette bei höheren Temperaturen und unter Ersatz der wässrigen Lösungen als Elektrolyte durch geschmolzene Salze sich dem theoretischen Werte nähert. Haber lieferte ferner die Theorie der Phasenkräfte an Glas und an nicht mischbaren Flüssigkeiten, die späterhin auch physiologisches Interesse gewonnen haben.

Vor wenigen Jahren konnte Haber den Nachweis führen, daß negative Elektrizität von Metallflächen nicht nur unter dem Einfluß des Lichtes, sondern auch unter dem Einfluß chemischer Prozesse zerstreut wird;[3] diese merkwürdige

---

AAW II—IIIa-Bd. 19, Bl. 133—134; Orig. masch.schr.
Datum der Wahl zum OM 16. 12. 1914.
Der Wahlvorschlag wurde in der Sitzung der phys.-math. Klasse am 16. 7. 1914 vorgetragen.
Nachruf: Max Bodenstein, SB 1934, phys.-math. Klasse, S. CXX—CXXIX.

Entdeckung ist wohl so zu deuten, daß mit chemischen Reaktionen eine Elektronenemission verknüpft ist.

Schließlich verdanken wir Professor Haber Untersuchungen einer sehr großen Anzahl chemischer Gleichgewichte, die teils von ihm selber, teils von seinem stets sehr großen Schülerkreis angestellt wurden. So bestimmte er die Stickoxydbildung in Druckflammen und in sehr heißen Flammen unter gewöhnlichem Druck, ferner bei elektrischen Entladungen sowohl unter hohem Druck wie unter stark vermindertem Druck und ferner die reversible Ammoniakbildung aus Wasserstoff und Stickstoff bei gewöhnlichem Druck und besonders auch bei sehr hohen Drucken. Die letzteren Arbeiten führten zu einem technisch sehr bedeutungsvollen Ergebnis. Durch gleichzeitige Anwendung von sehr hohem Druck und fein verteiltem Eisen als Katalysator gelang es eine relativ beträchtliche Ausbeute an Ammoniak zu gewinnen und aller Wahrscheinlichkeit nach ist diese Methode, die im größten Maßstabe von der Badischen Anilin- und Sodafabrik gegenwärtig praktisch durchgeführt wird, dazu berufen, die außerordentlich wichtige Frage der Aktivierung des Luftstickstoffs auf die einfachste Weise zu lösen.[4]

Wie aus dem vorstehenden kurzen Abriß hervorgeht, hat sich Professor Haber als ein so vielseitiger und erfolgreicher Forscher bewährt, daß wir seine Wahl zum Mitglied unserer Akademie warm befürworten können.

E. Beckmann Nernst
E. Warburg Fischer
A. Einstein Planck
Rubens

## Nr. 55

# Wahlvorschlag für Ferdinand Braun (1850-1918) zum KM

von Heinrich Rubens

**Berlin, 21. Juli 1914**

Die Unterzeichneten stellen den Antrag, den ordentlichen Professor der Physik und Direktor des physikalischen Instituts der Universität Strassburg, Dr. Karl Ferdinand Braun zum korrespondierenden Mitglied der Akademie zu wählen.

Braun wurde am 6ten Juni 1850 zu Fulda geboren. Er studierte an den Universitäten Marburg und Berlin und promovierte an der letztgenannten im Jahre 1872. Bald darauf wurde er Assistent von Prof. Quincke in Berlin und später in Marburg. 1874 kam er als Lehrer der Mathematik an die Thomasschule nach Leipzig, kehrte aber schon 1877 als außerordentlicher Professor der mathematischen Physik an die Universität Marburg zurück und folgte 1880 einem Ruf als Extraordinarius an die Universität Strassburg. 1883 wurde er als ordentlicher Professor der Physik an die technische Hochschule in Karlsruhe berufen, 1885 in gleicher Eigenschaft an die Universität Tübingen, 1895 endlich als Nachfolger von Friedrich Kohlrausch an die Universität Strassburg, an welcher er noch heute tätig ist.

Brauns wissenschaftliche Arbeiten liegen vorwiegend auf experimentellem Gebiet und weisen trotz dieser Beschränkung eine bemerkenswerte Vielseitigkeit auf. Diese Vielseitigkeit zeigt sich nicht nur darin, daß die Forschungsarbeiten Brauns sehr verschiedenen Gebieten der Physik angehören, sondern sie tritt auch dadurch hervor, daß er die rein wissenschaftliche Forschung und die praktische Anwendung der Ergebnisse mit gleichem Interesse behandelt. Aus der großen Zahl seiner wissenschaftlichen Veröffentlichungen[1] seien hier folgende hervorgehoben:

Schon eine seiner ersten Arbeiten über unipolare Leitung[2] beschreibt eine sehr interessante, auch heute noch nicht völlig aufgeklärte Erscheinung, welche für die Technik von großer Bedeutung geworden ist, weil auf diesem Phänomen die empfindlichsten Detektoren beruhen, über welche wir heute in der drahtlosen Telegraphie verfügen.

Von großem wissenschaftlichem Wert sind seine Untersuchungen[3] über die elektromotorische Kraft und den Energieverbrauch von galvanischen Elementen.

---

AAW II–III b-Bd. 22, Bl. 231–232; Orig. hsl. eigenhändig.
Datum der Wahl zum KM 19. 11. 1914.

Im Gegensatz zu anderen Beobachtern bewies er durch einwandfreie Messungen, daß die einfache Helmholtz-Thomson'sche Regel zur Berechnung der elektromotorischen Kraft von Ketten im allgemeinen nicht zu richtigen Resultaten führt, sondern daß zur richtigen Wiedergabe der Beobachtungen eine Erweiterung der Helmholtz-Thomson'schen Theorie erforderlich ist.

Von erheblichem Interesse sind ferner Brauns Versuche über die Abhängigkeit der Löslichkeit vom Druck.[4] Es konnte gezeigt werden, daß die Resultate dieser Untersuchung einen theoretisch herleitbaren allgemeinen Satz der Thermodynamik bestätigen.

Von Brauns optischen Arbeiten sind in erster Linie seine Beobachtungen über die optische Polarisation submikroskopischer Gitter[5] zu nennen, durch welche es ihm gelang, die bekannten Gitterversuche von Heinrich Hertz mit sichtbaren Strahlen zu wiederholen.

Brauns größtes Verdienst liegt aber zweifellos in der Förderung, welche die drahtlose Telegraphie durch seine Arbeiten erfahren hat.[6] Er hatte zu erst den glücklichen Gedanken, die Senderantenne durch Koppelung mit einem geschlossenen Schwingungskreis zu erregen und die Empfangsantenne durch Vermittelung eines solchen Kreises auf den Detektor wirken zu lassen. Hierdurch wurde eine erhebliche Verringerung der Schwingungsdämpfung bewirkt und eine scharfe Abstimmung zwischen Sender und Empfangsstation möglich gemacht, sowie eine Erhöhung der Reichweite erzielt.

Auch als Konstrukteur von wissenschaftlichen Instrumenten ist Braun vielfach erfolgreich hervorgetreten. Am bekanntesten sind seine Elektrometer und die nach ihm genannte Kathodenstrahlröhre, welche ein unentbehrliches Hilfsmittel bei vielen wissenschaftlichen und technischen Versuchen bildet.

Bekanntlich sind Brauns Verdienste um die Entwicklung der drahtlosen Telegraphie im Jahre 1909 mit dem Nobelpreis[7] gekrönt worden.

Rubens Hellmann
Einstein Planck
Warburg Nernst

## Nr. 56

# Wahlvorschlag für Konstantin Carathéodory (1873-1950) zum OM

**von Erhard Schmidt**

**Berlin, 7. November 1918**

Endesunterzeichnete beehren sich der physikalisch-mathematischen Klasse der Akademie Herr Dr. Konstanin Caratheodory, ordentlichen Professor der Mathematik an der hiesigen Universität, zum ordentlichen Mitgliede in Vorschlag zu bringen.

Konstantin Caratheodory wurde im Jahre 1873 zu Berlin geboren. Nachdem er an der belgischen Militärschule die Ingenieurwissenschaften studiert und darauf einige Jahre sich in Kleinasien und Aegypten als Ingenieur praktisch betätigt hatte, ging er im Jahre 1900 nach Deutschland, um sich dem Studium der reinen Mathematik zu widmen. Er studierte zu Berlin und Göttingen, promovierte 1904 in Göttingen, habilitierte sich dort 1905, wurde 1909 als ordentlicher Professor an die technische Hochschule in Hannover, 1910 in derselben Eigenschaft an die technische Hochschule in Breslau, 1913 an die Universität Göttingen und 1918 an die Universität Berlin berufen.

In seinen Arbeiten über Variationsrechnung[1] deckte Caratheodory die wichtige Bedeutung der geknickten Lösungskurven, deren Vorkommen zwar gelegentlich schon bemerkt worden war, voll auf, entwickelte ihre Theorie und wandte diese dazu an, um mit Hilfe des von Hilbert ersonnenen Auswahlverfahrens die Frage nach der Existenz von Lösungskurven zwischen vorgeschriebenen Endpunkten bei den einfachen regulären definiten Variationsproblemen vollständig zu erledigen. Sodann verdankt die Variationsrechnung ihm eine interessante neue Darstellung der Weierstraßschen Theorie durch Ausgestaltung eines alten Ansatzes von Bernoulli.

In seinen sich an die Erweiterungen des Picard'schen Satzes durch Landau und Schottky knüpfenden Untersuchungen gelang es Caratheodory den Landau-Picard'schen Satz überraschend einfach zu beweisen, helles Licht in den rätselhaften Charakter dieses Theorems zu werfen, es bedeutend zu präzisieren und auf ähnlichem Wege eine Reihe anderer und wichtiger Resultate herzuleiten. Daran schließt sich eine Untersuchung, in welcher das schwierige Problem, wie sich aus den Coeffizienten eine Potenzreihe erkennen läßt, ob ihr reeller

---

AAW II–IIIa-Bd. 20, Bl. 140–141; Orig. masch.schr.
Datum der Wahl zum OM 10. 2. 1919.
Durch Weggang aus Berlin EM seit Juli 1920; Datum der Wahl zum AM 26. 11. 1925.
Antrittsrede: SB 1919, 2, S. 566–568.

Teil durchaus positiv ist, in überraschender und eleganter Weise auf die Konstruktion des kleinsten convexen Körpers um eine Raumcurve zurückgeführt wird. An diese Arbeit knüpfen sich eine Reihe bedeutsamer Untersuchungen anderer Mathematiker. Caratheodorys Untersuchungen über konforme Abbildung verdankt man einen außerordentlich einfachen Beweis des zuerst von Schwarz bewiesenen Fundamentalsatzes dieser Theorie und vor allem die vollständige Lösung der überaus schwierigen Frage nach dem Verhalten des Randes bei der konformen Abbildung allgemeiner Bereiche.

Ferner hat Caratheodory der Theorie des Borel-Lebesgue'schen Maßbegriffs eine lichtvolle und einfache Neubegründung gegeben und darauf seine an Einfachheit und Allgemeinheit unübertreffliche Definition von Länge und Oberfläche aufgebaut. An diese Untersuchungen schließt sich sein kürzlich erschienenes Werk „Vorlesungen über reelle Funktionen",[2] eine gedankenreiche systematische durch viele eigene Resultate bereicherte Darstellung, die wegen der Umwälzungen dieser Theorie in den letzen Jahren eine fühlbare Lücke ausfüllt.

Endlich sei noch ein Beitrag zur Thermodynamik[3] hervorgehoben, in welchem eine neue axiomatische Herleitung dieser Theorie entwickelt wird, die von der Voraussetzung der Existenz der Wärme als einer von den gewöhnlichen mechanischen Größen abweichenden physikalischen Größe keinen Gebrauch macht.

| | | |
|---|---|---|
| Erhard Schmidt | H. A. Schwarz | F. Schottky |
| Struve | G. Müller | Penck |
| Planck | Orth | A. Einstein |
| Warburg | A. Engler | Rubens |
| Liebisch | | |

**Max von Laue**

Photosammlung des Akademie-Archivs, Original-Photo E. Schneider, Berlin

## Nr. 57

# Wahlvorschlag für Max von Laue (1879-1960) zum OM

**von Max Planck**

**Berlin, 11. Mai 1920**

Die Unterzeichneten beehren sich, die Wahl des ordentlichen Professors der theoretischen Physik an der Universität Berlin, Dr. Max von Laue, zum ordentlichen Mitglied der phys. math. Klasse in eine der beiden zur Zeit unbesetzten „freien Stellen der Statuten von 1881" in Vorschlag zu bringen.

Dr. M. v. Laue, geb. am 9. 10. 1879 in Ehrenbreitstein, erhielt seine wissenschaftliche Ausbildung an den Universitäten Straßburg, Göttingen, München und Berlin, woselbst er im Jahr 1903 promovirte, mit einer theoretischen Untersuchung über Interferenzerscheinungen von planparallelen Platten.[1] Mit dieser Arbeit, in welcher er durch eine eindringende kritische Analyse die Tragweite der aus interferometrischen Messungen abzuleitenden Schlüsse systematisch untersuchte und nach allen Richtungen klarstellte, wurde er schon auf das Gebiet geführt, auf dem ihm später seine größten Erfolge erwachsen sollten.

Nach seiner Habilitation an der hiesigen Universität wandte er sich nach München, und dort gelang ihm die Verwirklichung einer Idee, mit der er sich schon Jahre vorher getragen hatte und die er mit der ihm eigenen zähen Energie, sowohl bei der Ueberwindung der damals nicht unerheblichen experimentellen Schwierigkeiten als auch gegenüber dem skeptischen Urteil mancher Fachgenossen unbeirrt festhielt: der Idee, daß es möglich sein müsse, wie die Lichtstrahlen durch künstliche ebene Liniengitter, so auch die viel kurzwelligeren Röntgenstrahlen durch die entsprechend feineren natürlichen Raumgitter, wie sie jeder Kristall darbietet, zur merklichen Interferenz zu bringen.[2]

Durch diese Entdeckung, welche der von H. Hertz vollzogenen Erweiterung des Spektrums nach der entgegengesetzten Seite der langen Wellen ebenbürtig an die Seite tritt und wie diese der Ausgangspunkt eines ganz neuen Zweiges der Physik: der Röntgenspektroskopie, geworden ist, war der Weltruf Laue's begründet und ihm ein Ehrenplatz in der Reihe der führenden Physiker gesichert.

---

AAW II–IIIa-Bd. 21, Bl. 100; Orig. hsl. eigenhändig.
Faksimiledruck in: Max Planck in seinen Akademie-Ansprachen, Berlin 1948, S. 165 bis 166.
Datum der Wahl zum OM 14. 8. 1920.
Antrittsrede: SB 1921, 2, S. 479–481.
Nachruf: Gustav Hertz, JB 1962, S. 145–147.

Bald folgte er einem Rufe als Extraordinarius nach Zürich, hierauf einem solchen als Ordinarius nach Frankfurt, von wo er im Herbst vorigen Jahres nach Berlin übersiedelte. Wenn auch seine weitere wissenschaftliche Tätigkeit in erster Linie dem Ausbau des von ihm erschlossenen Gebiets galt, so führte ihn doch seine vielseitige mathematisch-physikalische Bildung und sein Bedürfnis, allen Problemen bis auf den letzten erreichbaren Grund zu gehen, auch auf andere Gebiete seiner Wissenschaft. Insbesondere hat er zur Anwendung der Thermodynamik und der Statistik auf Energiestrahlung und Elektronentheorie in zahlreichen Einzelabhandlungen wichtige Beiträge[3] geliefert und auch eine originelle, namentlich für Physiker wertvolle Darstellung der Einsteinschen Relativitätstheorie ausgearbeitet.[4] Laue's Eintritt in die Akademie würde in der gesammten physikalischen Welt als eine wohlverdiente, selbstverständliche Anerkennung der Bedeutung seiner wissenschaftlichen Persönlichkeit aufgenommen werden.

Planck
E. Warburg
Rubens
Nernst
Liebisch
Erhard Schmidt
A. Einstein

## Nr. 58

# Wahlvorschlag für Arnold Sommerfeld (1868-1951) zum KM

**von Albert Einstein**

**ohne Datum**

Die Unterzeichneten schlagen als korrespondierende Mitglieder der mathematisch-physikalischen Klasse vor Herrn A. Sommerfeld Professor der theoretischen Physik an der Universität München und Herrn P. Debye Professor der theoretischen Physik an der Universität Göttingen.

*A. Sommerfeld*

geb. 5. Dezbr. 1868 in Königsberg (Pr.) promivirte dortselbst 1891, wurde 1897 Prof. der Mathematik an der Bergakademie Clausthal, 1900 Professor der Mechanik an der technischen Hochschule Aachen, seit 1906 Prof. der theoretischen Physik an der Univ. München.

Sommerfelds Entwicklung geht vom mathematisch Formalen aus. Dem Klein-Hilbert'schen Kreise entstammend stellt er von Anfang an sein bedeutendes mathematisches Können in den Dienst der Physik.[1] Mit ausserordentlichem Erfolge arbeitete er am Ausbau der Maxwell'schen Theorie der Elektrizität und des Lichtes. Er war der erste, dem die strenge Behandlung eines Beugungsproblems (Beugung eines ebenen Lichtstrahls am Rande eines ebenen, leitenden Schirmes) ohne die Heranziehung nur annähernd zutreffender Hilfsannahmen gelang.[2] Auch die Theorie der drahtlosen Telegraphie[3] wurde durch seine und seiner Schüler Arbeit mächtig gefördert.

Eine neue und entscheidende Wendung seines Schaffens brachten die Probleme der Quantentheorie. An dem Beispiel der durch Elektronen-Bremsung entstehenden Röntgenstrahlung die er zunächst vom Standpunkte der Maxwell'schen Theorie theoretisch erforschte, erkannte er mit der ihm eigenen bedeutenden Intensität, dass die Welt der Strahlung und der molekularen Gebilde von Gesetzen beherrscht wird, denen man weder von der klassichen Mechanik noch von der Maxwell'schen Elektrodynamik aus auf deduktivem

---

AAW II—IIIb-Bd. 25, Bl. 45a; Orig. hsl. eigenhändig.
Gemeinsamer Wahlvorschlag für A. Sommerfeld und P. Debye; der zweite Teil des Wahlvorschlages betrifft P. Debye, s. Nr. 59. Die biographischen Angaben zu A. Sommerfeld stammen von der Hand M. Plancks, ebenso der Vermerk „gez. Einstein".
Datum der Wahl zum KM 11. 3. 1920.
Der Wahlvorschlag wurde in der Sitzung der phys.-math. Klasse am 5. 2. 1920 vorgetragen.

Wege nahe kommen kann. So kam er dazu, sich in die Mannigfaltigkeit der empirischen Teilergebnisse zu versenken und nach neuen Formen zu ringen. Die grösste seiner wissenschaftlichen Thaten liegt auf diesem Gebiete. Im Anschluss an Bohrs Theorie der Spektra fand er einen kühnen Weg, um die Methode der Quantentheorie auf Gebilde von mehr als einem Freiheitsgrade anzuwenden. So fand er, indem er die Ergebnisse der speziellen Relativitätstheorie mit seiner Erweiterung der Bohr'schen Theorie verband, die von der Erfahrung glänzend bestätigte Theorie der Feinstruktur der Spektrallinien,[4] welche eine der stärksten Stützen der Bohr'schen Theorie der Spektren lieferte. Sein Gedanke erwies sich in den letzten Jahren als so eminent fruchtbar, dass wir uns die Quantentheorie ohne denselben kaum mehr denken können. Ich brauche nur auf Epsteins Theorie des Stark-Effektes[5] hinzuweisen, die ganz auf Sommerfelds Quantenmethode beruht, die durch Epstein, Bohr und andere theoretisch vertieft worden ist.

Sommerfeld gehört als Forscher und Lehrer zu den bedeutendsten lebenden Vertretern der theoretischen Physik.

gez.
(Einstein)
Planck
Warburg
Haber
Rubens

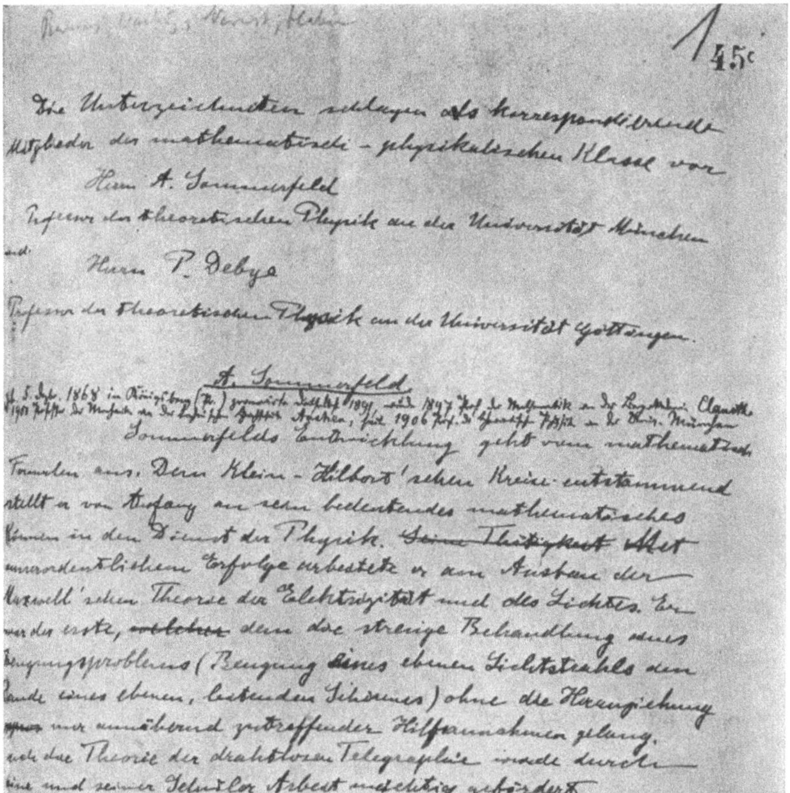

Rubens, Warburg, Nernst, Planck

1 45

Die Unterzeichneten schlagen als korrespondierende Mitglieder der mathematisch-physikalischen Klasse vor

Herrn A. Sommerfeld

Professor der theoretischen Physik an der Universität München

und

Herrn P. Debye

Professor der theoretischen Physik an der Universität Göttingen.

A. Sommerfeld

geb. 5. Dez. 1868 in Königsberg (Pr.) ... 1891 ... 1897 Prof. der Mathematik an der Bergakademie Clausthal, 1900 Professor der Mechanik an der Techn. Hochschule Aachen, seit 1906 Prof. der theoretischen Physik an der Univ. München

Sommerfelds Entwicklung geht vom mathematischen Formalen aus. Dem Klein-Hilbert'schen Kreise entstammend stellt er von Anfang an sein bedeutendes mathematisches Können in den Dienst der Physik. ~~Seine Thätigkeit~~ Mit ausserordentlichem Erfolge arbeitete er am Ausbau der Maxwell'schen Theorie der Elektrizität und des Lichtes. Er war der erste, ~~welchem~~ dem die strenge Behandlung eines Beugungsproblems (Beugung eines ebenen Lichtstrahls am Rande eines ebenen, leitenden Schirmes) ohne die Heranziehung nur annähernd zutreffender Hilfsannahmen gelang. Auch die Theorie der drahtlosen Telegraphie wurde durch ihn und seiner Schüler Arbeit mächtig gefördert.

Eine neue und entscheidende Wendung seines Schaffens brachten ihm die Probleme der Quantentheorie. An dem Beispiel der durch Elektronen-Bremsung entstehenden Röntgenstrahlung, die er zunächst vom Standpunkte der Maxwell'schen Theorie theoretisch aufzuklären [illegible], erkannte er mit der ihm eigenen bedeutenden Intuition, dass die Welt der Strahlung und der molekularen Gebilde von Gesetzen beherrscht wird, denen man weder von der klassischen Mechanik noch von der Maxwell'schen Elektrodynamik aus auf deduktivem Wege nahe kommen kann. So kam er dazu sich in die Mannigfaltigkeit der empirischen Teilergebnisse zu versenken und nach neuen Gesetzen zu ringen. Die grösste seiner wissenschaftlichen Thaten liegt auf diesem Gebiete. Im Anschluss an Bohrs Theorie der Spektren fand er einen brauchbaren Weg, um die Methode der Quantentheorie auf Gebilde von mehr als einem Freiheitsgrade anzuwenden. [illegible] fand er, indem er die Ergebnisse der speziellen Relativitätstheorie

Faksimile
der Laudatio von Einstein für Sommerfeld und Debye

45-2.

…t seiner Erweiterung der Bohr'schen Theorie verband, die
… der Erfahrung glänzend bestätigte Theorie der Feinstruktur
… Spektrallinien, welche eine der stärksten Stützen der
…'schen Theorie der Spektren lieferte. Sein Gedanke
…s sich in den letzten Jahren als so eminent fruchtbar,
… uns die Quantentheorie ohne denselben kaum mehr
…ken können. Ich brauche nur auf ~~[illegible]~~ Epsteins
…orie des Stark-Effektes hinzuweisen, die ganz auf Sommer…
… Quantenmethode beruht, die durch Epstein und Bohr
… andere theoretisch vertieft worden ist.

~~Der Gehalt der Arbeiten Sommerfelds~~ und der von ihm angeregten Forschung ~~auf dem Gebiete … Deutung der optischen und Röntgen-Spektren ist so [illegible]~~

… Sommerfeld gehört als Forscher und Lehrer zu den bedeutendsten … Vertretern der theoretischen Physik.

## P. Debye

… März 1884 in Maastricht (Holland) [illegible], seit [illegible] Assistent bei Sommerfeld, promoviert in München 1908, dann in Zürich, jetzt in Göttingen

P. Debye ist Sommerfelds hervorragendster Schüler … selten vielseitiger und starker ~~[illegible]~~ Begabung und wunderbarer Beweglichkeit …s Geistes hat der noch junge Mann unserer Wissenschaft … Fülle schöner Gedanken und Ergebnisse geschenkt. …wie sich seine erste Arbeit über die Beugung an dielektrischen …geln sein bedeutendes formales Talent, so zeigte er andererseits …ld, dass ihm die intuitive Erfassung des Wirklichen nicht minder …ben ist. Er erkannte nämlich die tiefe Verwandtschaft, welche … Wärmebewegung fester Körper mit der Temperatur-Strahlung …es Hohlraumes verknüpft; er fand so das wichtige Gesetz … spezifischen Wärme einfach gebauter fester Körper sowie …besondere das exakt gültige Grenzgesetz der festen Körper … tiefen Temperaturen. Ferner gelang es ihm, die Dispersionstheorie … Flüssigkeiten zu vervollständigen, indem er die Langevin-Weiss'sche ~~[illegible]~~ molekularkinetische …orie des Magnetismus auf das elektrische Gebiet übertrug. ~~[illegible] Theorie der Röntgenspektren~~ Auch zur Theorie … Spektren hat er schöne Beiträge geliefert.

Von grosser Wichtigkeit ist die von Debye ersonnene … ausgebaute experimentelle Methode zur Röntgen-Untersuchung … kristallographischen Baues von Pulvern ~~[illegible]~~ geworden, … diese Methode eine Ausdehnung der Röntgenuntersuchung … alle diejenigen Substanzen ~~Fälle~~ gestattet, von welchen grössere Kristalle …t zu gewinnen sind.

Charakteristisch für Debyes Leistungen ist ihre scheinbare Zusammen…hanglosigkeit unter einander. Es ist eine Fülle einzelner glücklicher Gedanken

45c

von denen ich hier nur einige der markantesten erwähnt habe.
Ohne Zweifel wird sein feiner Geist ~~noch wohl~~ der Natur noch
manches ihrer Geheimnisse ablauschen.

(gez. Einstein)

Planck

Warburg.

Haber

Rubens

## Nr. 59

# Wahlvorschlag für Peter Debye (1884-1966)

# zum KM

**von Albert Einstein**

**ohne Datum**

*P. Debye*

geb. 24. März 1884 in Maastricht (Holland) studirte in Aachen, wurde Assistent bei Som̅erfeld, promivirte in München 1908, dann in Zürich, jetzt in Göttingen.

P. Debye ist Sommerfelds hervorragendster Schüler. Von selten vielseitiger und starker Begabung und wunderbarer Beweglichkeit des Geistes hat der noch junge Mann unserer Wissenschaft eine Fülle schöner Gedanken und Ergebnisse geschenkt. Erwies gleich seine erste Arbeit über die Beugung an dielektrischen Kugeln[1] sein bedeutendes formales Talent, so zeigte er andererseits bald, dass ihm die intuitive Erfassung des Wirklichen nicht minder gegeben ist. Er erkannte nämlich die tiefe Verwandtschaft, welche die Wärmebewegung fester Körper mit der Temperatur-Strahlung eines Hohlraumes verknüpft; er fand so das wichtige Gesetz der spezifischen Wärme einfach gebauter fester Körper sowie insbesondere das exakt gültige Grenzgesetz der festen Körper bei tiefen Temperaturen.[2] Ferner gelang es ihm, die Dispersionstheorie der Flüssigkeiten[3] zu vervollständigen, indem er die Langevin-Weiss'sche molekularkinetische Theorie des Magnetismus auf das elektrische Gebiet übertrug. Auch zur Theorie der Spektren[4] hat er schöne Beiträge geliefert.

Von grosser Wichtigkeit ist die von Debye ersonnene und vortrefflich ausgebaute experimentelle Methode zur Röntgen-Untersuchung des krystallographischen Baues von Pulvern geworden,[5] weil diese Methode eine Ausdehnung der Röntgenuntersuchung auf alle diejenigen Substanzen getattet, von welchen grössere Krystalle nicht zu gewinnen sind.

Charakteristisch für Debyes Leistungen ist ihre scheinbare Zusammenhangslosigkeit untereinander. Es ist eine Fülle einzelner glücklicher Gedanken, von

---

AAW II–III b-Bd. 25, Bl. 45 b; Orig. hsl. eigenhändig.
Gemeinsamer Wahlvorschlag für A. Sommerfeld und P. Debye; der erste Teil des Wahlvorschlages betrifft A. Sommerfeld, s. Nr. 58.
Die biographischen Angaben zu P. Debye stammen von der Hand M. Plancks, ebenso der Vermerk „gez. Einstein".
Datum der Wahl zum KM 11. 3. 1920.
Der Wahlvorschlag wurde in der Sitzung der phys.-math. Klasse am 5. 2. 1920 vorgetragen.
Datum der Wahl zum OM 6. 1. 1937.

denen ich hier nur einige der markantesten erwähnt habe. Ohne Zweifel wird sein feiner Geist der Natur noch manches ihrer Geheimnisse ablauschen.

gez.
(Einstein)
Planck
Warburg
Haber
Rubens

## Nr. 60

# Wahlvorschlag für Martin Knudsen (1871-1949) zum KM

**von Walther Nernst**

**ohne Datum**

M. Knudsen, Professor an der polytechnischen Lehranstalt in Kopenhagen und Direktor des dortigen physikalischen Laboratoriums, etwa 50 Jahre alt, hat eine große Anzahl theoretischer und experimenteller Arbeiten auf dem Gebiete der Physik veröffentlicht, die zwar fast sämtlich nur Fragen der kinetischen Gastheorie betreffen, aber sowohl durch ihre logische Schärfe wie durch eine ungemein kunstvolle Anordnung der Versuche ausgezeichnet sind; von seinen sonstigen Veröffentlichungen wäre nur die Herausgabe hydrographischer Tabellen,[1] die als Grundlage bei der Reduktion der Beobachtungen von Seewasserkonstanten dienen sollen, und die Veröffentlichung eines kurzen Lehrbuchs der Physik[2] zu nennen.

In der soeben angedeuteten Reihe planmäßig durchgeführter Arbeiten[3] behandelt Knudsen das Verhalten äußerst verdünnter Gase, bei denen man die Zahl der Zusammenstöße zwischen den Molekülen im Vergleich zu der Zahl der Zusammenstöße zwischen Molekülen und Meßinstrument vernachlässigen kann. Aehnliche Fragen haben zwar erfolgreich lange vor ihm bereits Kundt und Warburg, später gleichzeitig mit ihm Smoluchowski behandelt, aber erst Knudsens Arbeiten haben uns zu einem vollen Einblick in diesen sehr interessanten Spezialfall der kinetischen Gastheorie verholfen.

Zunächst ist die von Knudsen theoretisch und experimentell bewiesene Tatsache zu erwähnen, daß zwei Gasbehälter, die verschiedene Temperatur besitzen und durch eine enge Oeffnung verbunden sind, im Gleichgewicht nicht gleichen Gasdruck aufweisen, daß vielmehr bei hinreichender Verdünnung die Drucke in den beiden Behältern sich wie die Quadratwurzeln aus den absoluten Temperaturen verhalten.

Eine Reihe anderer Arbeiten behandelt die Wärmeleitung, die Effusion und die innere Reibung in sehr verdünnten Gasen;[4] hierbei ergab sich das sehr bemerkenswerte Ergebnis, dass bei einem Zusammenstoß zwischen einem Gasmelokül und einem festen Körper kein vollständiger, sondern nur ein teilweiser Energie-

---

AAW II–IIIb-Bd. 24, Bl. 141–142; Orig. masch.schr.
Datum der Wahl zum KM 23. 6. 1921.
Der Wahlvorschlag wurde in der Sitzung der phys.-math. Klasse am 20. 3. 1919 vorgetragen; die Wahl im Plenum erfolgte wegen der Nachkriegsverhältnisse erst zwei Jahre danach.

austausch stattfindet; den sogenannten Akkomodationscoefficienten, der diesen Energieaustausch quantitativ festlegt, hat Knudsen für eine große Anzahl Fälle quantitativ bestimmen können. Auch die vollständige Durchforschung des sogenannten Radiometerdruckes findet sich in diesen Arbeiten. Uebrigens zeigte sich dabei, daß bei einem Anprall des Moleküls an eine feste Wand die Bahn nach dem Zusammenstoß keineswegs durch die Richtung des Anpralls bestimmt ist, sondern daß eine diffuse Zurückwerfung stattfindet, dergestalt, daß nach dem Anprall jede Richtung des abfliegenden Moleküls gleich wahrscheinlich ist.

Bei diesen Arbeiten wurde Knudsen zur Konstruktion einiger neuartiger Meßinstrumente[5] geführt; insbesondere hat man durch ihn gelernt, äußerst kleine Gasdrucke mit großer Genauigkeit zu messen. Knudsen selber hat davon zur Bestimmung sehr kleiner Dampfdrucke Gebrauch gemacht.

In neuester Zeit hat sich Knudsen mit der Verdampfungsgeschwindigkeit von Metallen und mit ihrer Kondensation beschäftigt; diese Arbeiten haben u. a. den für jede künftige Theorie der Verdampfung grundlegenden Nachweis erbracht, daß ein auf sein Kondensat aufprallendes Molekül bei jedem einzelnen Zusammenstoß festgehalten wird, wenn für äußerste Reinheit der Oberfläche gesorgt wird.

Nernst
Planck
Warburg
Einstein
Rubens

## Nr. 61

# Wahlvorschlag für Niels Bohr (1885-1962) zum KM

**von Albert Einstein**

**ohne Datum**

Wenn dereinst eine spätere Generation die Geschichte der physikalischen Fortschritte unserer Zeit darstellen wird, wird sie mit dem Namen von Niels Bohr einen der bedeutsamsten Fortschritte zu verbinden haben, den unsere Erkenntnis vom Wesen der Atome je gemacht hat. Es war bereits bekannt, daß die klassische Mechanik den Bausteinen der Materie gegenüber versage, sowie daß die Atome aus positivgeladenen Kernen bestehen, die von einer relativ losen Atomschicht umgeben sind. Aber die empirisch weitgehend bekannte Struktur der Spektra unterschied sich so wesentlich von dem, was nach unseren alten Theorien erwartet werden konnte, daß niemand eine Möglichkeit für eine überzeugende theoretische Deutung der beobachteten Gesetzmäßigkeiten sah. Da fand Bohr im Jahre 1913 eine quantentheoretische Deutung der einfachsten Spektra,[1] für welche er in kurzer Zeit eine solche Fülle quantitativer Bestätigungen beibrachte, daß die kühn gewählte hypothetische Basis seiner Betrachtungen bald eine gesicherte Stütze für die Physik der Atome wurde. Trotzdem noch nicht ein Jahrzehnt seit Bohrs erster Entdeckung vergangen ist, beherrscht heute schon das von ihm ersonnene und in seinen Hauptzügen großenteils von ihm ausgebaute Gedankensystem die Atomphysik und die Chemie in solchem Maße, daß alle früheren Deutungsversuche dem Fachmann aus einer längst entschwundenen Zeit zu stammen scheinen. Die Theorie der Röntgenspektra, der sichtbaren Spektra, des periodischen Systems der Elemente ruhen in erster Linie auf Bohrs Gedanken. Was an Bohr als Forscher so wunderbar anmutet, das ist eine seltsame Vereinigung von Kühnheit und vorsichtigem Abwägen; selten hat ein Forscher in solchem Maße wie er die Fähigkeit intuitiven Erfassens verborgener Dinge mit scharfer Kritik besessen. Bei aller Kenntnis des Einzelnen ist sein Blick unverrückbar auf das Prinzipielle gerichtet. Er ist zweifellos einer der größten Erfinder unserer Zeit auf dem Gebiete der Wissenschaft.

---

AAW II–III b-Bd. 26, Bl. 131–132; Orig. masch.schr.
Datum der Wahl zum KM 1. 6. 1922.
Der Wahlvorschlag wurde in der Sitzung der phys.-math. Klasse am 16. 2. 1922 vorgetragen.
Nachruf: Gustav Hertz, JB 1963, S. 214–215.

Niels Bohr ist Professor der theoretischen Physik an der Universität Kopenhagen. Die Unterzeichenten schlagen ihn zum korrespondierenden Mitglied unserer Akademie vor.

A. Einstein
v. Laue
Planck
Rubens
Nernst

## Nr. 62

# Wahlvorschlag für Heike Kamerlingh Onnes (1853-1926) zum KM

**von Walther Nernst**

**ohne Datum**

Professor *Kamerlingh Onnes,* Direktor des Physikalischen Instituts der Unisität Leyden, etwa 60 Jahre alt, hat es im Laufe etwa der letzten 25 Jahre verstanden, unterstützt durch zahlreiche Schüler, sein Institut zum Mittelpunkte der Forschungen auf dem Gebiete sehr tiefer Temperaturen zu machen. Seit langem verfügt er über großartige, im einzelnen von ihm selber ausgearbeitete Einrichtungen zur Verflüssigung der Luft und besonders auch des Wasserstoffes. Unsere Kenntnisse über Dampfdruck, magnetisches Verhalten, elektrische Leitfähigeit, Thermokräfte fester und flüssiger Körper, ferner über die innere Reibung der Gase im Gebiete extrem tiefer Temperaturen hat er weitgehend gefördert und zum Teil erst neu erschlossen. Gleichzeitig hat er die Methodik der exakten Messung tiefer Temperaturen erheblich gefördert.

Seine größte Leistung ist aber unstreitig die Verflüssigung des Heliums,[1] zu deren Durchführung er hauptsächlich dadurch befähigt wurde, daß ihm sehr große Mengen flüssigen Wasserstoffs zur Verfügung standen. Die Untersuchung der Zustandsgleichung des Heliums bei den tiefsten Temperaturen, die er gerade infolge der Verflüssigung des Heliums herstellen konnte und die dem absoluten Nullpunkt bereits sehr nahe kommen, hat unsere Kenntnisse auf dem Gebiete der Zustandsgleichung überhaupt außerordentlich gefördert; ebenso war die Entdeckung der sogenannten „Supraleitfähigkeit" der Metalle, ein allerdings wohl experimentell noch nicht hinreichend geklärtes Phaenomen, ein Erfolg von allgemein anerkannter Bedeutung.

Übrigens hat sich Onnes auch theoretisch, besonders auf dem Gebiete der Zustandsgleichungen erfolgreich betätigt; seine vor einigen Jahren darüber erschienene, in Gemeinschaft mit Keesom veröffentlichte Monografie[2] kann wegen ihrer Kritik und Vollständigkeit geradezu als vorbildlich gelten. Wohl jede gelehrte Körperschaft wird es sich zur Freude anrechnen dürfen, diesen auch in seinem Vaterlande nicht nur wegen seiner Forschertätigkeit, sondern

---

AAW II–IIIb-Bd. 26, Bl. 129a–129b; Orig. masch.schr.
Datum der Wahl zum KM 1. 6. 1922.
Der Wahlvorschlag wurde in der Sitzung der phys.-math. Klasse am 16. 2. 1922 vorgetragen.

auch wegen seiner vornehmen Persönlichkeit selten hoch geschätzten Mann in ihren Kreis aufzunehmen.

Nernst
A. Einstein
Rubens

## Nr. 63

## Wahlvorschlag für Pieter Zeeman (1865-1943) zum KM

**von Max von Laue**

**ohne Datum**

Dr. *Pieter Zeeman*, geb. 25. Mai 1865, seit 1900 Professor der Physik an der Universität Amsterdam und etwa ebensolange Mitglied der dortigen Akademie der Wissenschaften, gehört unbestritten zu den bedeutendsten Experimentatoren der Gegenwart. Bei Untersuchungen über den sogenannten Kerreffekt, d. h. die Beeinflussung reflektierten Lichts durch eine Magnetisierung des Spiegels, kam ihm die Fragestellung, ob nicht auch die Lichtquelle bei einer Magnetisierung Spuren davon im entsandten Licht zeige. Der erste dahingehende Versuch mißlang. Als er aber derselben Frage in einer Schrift Faraday's begegnete, verwandte er bessere Mittel und größere Ausdauer darauf und konnte 1896 die ersten Mitteilungen über die magnetische Aufspaltung von Spektrallinien[1] veröffentlichen. Damit war aber nicht nur das schon von Faraday gesuchte Gegenstück zur magnetischen Drehung der Polarisationsebene endlich gefunden, die eigentliche Bedeutung der Entdeckung zeigte sich darin, daß die Elektronentheorie von H. A. Lorentz diese Aufspaltung in allen damals bekannten Einzelheiten zu deuten vermochte. Hat sich diese Übereinstimmung auch nicht allen weiteren Ergebnissen gegenüber bewährt, so müssen wir doch auch heute den Zeemaneffekt als den ersten unmittelbaren Beweis dafür betrachten, daß im Atom Elektronen vorhanden sind, und daß ihre Bewegung die Lichtemission verursacht. Dadurch hat Zeemans Entdeckung die Weiterentwicklung der Physik entscheidend beeinflußt, und deswegen erhielt er 1902 auch gemeinsam mit H. A. Lorentz den zweiten Nobelpreis, der überhaupt für Physik verliehen wurde.

Die Arbeiten, welche diese Aufspaltung untersuchen, bilden jetzt schon eine ganze Literatur. Zeeman selbst hat stets und bis zum heutigen Tage an diesen Forschungen regsten Anteil gehabt, und als im Vorjahre seine einschlägigen Veröffentlichungen beim 25-ten Jubiläum seiner Entdeckung gesammelt wurden, ergab sich ein recht stattlicher Band.[2] Eine Darstellung, welche nicht nur die eigenen Untersuchungen zusammenfaßt, gab er 1913 in englischer und 1914 in deutscher Sprache heraus.[3]

---

AAW II–III b-Bd. 26, Bl. 130; Orig. masch. schr.
Datum der Wahl zum KM 1. 6. 1922.
Der Wahlvorschlag wurde in der Sitzung der phys.-math. Klasse am 16. 2. 1922 vorgetragen.

Doch Zeeman hat sich auch auf anderen Gebieten betätigt. Wir erwähnen hier seine Vervollkommnung des Fizeauschen Interferenzversuchs am strömenden Wasser. Erst er hat den Fresnelschen Mitführungskoeffizienten dabei so genau gemessen, daß wir heute sagen können, er stimmt bis auf einige Promille mit dem von der Relativitätstheorie geforderten Wert überein. Nicht genug damit hat Zeemans Experimentier-Kunst es auch ermöglicht, feste Körper in gleich rascher Bewegung in ihrem Einfluß auf die Lichtgeschwindigkeit zu untersuchen. Wenngleich diese Arbeiten[4] wohl noch nicht abgeschlossen sind, haben sie die experimentelle Basis für die Optik der bewegten Körper schon heute erheblich verbreitert.

Zu deutschen Fachgenossen, vor Allem wohl zu Woldemar Voigt in Göttingen, hat Zeeman von jeher rege und freundschaftliche Beziehungen unterhalten. 1908 nahm er an dem Kölner Naturforschertage teil und machte dort die erste Mitteilung[5] davon, daß Hale den Zeemaneffekt an Sonnenflecken nachgewiesen habe.

Die Unterzeichneten schlagen ihn der Akademie zum korrespondierenden Mitgliede vor.

Laue
Rubens
Haber
Einstein
Nernst

## Nr. 64

# Wahlvorschlag für Otto Hahn (1879-1968) zum OM

**von Fritz Haber**

**ohne Datum**

Die Unterzeichneten beantragen die Wahl des Professor Dr. *Otto Hahn* zum Mitgliede der Akademie der Wissenschaften. Otto *Hahn* hat seine Stellung in der Wissenschaft den Arbeiten zu verdanken, die er seit 1905 auf dem Gebiete der Radioaktivität veröffentlicht hat. Bei seinem Eintritt in dieses Arbeitsgebiet war die Theorie des radioaktiven Zerfalls von Rutherford und Soddy bereits bekannt. Außer dem Radium selbst war eine Anzahl anderer radioaktiver Stoffe, etwa die Hälfte der 34, die wir heute kennen, beschrieben. Ihre gegenseitigen Beziehungen waren unklar, weil viele Lücken in dem Zusammenhange bestanden, der heute alle diese Stoffe als Glieder dreier großer Ketten kennzeichnet. Die Aufgabe, von deren Lösung jeder tiefere Einblick in das radioaktive Geschehen abhing, bestand damals in der Ausfüllung jener klaffenden Lücken.

*Hahn* hat anfangs allein, später in gemeinschaftlicher Arbeit mit L. *Meitner* den besten Teil zu deren Ausfüllung beigetragen. Nicht weniger als 10 radioaktive Elemente sind uns durch diese Arbeiten bekannt geworden. Ein weiteres, das damals Emanium hieß, verdankt ihm die richtige Eingliederung in die Reihe des Aktiniums. Unter den 10 neuen radioaktiven Grundstoffen befinden sich mehrere, die besondere Bedeutung haben. Das Mesothor und Radiothor, die *Hahn* entdeckt hat,[1] stehen an Wichtigkeit voran, weil sie neben dem Radium die einzigen Elemente dieser Kategorie sind, die wegen ihrer längeren Lebensdauer in konzentrierter Form isoliert werden können. Die Entdeckung des Joniums entschied die Einreihung des Radiums in die Reihe der Zerfallsprodukte des Urans, die Entdeckung des Protaktiniums[2] die Stellung der Aktiniumreihe zur Uranreihe.

Eine Störung bei diesen Untersuchungen wurde durch richtige Erkenntnis ihres Wesens zu einer wertvollen Einsicht und zu einem Hilfsmittel, das zur Auffindung neuer radioaktiver Elemente diente. Otto *Hahn* erkannte nämlich

---

AAW II–III a-Bd. 23, Bl. 186–188; Orig. masch.schr.
Datum der Wahl zum OM 2. 12. 1924.
Der Wahlvorschlag wurde in der Sitzung der phys.-math. Klasse am 26. 6. 1924 vorgetragen.
Antrittsrede: SB 1925, phys.-math. Klasse, S. LXXXIX–XCI.

das Wesen des sogenannten Rückstoßes bei der Aussendung von $\alpha$-Strahlen, der den verbleibenden Atomrest fortschleudert.

An diese Gruppe von Arbeiten, die im wesentlichen die Jahre 1905—1909 erfüllen, aber bis in die jüngsten Zeiten noch wichtige Fortsetzungen[3] gefunden haben, schließt sich die vieljährige Beschäftigung mit dem Spektrum der $\beta$-Strahlen,[4] die durch die Verbindung von Hahns chemischer Leistung mit dem physikalischen Können von O. v. *Baeyer* und besonders von L. *Meitner* sehr erfolgreich gworden ist. Diese Untersuchungen haben bei einer Reihe von Stoffen, z. B. beim Radium selbst, die früher unbekannte $\beta$-Strahlung aufgezeigt und gelehrt, daß charakteristische Geschwindigkeitsspektra bei den radioaktiven $\beta$-Strahlen bestehen, die zur Kennzeichnung der Stoffe nicht minder geeignet sind, wie die chemischen Eigenschaften. In der Anwendung aber sind diese Geschwindigkeitsspektra den chemischen Merkmalen durch die leichtere Bestimmbarkeit weit überlegen. Die Kennzeichnung durch das $\beta$-Strahlenspektrum reicht sogar weiter als die chemische Charakteristik. Denn es gibt Fälle (Radium, Radioaktinium und Radiothor), in denen die $\beta$-Strahlung nicht von Elementarumwandlung begleitet ist. Diese Untersuchungen haben bis in das Jahr 1920 gedauert.

In den letzten Jahren beschäftigt sich Otto *Hahn* mit der Fähigkeit von Niederschlägen, Emanation abzugeben.

Haber
Schlenk
v. Laue
A. Einstein
Planck

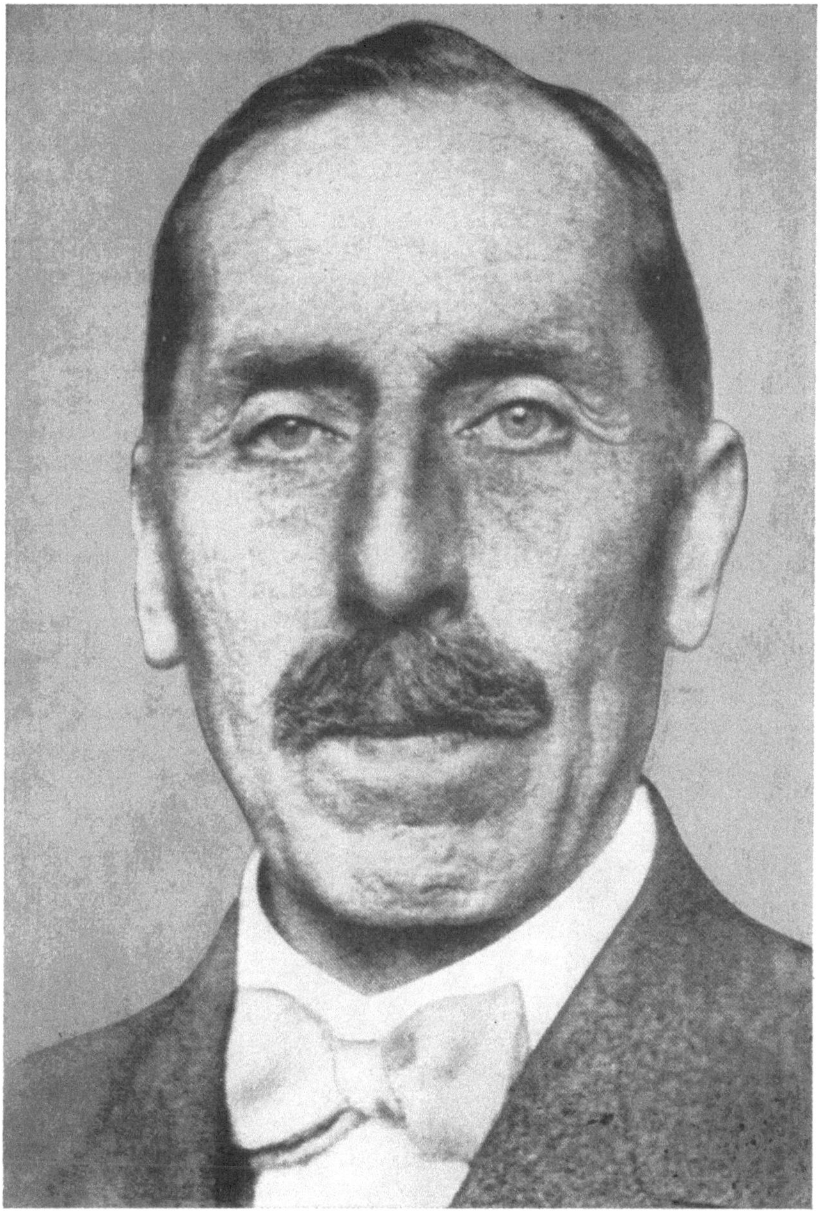

**Friedrich Paschen**

Photosammlung des Akademie-Archivs, Original-Photo 1933, eigenhändig signiert

## Nr. 65

## Wahlvorschlag für Friedrich Paschen (1865-1947) zum OM

**von Max von Laue**

**ohne Datum**

Die Unterzeichneten beantragen, den Präsidenten der physikalisch-technischen Reichsanstalt, Professor Dr. F. *Paschen*, zum ordentlichen Mitglied der Akademie in einer freien Stelle der Statuten von 1881 zu wählen.

Paschen, geboren im Januar 1865 zu Schwerin, begann seine wissenschaftliche Laufbahn als Assistent von Hittorf in Münster, erhielt dann bald ein Extraordinariat an der technischen Hochschule Hannover und 1901 das Ordinariat für Experimentalphysik an der Universität Tübingen. Dort ist er, unter Ablehnung eines Rufs nach Bonn, geblieben, bis er jetzt die Leitung der physikalisch-technischen Reichsanstalt übernommen hat.

Paschens Hauptarbeitsgebiet bildet die experimentelle Spektroskopie in ihrem weitesten Umfange. Er ist auf diesem Gebiet eine im Inn- und Ausland anerkannte Autorität. Präcisionsmessungen von Wellenlängen, Energiemessungen im Spektrum, Herstellung neuer Lichtquellen mit den verschiedensten Anregungsarten sowie genaueste Dispersionsmessungen an den für die Spektrometer-Prismen wichtigen Stoffen, alle diese Zweige finden sich in seinen zahlreichen Arbeiten vertreten. Stets wußte er zeitgemäße und interessante Themen zu finden. Eine seiner ersten einschlägigen Arbeiten bildet z. B. eine mit Runge gemeinsame spektrale Untersuchung des damals neu-entdeckten Heliums,[1] einige Jahre später gaben ihm Zeemans Entdeckung der magnetischen Aufspaltung von Spektrallinien und Starks Entdeckung des Dopplereffekts an Kanalstrahlen Anlaß zu vielen Arbeiten,[2] die sich durch die Zuverlässigkeit der Ergebnisse einen dauernden Platz in der Wissenschaft gesichert haben. In die Entwicklung, welche die Lehre von der Wärmestrahlung gegen Ende des letzten Jahrhunderts genommen hat, hat er durch Intensitätsbeobachtungen im Spektrum glühender Körper[3] mehrfach eingegriffen. Ein besonders großer Erfolg war die Entdeckung, daß komplizierte Zeeman-Effekte sich bei Anwendung stärkster Magnetfelder vereinfachen (Paschen-Backeffekt)[4] und später die

AAW II–IIIa-Bd. 23, Bl. 243; Orig. masch.schr.
Datum der Wahl zum OM 9. 2. 1925.
Der Wahlvorschlag wurde in der Sitzung der phys.-math. Klasse am 13. 11. 1924 vorgetragen.
Antrittsrede: SB 1925, phys.-math. Klasse, S. CII–CIV.
Nachruf: Rudolf Seeliger, JB 1946-1949, S. 199–201.

Untersuchung der Feinstruktur der Heliumlinien,[5] die zu einer vollen Bestätigung von Sommerfelds aus der Quantentheorie hervorgegangenen Voraussage darüber führte. Die Genauigkeit, mit der wir das elementare Wirkungsquantum aus spektroskopischen Beobachtungen bestimmen können, verdanken wir Paschens Messungen.

Die Untersuchung eines Linienspektrums erhält aber eigentlich erst dadurch ihren vollen wissenschaftlichen Wert, daß man die Linien in das Serienschema einordnet. Paschen hat diesem Gesichtspunkt trotz aller Schwierigkeiten stets nach Möglichkeit Rechnung getragen. Die Einordnung von etwa 900 Linien in dem überaus komplizierten Neonspektrum, die ihm im Jahre 1920 gelang, stellt wohl den derartigen größten, bis dahin kaum für möglich gehaltenen Erfolg dar. Was überhaupt hier erreicht ist, stellt sein mit Götze zusammen herausgegebenes, von jedem Spektroskopiker benutztes Buch über Linienspektren[6] übersichtlich zusammen.

Aber auch auf ganz anderen Gebieten der Physik hat sich Paschen betätigt. Er ist als Erbauer eines hochempfindlichen Galvanometers bekannt, hat auch sonst Meßinstrumente konstruiert und ein nach ihm benanntes Gesetz über den Einfluß von Feldstärke und Druck auf Gasentladungen spielt in deren Theorie eine große Rolle. Schließlich möchten wir noch darauf hinweisen, daß eine große Zahl jüngerer, in der Wissenschaft nicht unbekannter Physiker aus seiner Schule hervorgegangen oder doch durch sie hindurchgegangen ist. Wir glauben, daß die Lücke, welche der Tod von Rubens in den Reihen der Akademie gerissen hat, durch seine Wahl auf das Beste ausgefüllt würde.

Laue
Planck
Einstein
Nernst
Warburg
Pompecki

## Nr. 66

# Wahlvorschlag für Vilhelm Bjerknes (1862-1951)

# zum KM

**von Heinrich von Ficker**[1]

**ohne Datum**

Die Unterzeichneten bringen als korrespondierendes Mitglied der physikalisch-mathematischen Klasse der Preuß. Akademie der Wissenschaften in Vorschlag den Professor der Geophysik an der Universität Oslo Dr. Vilhelm *Bjerknes*. Geboren am 14. März 1862 zu Oslo, war er von 1907—1911 Professor an der Universität daselbst; von 1912—1917 Professor der Geophysik an der Universität Leipzig; seit 1917 ist er wieder in Norwegen tätig.

Bjerknes ist nach Veranlagung und Ausbildung theoretischer Physiker und war lange, ehe er sich mit meteorologischen Problemen beschäftigt hat, wie sein Vater Karl Anton Bjerknes, als Hydrodynamiker sehr angesehen. Seine wichtigsten und erfolgreichsten Leistungen liegen jedoch auf dem Gebiete der Meteorologie. Sieht man davon ab, daß er sich große Verdienste durch Angliederung der meteorologisch wichtigen Maßeinheiten an die absolute Skala[1] erworben hat, so bewegten sich seine ersten meteorologischen Arbeiten[2] auf Wegen, auf denen vor ihm bereits Helmholtz und namentlich Margules zu wichtigen, von ihm bestätigten und erweiterten Ergebnissen gekommen waren. Aber erst als Professor in Leipzig gewann er entscheidenden Einfluß auf die moderne Meteorologie, zunächst in formaler Beziehung durch sein groß angelegtes Werk „Dynamische Meteorologie und Hydrographie".[3] Bjerknes hat als erster die Meteorologen gelehrt, aus den Beobachtungsdaten in strenger Form das Druck-, Temperatur- und Bewegungsfeld über großen Erdgebieten abzuleiten und hat ihnen die Konstruktion durch speziell entwickelte graphische Methoden erleichtert — alles zu dem betonten Zweck, synoptische Veränderungen rechnerisch vorherzubestimmen. Die Hoffnung, zu exakten Vorhersagen durch Integration der zur Verfügung stehenden Differentialgleichungen zu gelangen, hat sich freilich bis heute nicht erfüllt. Die Auswirkung der Tätigkeit von Bjerknes

---

AAW II–IIIb-Bd. 30, Bl. 76; Orig. masch.schr.
Datum der Wahl zum KM 10. 5. 1928.
Der Wahlvorschlag wurde in der Sitzung der phys.-math. Klasse am 9. 2. 1928 vorgetragen.

---

[1] Der Verfasser des Wahlvorschlages ist nicht mit Sicherheit zu ermitteln, neben H. von Ficker kommt noch G. Hellmann in Betracht.

auf die praktische Meteorologie wäre deshalb wohl gering geblieben, wenn er nicht, nach Norwegen zurückgekehrt, einen methodisch vollständig anderen, jeder theoretischen Spekulation zunächst abgewandten Weg eingeschlagen hätte. Die Untersuchung vieler Wetterkarten in Verbindung mit direkten Beobachtungen führte ihn zu einem neuen Modell vom Aufbau der Zyklonen, von ihrer Entstehung und ihrer Weiterentwicklung. Bjerknes ist damit der Schöpfer der modernen Polarfronttheorie[4] geworden. Wenn auch von seinen theoretischen Auseinandersetzungen zu dieser Lehre manches sich vielleicht als nicht weiter entwicklungsfähig erweisen dürfte, so ist doch kein Zweifel, daß wir in dieser Theorie die bedeutendste, auch praktisch wichtigste Leistung auf meteorologischem Gebiet seit Beginn des Jahrhunderts zu erblicken haben.

G. Hellmann
H. v. Ficker
Planck

## Nr. 67

# Wahlvorschlag für Sir Ernest Rutherford (Lord, 1. Baron R. of Nelson) (1871-1937)

## zum KM

**von Max von Laue**

**ohne Datum**

Die Unterzeichneten beantragen, Professor Sir Ernest Rutherford in Cambridge (England) zum Korrespondierenden Mitglied der mathematisch-physikalischen Klasse für das Fach der Physik zu wählen.

Rutherford ist 1871 in Neu-Seeland geboren und seit 1919 als Nachfolger von J. J. Thomsen Leiter des Cavendish-Laboratoriums in Cambridge. Von seinen Arbeiten[1] nennen wir einmal die ganze Gruppe von Untersuchungen über die Radio-Aktivität, die in der Aufstellung der Atom-Zerfalls-Theorie gipfelten. Durch ihn ist die spontane Umwandlung chemischer Elemente ineinander experimentell sicher gestellt. Eine weitere Leistung größten Stiles stellen die Arbeiten über die Streuung der $\alpha$-Strahlen dar, welche grundlegend geworden sind für das nach ihm und Bohr benannte Atommodell. Im letzten Jahrzehnt hat er schließlich die künstliche Umwandlung chemischer Elemente durch den Stoß von $\alpha$-Strahlen als erster nachgewiesen und erforscht. Jede dieser Leistungen bedeutet einen Markstein in der Entwicklung der modernen Physik und Chemie und hat unsere Kenntnisse über die Materie auf eine ganz andere Basis gestellt.

Rutherford ist Ehrendoktor vieler englischer, amerikanischer Universitäten und auch von Gießen, Nobelpreisträger[2] und Präsident der Royal Society.

Laue Penck
E. Warburg
Planck
Hahn
gez. Nernst

---

AAW II–IIIb-Bd. 30, Bl. 94; Orig. masch.schr.
Datum der Wahl zum KM 7. 6. 1928.
Der Wahlvorschlag wurde in der Sitzung der phys.-math. Klasse am 23. 2. 1928 vorgetragen.

## Nr. 68

# Wahlvorschlag für Abram Fedorowitsch Joffé (1880-1960) zum KM

von Walther Nernst

**ohne Datum**

A. Joffé, Mitglied der russischen Academie der Wissenschaften in Petersburg, etwa 48 Jahre alt, veröffentlichte 1906 in den Annalen der Physik seine erste grössere Arbeit,[1] eine vortreffliche bei Röntgen in München durchgeführte Dissertation, in der er den Nachweis führte, dass beim Quarz als einem Krystall die eigentliche (nicht durch Piezoelectricität vorgetäuschte) elastische Nachwirkung nahezu unmessbar klein ist. In der Folgezeit erschienen von ihm verschiedene kleinere Untersuchungen über die Ausbreitung von Röntgenimpulsen, magnetische Wirkung der Kathodenstrahlen u. über die Theorie der Strahlung.

Von sehr erheblicher Bedeutung sind drei Kategorien von Arbeiten[2] geworden, die ihn in die Reihe der führenden Physiker unserer Zeit gebracht haben:

1) *Untersuchungen über die electrische Leitfähigkeit reiner Krystalle.*[3] Eine grosse Schwierigkeit war hier zunächst zu überwinden, nämlich eine hinreichend weit getriebene Befreiung der Krystalle von secundären leitenden Verunreinigungen. Nachdem dies gelungen war, konnte Joffé zeigen, dass die früher geradezu unübersehbaren Verhältnisse sich durch Annahme einer electrolytischen Leitfähigkeit einfach deuten lassen, welch letztere durch eine sehr kleine Dissociation bei sehr grossem Reibungswiderstande der Ionen characterisiert ist. Besonders erfolgreich wurde das Auftreten merkwürdiger Polarisationserscheinungen untersucht u. weitgehend geklärt.

2) *Festigkeit von Krystallen.*[4] Auf diesem Gebiete lässt sich unter Benutzung der Ionengittertheorie die Festigkeit ziemlich sicher theoretisch berechnen, die Messungen ergaben aber viel zu kleine Werte. Joffé hat nun den sehr wichtigen Nachweis geführt, dass, wenn man oberflächliche feine Sprünge beseitigt (etwa indem man bei in Wasser löslichen Salzen fortwährend durch allmähliche Auflösung frische, von Sprüngen freie Oberflächen schafft) man ganz ausser-

---

AAW II–IIIb-Bd. 30, Bl. 102; Orig. hsl. eigenhändig.
Datum der Wahl zum KM 21. 6. 1928.
Der Wahlvorschlag wurde in der Sitzung der phys.-math. Klasse am 3. 5. 1928 vorgetragen.
Austritt am 15. 11. 1938 aus Protest gegen den Hitlerfaschismus; Wiederaufnahme der Mitgliedschaft 14. 3. 1956.
Nachruf: Robert Rompe, JB 1963, S. 201.

ordentlich höhere Festigkeitswerte findet, die nunmehr den Forderungen der Theorie genügen.

3) *Durchschlagsfestigkeit von Isolatoren.*[5] Die Fortschritte, die man Herrn Joffé auf diesem Gebiete verdankt, haben vielleicht das grösste Aufsehen erregt. Abgesehen von mancherlei neuartigen Ergebnissen entdeckte er, geleitet durch die Anwendung der Theorie der sogenannten „Ionenlawine", dass bei äusserst dünnen festen Isolatoren die Durchschlagsfestigkeit erheblich grössere Werte annimmt, als bei den üblichen Dicken bisher gefunden wurde, ja dass sogar ein Gebiet existiert, in welchem die Durchschlagsfestigkeit von der Dicke unabhängig ist. Diese Arbeiten sind theoretisch wie experimentell mit gleicher Meisterschaft durchgeführt. –

Herr Joffé hat es zugleich verstanden, trotz der vielfach sehr schwierigen äusseren Verhältnisse, unter denen er in seiner russischen Heimath arbeiten musste, nicht nur selber grosse Erfolge zu erzielen, sondern auch zahlreiche Schüler u. Mitarbeiter heranzuziehen. Die ihm zugedachte Auszeichnung dürfte in weiten Kreisen auf volles Verständnis stossen.

Nernst
Laue Johnsen
Planck

## Nr. 69

# Wahlvorschlag für Max Born (1882-1970) zum KM

**von Erwin Schrödinger**

**Berlin, 20. Juni 1929**

Die Unterzeichneten beantragen die Wahl des Herrn *Max Born* in *Göttingen* zum Korrespondenten der physikalisch-mathematischen Klasse der Akademie.

Borns Forschungstätigkeit auf dem Gebiete der theoretischen Physik ist sehr ausgedehnt und reichhaltig. Eine Gruppe älterer Arbeiten[1] betrifft Folgerungen aus der speziellen Relativitätstheorie, insbesondere die merkwürdige „Hyperbelbewegung", bei der ein Massenpunkt sich mit geradlinig konstanter Beschleunigung bewegt und dabei doch nur asymptotisch der Lichtgeschwindigkeit sich nähert. — Weiter sollen drei Gruppen von Arbeiten hervorgehoben werden, die — jede Gruppe für sich — nachhaltigen Einfluß auf die Entwickelung der Physik geübt hat.

Das erste ist der systematische Aufbau der *Dynamik der Kristallgitter*[2], welchen Born durchgeführt hat. Als Atomtheorie des festen Zustandes bildet diese Theorie ein Gegenstück zur kinetischen Gastheorie. Sie nimmt wie diese ihren Ausgang von dem Bestreben, die thermodynamischen und elastischen Eigenschaften des festen Körpers zu erfassen — u. zw. unter Einbeziehung der Quantentheorie, — vermittelt aber weiterhin das Verständnis aller, insbesondere auch der optischen Eigenschaften der kristallisierten Materie auf einheitlicher Modellgrundlage. Und gerade hier liegt die große Bedeutung der Bornschen Arbeiten, da der Zusammenhang des optischen, d. h. elektromagnetischen Verhaltens mit den mechanischen Eigenschaften die elektromagnetische (u. zw. wesentlich elektrostatische) Natur der Kohäsionskräfte sicher stellt und zu einem Grundpfeiler unserer heutigen Auffassung von der Struktur der Materie macht. Es verdient Erwähnung, daß das Experiment dieser, dem Theoretiker sehr naheliegenden Auffassung zunächst widersprochen hatte, soferne es bei manchen Kristallen viel zu kleine Zerreißfestigkeiten lieferte. Erst *nach* dem Ausbau der Born'schen Theorie gelang es, die ungeheuer großen Zerreißfestigkeiten, die sie forderte, unter geeigneten Vorsichtsmaßregeln auch wirklich experimentell nachzuweisen und die gewöhnlich gemessenen kleineren auf sekundäre Umstände zurückzuführen.

---

AAW II–IIIb-Bd. 31, Bl. 126–127; Orig. masch.schr.
Datum der Wahl zum KM 31. 10. 1929.

Eine zweite Gruppe von Arbeiten Borns,[3] die uns von besonderer Bedeutung scheint, sind diejenigen, worin er mit den klassischen Störungsmethoden unter Ueberwindung beträchtlicher rechnerischer Schwierigkeiten die Bohr'sche Atomtheorie, die bis dahin eigentlich nur für das Wasserstoffatom wirklich durchgeführt war, auch für das Heliumatom bis zur ziffernmäßigen Berechnung einiger Spektralterme vortrieb; mit dem Erfolg, daß die Theorie sich quantitativ als unrichtig erwies. Diese Feststellung war von außerordentlichem Wert, denn nur die von jeder Hoffnung befreite Ueberzeugung, daß die Bohrsche Theorie trotz ihrer ungeheuren Erfolge unzureichend war, gab dem tastenden Suchen nach einer besseren Theorie die Stoßkraft und Kühnheit, welche die waghalsige Lösung des Problems durch Heisenberg ermöglichte.

Auch diese Lösung ist aus dem von Born inspirierten Göttinger Kreis hervorgewachsen. Wir kommen damit auf die dritte und vielleicht bedeutendste Gruppe von Borns Arbeiten.[4] Born hat in entscheidender Weise am Ausbau der neuen Quantenmechanik mitgewirkt — deren Grundgedanke allerdings von Heisenberg ausging. Aber Born war es, der erkannte, daß die eigenartigen Rechengesetze, auf die man stieß, nichts weiter als die wohlbekannten Regeln der Matrizenrechnung waren und daß damit das ganze Quantenproblem zurückgeführt war auf die Hauptachsentransformation einer quadratischen Form von unendlich vielen Variabeln. Born widmete nun seine ganze Kraft dem Ausbau der neuen Mechanik, die er in zahlreichen Arbeiten, welche teils die Grundlagen, teils spezielle Anwendungen betreffen, förderte. Unter den speziellen Anwendungen verdient Erwähnung, daß Born als erster die sehr wichtige quantenmechanische Behandlung unperiodischer Stoßvorgänge — u. zw. nach wellenmechanischen Methoden — in Angriff nahm,[5] wobei er auf die sogenannte Wahrscheinlichkeitsdeutung der Wellenmechanik geführt wurde, die zwar bis heute noch nicht völlig klargestellt, aber vorläufig für die praktische Handhabung der Theorie unentbehrlich geworden ist.

Auf diese wissenschaftlichen Leistungen Max Borns gründet sich unser Antrag, ihn zum korrespondierenden Mitglied zu wählen.

Schrödinger
Laue
Planck
Nernst

## Nr. 70

# Wahlvorschlag für Sir William Henry Bragg (1862-1942) zum KM

**von Max von Laue**

**Berlin, 19. Juni 1929**

Die Unterzeichneten beantragen, Sir William H. *Bragg* in London zum Korrespondierenden Mitglied für das Fach der Physik zu wählen.

Sir William H. *Bragg* ist am 2. Juli 1862 in Wigton (Cumberland) geboren, war von 1886 bis 1908 Professor für Physik an der Universität Adelaide in Australien, dann bis 1915 an der Universität Leeds (England), bis 1923 an der Universität London. Seitdem ist er Direktor an der Royal Institution of Great Britain und Direktor des Davy Faraday Research Laboratory, zugleich Honorarprofessor am Trinity College in Cambridge.

Bragg wurde zuerst bekannt durch Arbeiten über die Radioaktiven Strahlungen und die Röntgenstrahlen.[1] Er errang sich bald den Platz eines Führers auf diesem Gebiete. Ihm verdanken wir neben anderen Forschern die Feststellung einer bestimmten Reichweite bei den $\alpha$-Strahlen, ihm allein die Kenntnis der sog. Braggschen Kurve, welche die Verteilung der Ionisation über die Bahn eines $\alpha$-Strahles beschreibt. Er klärte ferner die unerwartet schnelle Wiedervereinigung der Ionen auf, welche ein $\alpha$-Strahl erzeugt, und trug Manches zur Kenntnis der Streuung und Absorption der $\beta$-Strahlen bei.

Seine größte Leistung aber aus jener Zeit sehen wir in der genauen Durchforschung des lichtelektrischen Effektes, soweit er bei Röntgen- und $\gamma$-Strahlen auftritt. Er hat selbständig, zunächst ohne Kenntnis der einschlägigen Einsteinschen Arbeit[2], die grundlegende Tatsache gefunden, daß die Geschwindigkeit der von diesen Strahlen losgelösten Elektronen unabhängig von der Intensität der Strahlen lediglich durch deren Härte bedingt ist. Er hat ferner festgestellt, daß diese Geschwindigkeit übereinstimmt mit der Geschwindigkeit der Kathodenstrahlen, welche die Röntgenstrahlen erzeugt haben. Er sprach unzweideutig auf Grund dieser Tatsache die Wesensgleichheit von $\gamma$-Strahlen und Röntgenstrahlen aus, und verfocht für beide eine Korpuskulartheorie, die freilich in dieser Form nicht haltbar war, aber doch in ihrem gesunden Kern mit der heutigen Auffassung von den Quanteneffekten bei elektromagnetischen Strahlungen völlig übereinstimmt.

---

AAW II–IIIb-Bd. 31, Bl. 125a–125c; Orig. masch.schr.
Datum der Wahl zum KM 31. 10. 1929.

Diese Einstellung hinderte ihn nicht, sich sofort auf die Interferenzerscheinung der Röntgenstrahlen zu werfen, als diese bekannt geworden waren. Zustatten kam ihm dabei die Zusammenarbeit mit seinem Sohn, W. L. Bragg, der die erforderlichen kristallographischen Kenntnisse mitbrachte.

Das Verdienst der Braggs sehen wir vor allem darin, daß sie als die Ersten die absoluten Größen der Gitterparameter an den Kristallen bestimmten. Hypothesen über den atomaren Bau einfacher Kristalle fanden sich schon länger in der Literatur vor. Durch Intensitätsvergleich an den Interferenzmaxima der Röntegenstrahlen bestätigten die Braggs die vorliegende Hypothese für Natriumchlorid und Kaliumchlorid, konnten damit die Gitterkonstante in absolutem Maße nicht nur für diese Kristalle, sondern vermöge der Röntgenstrahlinterferenzen auch für alle anderen angeben und bekamen zugleich die Röntgenstrahl-Wellenlänge in absolutem Maße. Alle Wellenlängenmessungen an Röntgenstrahlen beruhten bis vor kurzen ausschließlich auf dieser Leistung der Braggs.[3] Es erübrigt sich festzustellen, daß die spätere Nachprüfung mittels künstlich hergestellter Gitter die so erhaltenen Ergebnisse völlig bestätigte. Für diese Leistung erhielten beide Braggs 1915 den Nobelpreis und später die goldene Barnard-Medaille der Universität Columbia.

Seitdem haben die Braggs sowohl für die Erforschung der Kristallstrukturen als auch für die Messung der Wellenlängen außerordentlich viel getan. Berühmt ist besonders die Feststellung einer schon früher vermuteten Atomanordnung im Diamant.[4] Doch geht die Zahl der von ihnen untersuchten Kristalle hoch in die Dutzende. Sie haben den ersten Röntgen-Spektrographen konstruiert und die Genauigkeit der Wellenlängenmessung im hohen Maße verfeinert. Die Wahl des einen von ihnen zum Korrespondierenden Mitglied der Akademie wird auch der Akademie zur Ehre gereichen.

Laue
Schrödinger
Planck
Einstein
Nernst
Paschen
Johnsen

## Nr. 71

# Wahlvorschlag für James Franck (1882-1964) zum KM

**von Friedrich Paschen**

**ohne Datum**

Ich schlage vor, Herrn Dr. James Franck, ordentlichen Professor der Physik und Direktor des II. Physikalischen Institutes an der Universität Göttingen.

Franck kann kurz als die hervorragendste Autorität auf dem Gebiete der Wechselwirkung zwischen Elektronen, Atomen und Molekülen und der dabei ins Spiel tretenden Energie bezeichnet werden. Denn was auf diesem Gebiete heute experimentell gearbeitet oder theoretisch erschlossen wird, fußt auf dem physikalischen Bilde dieser atomistischen Welt, welches man zum großen Teile den Arbeiten Francks verdankt.

Er begann vor den Entdeckungen von Niels Bohr mit der experimentellen Untersuchung des Verhaltens langsamer Elektronen gegenüber Gasen.

In wichtigen Arbeiten stellte er gemeinsam mit G. Hertz den Unterschied zwischen elastischer und unelastischer Reflexion der Elektronen fest.[1] Die Verfolgung der Energieabgabe bei unelastischen Reflektionen führte bald zur Entdeckung der Lichterregung bei bestimmter Elektronengeschwindigkeit im Quecksilberdampfe. Wenn auch die Deutung dieses Vorganges im Anfange nicht ganz richtig war, und die richtige Deutung zu erarbeiten Herrn Franck in Folge des Krieges verwehrt wurde, bleibt das Grundexperiment und seine allgemeine Bedeutung ein unbestrittenes Verdienst der beiden deutschen Forscher. Denn nachdem inzwischen Bohrs Theorien bekannt geworden waren, stellte sich dies Experiment als Beweis für die Realität der von Bohr angenommenen stationären Energiezustände des Atoms heraus. Dieser Beweis wurde in weiteren Beispielen, zum Beispiel: am Quecksilberdampfe und Helium durch Franck und seine Schüler, wie in anderen Fällen, besonders durch Amerikaner zur Gewißheit verstärkt.

Weitere Entdeckungen Francks beziehen sich auf die Energieabgabe angeregter Atome. Während der Stoß der Elektronen als solcher 1. Art bezeichnet wurde, nennt Franck die Stöße von Atomen solche 2. Art. Besonders wichtig sind Atome in einem angeregten metastabilen Atomzustand, und es ist Francks

---

AAW II–IIIb-Bd. 31, Bl. 127–127a; Orig. masch.schr.
Datum der Wahl zum KM 31. 10. 1929.
Der Wahlvorschlag wurde in der Sitzung der phys.-math. Klasse am 20. 6. 1929 vorgetragen.

Verdienst, solche Anregung als einen wichtigen und häufigen Sonderfall erkannt zu haben. Viele eigene Arbeiten über die Anregung z. B. durch Quecksilberatome im metastabilen Zustand $2\ ^3/P_0$ und die Deutung fremder Experimente über andere Fälle haben Franck in den Stand gesetzt, die Erscheinungen der Stöße 2. Art zu beherrschen. Viele Phänomene der Lichtanregung und besonders der Fluorescenz finden ihre Deutung.

Über die Anregung der Moleküle hat Franck viel arbeiten lassen. Diese Arbeiten zusammen mit amerikanischen über die Bandenspectren haben unsere Kenntnis über die Energieverhältnisse bei der Anregung und Dissociation erheblich vermehrt.

Bei allen Arbeiten Francks und seiner Schüler muß man die einfachen sinnreichen experimentellen Methoden bewundern. Diese sind dann auch schnell Allgemeingut der experimentellen Wissenschaft geworden. Aber vielleicht mehr zu bewundern scheint das klare Bild über die Welt der Atome, welches Franck sich und der Wissenschaft erarbeitet hat, und von dem aus es ihm meist instinktiv gelingt, weitere Fortschritte in die Wege zu leiten.

Man bewundert dies um so mehr, als Franck im stande ist, die Ergebnisse der theoretischen Physik seinem Weltbilde einzuordnen, ohne doch die mathematischen Methoden der theoretischen Physik zu benutzen.

Seine Kenntnisse und seine Anschauungen hat Franck 1926 niedergelegt in dem gemeinsam mit P. Jordan verfaßten Buche: „Anregungen von Quantensprüngen durch Stöße“[2], welches als der Leitfaden auf diesem Gebiete von allen Seiten höchste Anerkennung gefunden hat.

| | | | | |
|---|---|---|---|---|
| Einstein | Hahn | Bodenstein | Paschen | Nernst |
| | | Schrödinger | | Planck |

# Nr. 72

# Wahlvorschlag für Tullio Levi-Civita (1873-1941) zum KM

**von Albert Einstein**

**ohne Datum**

Die Unterzeichneten beantragen die Wahl von Professor T. Levi Civita in Rom zum Mitglied der mathematisch-physikalischen Klasse im Fache der Mathematik.

Levi Civita hat auf nahezu allen Gebieten der mathematischen Physik originelle Arbeiten geschaffen. Es seien zuerst seine feinen Untersuchungen über Flüssigkeitswellen von endlicher Amplitude sowie über das Dreikörper-Problem der Mechanik[1] erwähnt sowie seine zahlreichen Arbeiten über spezielle Lösungen der allgemeinen Relativitäts-Theorie.[2]

Für die grosse Linie der wissenschaftlichen Entwicklung sind zwei Leistungen Levi-Civitas von entscheidender Bedeutung gewesen. Erstens nämlich hat er mit Ricci zusammen den absoluten Differentialkalkül[3] aufgebaut und hat so die mathematische Form für die allgemeine Relativitätstheorie mit geschaffen. Zweitens und hauptsächlich hat er in dem Begriffe der infinitesimalen Parallelverschiebung einen höchst bedeutsamen Gesichtspunkt zur Vertiefung der Theorie des $n$-dimensionalen Kontinuums geschaffen. Dieser Begriff hat nicht nur zu einer wunderbaren Vereinfachung der Riemann'schen Theorie der Krümmung geführt sondern auch zur Verallgemeinerung der Geometrie über Riemann hinaus Veranlassung gegeben, deren theoretische Bedeutung allgemein anerkannt, deren physikalische Bedeutung noch nicht abzusehen ist. Die Versuche von Weyl, Eddington und Einstein einer Verschmelzung der Theorie von Gravitation und Elektrizität beruhen auf Levi Civitas Idee.

Es kann kein Zweifel darüber bestehen, dass Levi-Civita die neueste Entwicklung der mathematischen Physik und Infinitesimal-Geometrie entscheidend beeinflusst hat.

| | | |
|---|---|---|
| A. Einstein | Erhard Schmidt | Laue |
| Planck | E. Schrödinger | Wagner |
| Schur | Bieberbach | |

---

AAW II–IIIb-Bd. 31, Bl. 136; Orig. hsl. eigenhändig.
Datum der Wahl zum KM 31. 10. 1929.
Der Wahlvorschlag wurde in der Sitzung der phys.-math. Klasse am 20. 6. 1929 vorgetragen.

**Erwin Schrödinger**

Photosammlung des Akademie-Archivs, Original-Photo George Feshe's Studio, Oxford 1933

# Nr. 73

## Wahlvorschlag für Erwin Schrödinger (1887-1961) zum OM

**von Max Planck**

**ohne Datum**

Die Unterzeichneten beehren sich, den ordentlichen Professor der Theoretischen Physik an der Universität Berlin, Dr. Erwin Schroedinger, zur Erwählung als ordentliches Mitglied in eine der freien Stellen der Statuten von 1881 vorzuschlagen.

Schroedinger nimmt unter den theoretischen Physikern der jüngeren Generation eine ausgezeichnete Stellung ein vermöge der führenden Rolle, welche er seit seinen bahnbrechenden Arbeiten auf dem Gebiete der Wellenmechanik übernommen hat. Geboren im Jahre 1887 in Wien empfing er an der dortigen Universität seine wissenschaftliche Ausbildung in experimenteller und theoretischer Physik, habilitierte sich im Jahre 1914 und ging 1920 als Extraordinarius für theoretische Physik an die Technische Hochschule Stuttgart, von dort 1921 als Ordinarius an die Universität Breslau und 1922 an die Universität Zürich, von wo er im vorigen Jahre nach Berlin berufen wurde.

Schon von Anbeginn seiner Tätigkeit an machte sich Schroedinger vorteilhaft bekannt durch die Schärfe und Unabhängigkeit seines Urteils und durch die Vielseitigkeit seiner Interessen. Auf verschiedenen Gebieten der Physik nacheinander griff er, anscheinend ohne bestimmt vorgefaßten Plan, ein ihn gerade interessierendes Problem auf, entweder von der experimentellen oder, wie später meistenteils, von der theoretischen Seite, und setzte sich mit ihm auf gründliche und gewandte Art auseinander, manche originelle und inhaltreiche Gedanken dabei zutage fördernd. So verdankt man ihm gediegene Beiträge[1] zur Dynamik elastisch gekoppelter Punktsysteme, zur Theorie der Brown'schen Bewegung und anderer Schwankungserscheinungen, zur Bestimmung des Kapillardrucks in Gasblasen, zur Akustik der Atmosphäre, zur physiologischen Farbentheorie, durch Einführung einer exakten Farbenmetrik, zur Optik der Interferenzerscheinungen, durch den Nachweis der Interferenzfähigkeit von

---

AAW II–IIIa-Bd. 25, Bl. 42a–42d; Orig. hsl. von fremder Hand.
Datum der Wahl zum OM 12. 2. 1929.
Der Wahlvorschlag wurde in der Sitzung der phys.-math. Klasse am 15. 11. 1928 vorgetragen.
AM seit 12. 11. 1936, wieder OM seit 14. 2. 1950.
Antrittsrede: SB 1929, phys.-math. Klasse, S. C–CII.
Nachruf: Achilles Papapetrou, Jb. 1963, S. 202–203.

Strahlen auch bei einem weit geöffneten Bündel, zur statistischen Mechanik, namentlich auch durch eine nähere Prüfung der von Einstein in die kinetische Gastheorie eingeführten Bose'schen Statistik. Vor nunmehr 3 Jahren lenkte sich dann seine Aufmerksamkeit auf die Idee von Louis de Broglie[2], daß ein mit bestimmter Geschwindigkeit bewegtes Elektron in mancher Beziehung sich ähnlich verhält wie eine Welle von bestimmter Periode und Fortpflanzungsgeschwindigkeit; und er verstand es, dieser Idee eine sehr allgemeine quantitativ formulierte Fassung zu geben durch die Aufstellung der nach ihm benannten Differentialgleichung, durch welche die bis dahin etwas mysteriöse Wellenmechanik[3] mit einem Schlage auf eine feste Grundlage gestellt wurde. Bald darauf gelang ihm der wichtige Nachweis, daß seine Differentialgleichung in mathematischer Hinsicht equivalent ist dem Inhalt der Relationen, mit denen Heisenberg, Born und Jordan die neue Quantenmechanik begründet haben. Wenn somit vom mathematischen Standpunkt aus die sog. Schroedinger'sche Gleichung nicht unmittelbar zu neuen funktionellen Beziehungen geführt hat, so liefert sie doch einesteils neue wertvolle mathematische Methoden zur Berechnung der Quantenwerte, andererseits aber eröffnet sie neue physikalische Ausblicke, die schon jetzt für die weitere Entwicklung der Quantentheorie von entscheidender Bedeutung geworden sind, und an deren weiterer Verfolgung gegenwärtig von vielen Seiten gearbeitet wird.

Es ist kein Zweifel, daß Schroedinger, wenn er gesund und arbeitsfähig bleibt, auf dem von ihm eingeschlagenen Wege und wohl auch auf manchen anderen Gebieten seiner Wissenschaft noch zu manchen erfreulichen Fortschritten verhelfen wird. Die Unterzeichneten halten daher seine Wahl in die Akademie für gerechtfertigt und geboten.

Planck<br>
Laue<br>
Nernst<br>
E. Warburg<br>
Paschen

# Anmerkungen zu den Dokumenten

## Zu Dokument Nr. 1

[1] Handbuch der physiologischen Optik, Bd. 1–3, Hamburg 1856–1867. Vgl. im folgenden HELMHOLTZ, Gesammelte Wissenschaftliche Abhandlungen Bd. 1–3, Leipzig 1882–1895, ders., Vorträge und Reden, Bd. 1–2, Braunschweig 1884, sowie die Bibliographie in: GR I, S. 123–124, P III, S. 611–612, P VIIa, Suppl. S. 267, und DSB VI, S. 241–253. Vgl. außerdem Titelverzeichnis sämmtlicher Veröffentlichungen von Hermann von Helmholtz, Leipzig 1895. (ges. Wiss. Abh., Bd. 3, S. 605–636).

[2] griech. Sehziel.

[3] Die Lehre von den Tonempfindungen, als physiologische Grundlage für die Theorie der Musik, Braunschweig 1863.

[4] Die Mechanik des Gehörknöchelchens und des Trommelfells, Bonn 1869.

[5] Integration der hydrodynamischen Gleichungen, welche den Wirbelbewegungen entsprechen, J. Math. 55 (1858) S. 25–55.

[6] MB 1868, S. 215–228.

[7] Nachr. Gesellsch. Wiss. Göttingen 1868, Nr. 9, S. 193–221.

## Zu Dokument Nr. 2

[1] Memoir I–II; Pogg. Ergänzungsbd. IV (1854) S. 177–345. Vgl. hier und im folgenden G. G. STOKES, Mathematical und Physical Papers. Reprinted from the original journals and transactions, with brief historical notes and references, Bd. 1–5, Cambridge 1880–1905, Neudruck New York 1966; ders., Memoirsand Scientific Correspondence, hrsg. von J. LARMOR, Bd. 1–2, London/Edinburgh 1907–1909. Vgl. auch P II, Sp. 1016–1017, P III, S. 1297, P IV, S. 1445–1446, P V, S. 1216.

[2] ERNST ESSELBACH, Eine Wellenmessung im Spectrum jenseits des Violetts, Pogg. Ann. 98 (1856) S. 513–546.

[3] Erg. Bd. III (1853) S. 546–596.

## Zu Dokument Nr. 3

[1] Vgl. Wahlvorschlag Nr. 2, Anm. 1, Schriftenverzeichnis; außerdem STOKES, Das Licht. Zwölf Vorlesungen, Leipzig 1888.

[2] Die Natur der Kathodenstrahlen (Elektronenstrahlung) war damals noch umstritten.

G. Wiedemann, E. Goldstein und H. Hertz nahmen sie als eine Wellenstrahlung, englische Physiker hingegen als eine Korpuskularstrahlung an. Vgl. dazu W. Voigt, G. G. Stokes, Nachr. Gesellsch. Wiss. Göttingen 1903, Geschäftl. Mitt., S. 70–80, insbes. S. 79.

## Zu Dokument Nr. 4

1 Vgl. Kirchhoff, Gesammelte Abhandlungen, Leipzig 1882, und Nachtrag, hrsg. von L. Boltzmann, Leipzig 1891; außerdem: P I, Sp. 1260–1261, P III, S. 720–721, P IV, S. 750–751, P VIIa, Suppl. S. 326, GR I, S. 148 und DSB VII, S. 379–382.

2 Vgl. S. Germain, Recherches sur la théorie des surfaces élastiques, Paris 1821, und S. D. Poisson, Mémoire sur les surfaces elastiques, Mém. Inst. (Paris) **13** (1812).

3 Vgl. z. B. Poisson, Mémoire sur l'équilibre et le mouvement des corps élastiques, Mém. Acad. (Paris) **8** (1829).

4 Kirchhoff, Ueber den Durchgang eines electrischen Stromes durch eine Ebene, besonders eine kreisförmige, Pogg. Ann. **64** (1845) S. 497–514, weitere diesbezügliche Arbeiten vgl. P I, Sp. 1260–1261.

5 Kirchhoff, Über die Fraunhofer'schen Linien, MB 1853, S. 662–665, ders., Über den Zusammenhang zwischen Emission und Absorption von Licht und Wärme, MB 1859, S. 783–787; vgl. auch ders., Untersuchungen über das Sonnenspectrum und die Spectren der chemischen Elemente, Abh., Phys. Abt. 1861, S. 63–95 und 1862, S. 227–240.

## Zu Dokument Nr. 5

1 Vgl. Wahlvorschlag zum KM, Anm. 1.

2 F. Strehlke, Ueber die Klangfiguren auf ebenen Scheiben, Pogg. Ann. **4** (1825) S. 205–218, vgl. auch ders., Klangfiguren auf Quadratscheiben, ebd. **18** (1830) S. 198–225, sowie Kirchhoff, Ueber die Schwingungen einer kreisförmigen elastischen Scheibe, ebd. **81** (1850) S. 258–264.

3 Vgl. J. Math. **70** (1869) und **71** (1870).

4 G. R. Kirchhoff und R. Bunsen, Chemische Analyse durch Spectralbeobachtungen, Pogg. Ann. **110** (1860) S. 161–169, und **113** (1861) S. 337–381, Neudruck in: Ostwalds Klassiker, Nr. 72, Leipzig 1895. Bezüglich des Wahlvorschlages für R. Bunsen (seit 1846 KM und seit 1862 AM) vgl. den auszugsweisen Abdruck in: K.–R. Biermann, Die Begründung der spektralanalytischen Methode im Urteil der Berliner Akademie, MB Dt. Akad. Wiss. **2** (1960) S. 315–318.

## Zu Dokument Nr. 6

1 Vgl. hier und im folgenden W. Thomson (Kelvin), Mathematical and Physical Papers, Bd. 1–2, Cambridge 1882–1883; vgl. außerdem Nachruf in Proc. Roy. Soc. London **81** (1908) S. III-XCIII; P. III, S. 1341–1343, P IV, S. 1496–1498, P V, S. 1254.

2 Vgl. W. Thomson, Dynamical theory of heat, Philos. Mag. (London) **4**, **9** und **11** (1852–1856).

[3] Vgl. W. THOMSON, Experimental demonstration of the effect of pressure in lowering the freezing point of water, Philos. Mag. (London) **37** (1850), dt. in Pogg. Ann. **81** (1850). S. 163–167.
[4] Vgl. W. THOMSON und J. JOULE, Thermal effects of fluids in motion, Philos. Trans. (London) **143**, **144**, **150** und **152** (1853–1862).
[5] Zur damaligen Ansicht vom sog. „Wärmetod" vgl. W. THOMSON, Universal tendency in nature to the dissipation of mechanical energy, Philos. Mag. (London) **4** (1852) S. 304–306.
[6] Vgl. insbes. W. THOMSON, Elektrische Maaßeinheiten, Exners Repert. der Physik **20** (1884), und ders. Reprint of papers on electrostatics and magnetism, London 1872.
[7] Vgl. W. THOMSON, Forces concerned in laying and lifting of deep-seacables, Proc. Roy. Soc. Edinburgh **5** (1866).
[8] W. THOMSON und P. TAIT, Treatise on Natural Philosophy, Oxford 1867, dt. Ausgabe von H. von HELMHOLTZ und G. WERTHEIM, Braunschweig 1874; 2nd Edition Bd. 1,1 u. 1,2 Cambridge 1879–1883.
[9] W. THOMSON, Vortex motion, Trans. Roy. Soc. Edinburgh, **25** (1869) S. 217–260.

## Zu Dokument Nr. 7

SB 1896.

## Zu Dokument Nr. 8

[1] SIEMENS W., Anwendung des elektrischen Funkens zu Geschwindigkeitsmessungen, Pogg. Ann. **66** (1845) S. 435–445. Vgl. im folgenden P II, Sp. 924–926, P III, S. 1244–1245, P VIIa, Suppl. S. 632–639, und GR I, S. 258–259, sowie F. M. FELDHAUS, Siemens-Bibliographie, Geschichtsblätter für Technik, Industrie und Gewerbe **1** (1914) S. 10–15.
[2] SIEMENS, Ueber telegraphische Leitungen und Apparate, Pogg. Ann. **79** (1850) S. 481–500.
[3] SIEMENS, Ueber die elektrostatische Induction und die Verzögerung des Stroms in Flaschendrähten, Pogg. Ann. **102** (1857) S. 66–122.
[4] SIEMENS, Ueber Widerstandsmaaße und die Abhängigkeit des Leitungswiderstands der Metalle von der Wärme, Pogg. Ann. **113** (1861) S. 91–105, und ders., Zur Frage der Widerstandseinheit, edb., **127** (1866) S. 327–243.
[5] Vgl. SIEMENS, Neue Construction magneto-elektrischer Maschinen, Pogg. Ann. **101** (1857) S. 271–286; ders., Umwandlung von Arbeitskraft in elektrischen Strom ohne Anwendung permanenter Magnete, ebd., **130** (1867) S. 332–335 und MB 1867, S. 55–58 (über das Dynamoprinzip); vgl. auch SIEMENS, Die dynamoelektrische Maschine, MB 1880, S. 949–961.

## Zu Dokument Nr. 9

[1] Vgl. Schriftenverzeichnis in: E. RIECKE, Rudolf Clausius, Abh. Gesellsch. Wiss. Göttingen, math.-phys., Klasse **35** (1888); P I, S. 454–455, P III, S. 258, P VIIa, Suppl. S. 137–139 sowie ADB **55** (1910) S. 720–729 und DSB II, S. 303–311.

Vgl. insbes. CLAUSIUS, Der zweite Hauptsatz der Wärmetheorie, Braunschweig 1867, und ders., Die mechanische Wärmetheorie, 3 Bde., Braunschweig 1876–1891; insbes. CLAUSIUS, Ueber die bewegende Kraft der Wärme und die Gesetze, welche sich daraus für die Wärmelehre selbst ableiten lassen, Pogg. Ann. **79** (1850) S. 368 bis 397 und 500–524.

## Zu Dokument Nr. 10

[1] Beobachtungen nach einer neuen optischen Methode (Schlierenapparat), Bonn 1864; Neudruck in: Ostwalds Klassiker, Bd. 157/158, Leipzig 1906.

[2] FOUCAULT, Procédés pour reconnaitre, la configuration des surfaces optiques, Comptes Rendus Acad. Sci. (Paris) **47** (1858) S. 958–961. Vgl. Recueil des travaux scientifiques le Léon Faucault, Bd. 1–2, Paris 1878.

[3] Vgl. im folgenden TOEPLER, Erzeugung einer eigenthümlichen Art von intensiven elektrischen Strömen vermittelst eines Influenz- Elektromotors, Pogg. Ann. **125** (1865) S. 469–593, und ders., Vergleichende Versuche über die Leistungen der Influenzmaschine mit und ohne Metallbelegung, ebd. **127** (1866) S. 177–198. Vgl. auch W. HALLWACHS, August Toepler, Sitz. Ber. Gesellsch. Wiss. Leipzig **64** (1912) S.479–497, P III, S. 1355–1356, P IV, S. 1510, P V, S. 1261, P VIIa, Suppl. S. 692, und GR I, S. 266. Schriftenverzeichnis auch in: R. KUKULE, Bibliograph. Jahrbuch der Deutschen Hochschulen, Innsbruck 1892, S. 930–931.

[4] TOEPLER, Das Princip der stroboskopischen Scheiben als vorteilhaftes Hülfsmittel zur optischen Analyse tönender Körper, Pogg. Ann. **128** (1866) S. 108–125, und ders., Neue optische Methode, die Schwingungen tönender Luftsäulen zu analysieren, ebd. **141** (1870) S. 321–352 (zusammen mit L. BOLTZMANN).

[5] Pogg. Ann. Jubelbd. 1874, S. 498–505.

[6] TOEPLER, Einige Anwendungen der Luftreibung bei Meßinstrumenten, Pogg. Ann. **149** (1873) S. 416–421.

## Zu Dokument Nr. 11

[1] Vgl. Nachruf und Schriftenverzeichnis in: R. PRIBRAM, Hans Heinrich Landolt, Ber. dt. chem. Gesellsch. **44** (1911) S. 3337–3394, insbes. S. 3387–3391 (Bibliographie der Arbeiten Landolts), sowie P I, Sp. 1366, P III, S. 771, P IV, S. 834–835, P V, S. 706, GR I, S. 168, und GR II, S. 100 sowie DSB VII, S. 619–620.

[2] LANDOLT, Ueber die Brechungsexponenten flüssiger homologer Verbindungen, Pogg. Ann. **117** (1862) S. 353–385.

[3] LANDOLT, Ueber den Einfluß der atomistischen Zusammensetzung C-, H- und O-haltiger flüssiger Verbindungen auf die Fortpflanzung des Lichtes, Pogg. Ann. **122** (1864) S. 545–563, **123** (1864) S. 595–628.

[4] LANDOLT, Bericht über die chemischen Analysen, welche bei den auf Veranlassung des Kgl. Preußischen Ministeriums für Handel etc. im Herbst 1866 angestellten Raffinierungsversuchen mit Rüben- und Rohrzucker ausgeführt worden sind, Verh. des Vereins für Gewerbefleiß in Preußen 1867, S. 1–42; vgl. auch LANDOLT, Über Polarisations-Saccharimeter und die Analyse der Rohrzucker und Melassen, Z. analyt. Chem. **7** (1868) S. 1–29.

[5] LANDOLT, Untersuchungen über die Dampftensionen homologer Verbindungen, Liebigs Ann. Chemie, Suppl. Bd. **6** (1868) S. 129–181. Vgl. auch LANDOLT und R. BÖRNSTEIN, Physikalisch-Chemische Tabellen, Berlin 1883.

[6] „und praktische Anwendungen", 1. Auflage.

## Zu Dokument Nr. 12

[1] F. KOHLRAUSCH, Ueber die elastische Nachwirkung bei der Torsion, Göttingen 1863, vgl. auch Pogg. Ann. **119** (1863) S. 337–368, und **128** (1866) S. 1–20, 207–227 und 399–419. Schriftenverz. in P III, S. 737–738, P IV, S. 784–785, P V, S. 695, sowie GR I, S. 15, GR II, S. 92–93 und DSB VII S. 440–450.
[2] KOHLRAUSCH, Ueber die Ermittelung von Lichtbrechungsverhältnissen durch Totalreflektion, Wied. Ann. **4** (1878) S. 1–33.
[3] Vgl. KOHLRAUSCH, Transportable Instrumente zur Messung der erdmagnetischen Intensitätsvariationen, Wied. Ann. **15** (1882) S. 533–550.
[4] KOHLRAUSCH, Ueber ein einfaches Localvariometer für die erdmagnetische Horizontalintensität, Wied. Ann. **29** (1886) S. 47–52.
[5] KOHLRAUSCH, Absolute Messungen mittelst bifilarer Aufhängung, insbesondere zwei Methoden zur Bestimmung der erdmagnetischen Horizontalintensität ohne Zeitmessung, Wied. Ann. **17** (1883) S. 737–772.
[6] Vgl. KOHLRAUSCH, Tangentenboussole für absolute Messungen, Spiegelgalvanometer, Electrodynamometer und metallfreies Magnetometer, Wied. Ann. **15** (1882) S. 550–558.
[7] Vgl. KOHLRAUSCH, Ueber die Zurückführung der Siemens'schen galvanischen Widerstandseinheit auf absolutes Maass, Pogg. Ann. Erg. Bd. VI (1874) S. 1–35.
[8] KOHLRAUSCH, Einfache Methoden und Instrumente zur Widerstandsmessung, insbesondere in Electrolyten, Wied. Ann. **11** (1880) S. 653–660.
[9] KOHLRAUSCH, Das elektrische Leitungsvermögen der Chlor-, Brom-, und Jodwasserstoffsäure, der Schwefel-, Phosphor-, Oxal-, Wein- und Essigsäure in wässrigen Lösungen, Pogg. Ann. **159** (1876) S. 233–275.
[10] 1853. Vgl. Wahlvorschlag für W. Hittorf. (Nr. 14).

## Zu Dokument Nr. 13

[1] 1. Auflage Leipzig 1870; 5. Auflage Leipzig 1884.

## Zu Dokument Nr. 14

[1] Bonn, dt. Übers. in J. Math. **38** (1847). Vgl. P I, Sp. 113, P III, S. 639–640, P IV, S. 646–647, P V, S. 545, DSB VI, S. 438–440; A. HEYDWEILLER, Johann Wilhelm Hittorf, Leipzig 1915.
[2] Pogg. Ann. **72** (1847) S. 481–485, und **84** (1851) S. 1–28.
[3] Pogg. Ann. **89** (1853) S. 177–211; **98** (1856) S. 1–33; **106** (1858) S. 337–411 und S. 513–586; Neudruck in: Ostwalds Klassiker, Nr. 21 und 23, Leipzig 1891, 2. verb. Auflage 1903 und 1904.
[4] Vgl. hier und im folgenden HITTORF, Ueber die Electricitätsleitung der Gase, Pogg. Ann. **136** (1869) S. 1–31 und 197–234; Jubelbd. (1874) S. 430–445; Wied. Ann. **7** (1879) S. 553–631; **8** (1879) S. 671; **20** (1883) S. 705–755; **21** (1884) S. 90–139.

## Zu Dokument Nr. 16

[1] BEZOLD, Zur Theorie des Condensators, Göttingen 1860 (Diss.), im Auszug abgedruckt in Pogg. Ann. **114** (1861) S. 404–439. Vgl. auch ders., Ueber das Verhalten der

starren Isolatoren gegen Electricität, ebd. **125** (1865) S. 132–137. Vgl. Schriftenverzeichnis in: G. Hellmann, Wilhelm von Bezold, Gedächtnisrede. Mit Verzeichnis der wissenschaftlichen Veröffentlichungen Bezolds. In: Verh. Dt. Physik. Gesellsch. 1907, S. 258–283, insbes. S. 278 ff. (Separatdruck: Braunschweig 1907). Vgl. auch P III, S. 125, P IV, S. 116–117, P V, S. 107, P VIIa, Suppl. S. 87–88, sowie GR I, S. 23, und GR II, S. 10.

[2] Vgl. Bezold, Untersuchungen über den Elektrophor, Pogg. Ann. **143** (1871) S. 52 bis 87, und ders., Ueber das Bildungsgesetz der Lichtenberg'schen Figuren, ebd. **114** (1871) S. 337–363 und S. 526–550.

[3] Der obigen Aufzählung entsprechend erschienen in: Z. für Biologie **1** (1865) S. 169 bis 179 bzw. Pogg. Ann. Jubelband 1874, S. 585–590 bzw. Pogg. Ann. **150** (1873) S. 71–93 und 221–247 bzw. Sitz. Ber. Akad. Wiss. München 1877, S. 226–233 (mit G. Engelhardt zusammen).

[4] Erschienen in: Pogg. Ann. **123** (1864) S. 240–276.

[5] Der obigen Aufzählung entsprechend erschienen in: Pogg. Ann. **136** (1869) S. 513 bis 544 bzw. Sitz. Ber. Akad. Wiss. München 1874, S. 284–322 bzw. Sitz. Ber. Akad. Wiss. München 1875. S. 220–238 bzw. Elektrotechn. Z. **4** (1883) S. 132–135 bzw. Z. Österr. Gesellsch. für Meteor. **18** (1883) S. 418–423.

## Zu Dokument Nr. 17

[1] Vgl. Schriftenverzeichnis in: P III, S. 757–758, P IV, S. 818; GR. I, S. 162, sowie DSB VII, S. 526.

[2] Kundt, Ueber eine besondere Art der Bewegung elastischer Körper auf tönenden Röhren und Stäben. Wied. Ann. **126** (1865) S. 513–527; ders., Ueber neue akustische Staubfiguren und Anwendung derselben zur Bestimmung der Schallgeschwindigkeit in festen Körpern und Gasen, ebd. **127** (1866) S. 497–523, und ders., Untersuchung über die Schallgeschwindigkeit der Luft in Röhren, ebd. **135** (1868) S. 337–372 und 527–561.

[3] Vgl. Kundt, Ueber die anomale Dispersion der Körper mit Oberflächenfarben, Wied. Ann. **142** (1871) S. 163–171, **143** (1871) S. 149–152 und 259–269; **144** (1871) S. 128–136, **145** (1872) S. 67–80 und 164–166; sowie ders., Ueber die specifischen Wärmen des Quecksilbergases, ebd. **157** (1876) S. 353–369 (zusammen mit E. Warburg).

## Zu Dokument Nr. 18

[1] Boltzmann, Wissenschaftliche Abhandlungen, Bd. 1–3, Leipzig 1909, und ders., Populäre Schriften, Leipzig 1905. Schriftenverzeichnis in: P III, S. 155–156, P IV, S. 153–154, P VIIa, Suppl. S. 102–104, Neue Österr. Biogr. Bd. 1, II, Wien 1925, S. 117–137, und DSB II, S. 260–268; vgl. Bibliographie in Boltzmann, Lectures on Gas Theory, transl. S. G. Brush, Berkeley 1964. Vgl. dt. Ausgabe „Vorlesungen über Gastheorie", T. 1–2, Leipzig 1895–1899.

[2] Vgl. Boltzmann, Bestimmung der dielektrischen Constante einiger Gase, Sitz. Ber. Akad. Wiss. Wien **69** (1874), ders., Zur Theorie der elastischen Nachwirkung, Wied. Ann. **5** (1878) S. 430–432, ders., Einige Experimente über den Stoß von Cylindern, ebd. **17** (1882), S. 343–347, ders., Ableitung des Stefan'schen Gesetzes, betreffend die Abhängigkeit der Wärmestrahlung von der Temperatur, aus der elektromagnetischen Lichttheorie, Wied. Ann. **22** (1884) S. 291–294.

## Zu Dokument Nr. 19

1 Diss. Göttingen 1857.
2 Vgl. Schriftenverzeichnis in P II, Sp. 141, P III, S. 907, P IV, S. 996, P V, S. 844, P VI, S. 1717, DSB IX, S. 347–353; G. BREDIG, Lothar Meyer, ADB 55 (1910) S. 830–833.
3 Vgl. L. MEYER und D. MENDELEJEFF, Abhandlungen über das natürliche System der chemischen Elemente (1864–1869 und 1869–1871), hrsg. von K. SEUBERT, Leipzig 1895 (Ostwalds Klassiker, Nr. 68).
4 L. MEYER und K. SEUBERT, Die Atomgewichte der Elemente aus den Originalzahlen berechnet, Leipzig 1883.
5 (vollständiger Titel:) Die modernen Theorien der Chemie und ihre Bedeutung für die chemische Statik (ab 6. Auflage: für die chemische Mechanik), Breslau 1864.
6 L. MEYER, Grundzüge der theoretischen Chemie, Leipzig 1890.

## Zu Dokument Nr. 20

1 H. HERTZ, Versuche zur Feststellung einer oberen Grenze für die kinetische Energie der elektrischen Strömung, Wied. Ann. **10** (1880) S. 414–448. Vgl. auch HERTZ, Gesammelte Werke, Bd. 1–3, Leipzig 1894–1895, insbes. Bd. 1, S. X-XXIX und 1–36, sowie die Neuausgabe von vier Arbeiten von HERTZ: „Über sehr schnelle elektrische Schwingungen, Leipzig 1971 (Ostwalds Klassiker, Bd. 251); vgl. ferner HERTZ, Erinnerungen, Briefe, Tagebücher, zusammengest. von JOHANNA HERTZ, Leipzig 1927. Schriftenverzeichnis in: E. L. NICHOLS, H. Hertz, Physical Review (London) **1** (1894) S. 383–386, sowie in: GR I, S. 128, und P VIIa, Suppl. S. 283 bis 286 und DSB VI, S. 340–350.
2 Vgl. HERTZ, Ges. Werke, Bd. 1, S. 37–134, (Über Induktion in rotierenden Kugeln).
3 Vgl. HERTZ, Ges. Werke, Bd. 2 (Untersuchungen über die Ausbreitung der elektrischen Kraft), insbes. S. 1–31 (einleitende Übersicht) und S. 32–58 (Über sehr schnelle Schwingungen).
4 HERTZ, Über einen Einfluß des ultravioletten Lichts auf die elektrische Entladung, SB 1887, 2, S. 487–490; ders., Über Inductionserscheinungen, hervorgerufen durch elektrische Vorgänge in Isolatoren, ebd. 1887, 2, S. 885–896; ders., Über die Ausbreitungsgeschwindigkeit der elektrodynamischen Wirkungen, ebd. 1888, 1, S. 197 bis 210; und ders., Über Strahlen elektrischer Kraft, ebd. 1888, 2, S. 1297–1307.

## Zu Dokument Nr. 21

1 Vgl. VOGEL, Ueber die auf dem Potsdamer Observatorium unternommenen Untersuchungen über die Bewegungen der Sterne im Visionsradius vermittelst spectrographischer Methoden, Astron. Nachr. **121** (1889) Nr. 2896/97, Sp. 241–258. Vgl. im folgenden auch P III, S. 1396–1397, P IV, S. 1573–1574, P V, S. 1315, und P VIIa, Suppl. S. 732, sowie GR I, S. 257, und GR II, S. 181–182.
2 VOGEL, Feier zur Einweihung des neuen Kuppelbaus und des großen Refractors des Kgl. Astrophysikalischen Observatoriums auf dem Telegraphenberge bei Potsdam am 26. August 1899, Potsdam 1899, 15 S.
3 VOGEL, Untersuchungen über die Eigenbewegungen der Sterne im Visionsradius auf spectrographischem Wege, Publ. Astrophysik. Observatorium Potsdam 7 (1892) Nr. 25, 166 S.

[4] Vgl. Vogel, Resultate von spectralanalytischen Beobachtungen, Astron. Nachr. **78** (1872) Nr. 1864, Sp. 241–252; ders., Spectralanalytische Mittheilungen, ebd. **84** (1874) Nr. 2000, Sp. 113–124; ders., Spectroskop für lichtschwache Sterne und Beobachtungen, Ber. über Verh. Gesellsch. Wiss. Leipzig **25** (1873) S. 538–561, und ders., Spectra der Cometen, Pogg. Ann. **149** (1873) S. 400–408.

[5] 1. Auflage, Leipzig 1874, 65 S.

[6] Pogg. Ann. **146** (1872) S. 569–585.

[7] Vogel, Versuche, die Bewegung von Sternen durch spectroskopische Beobachtungen zu ermitteln, Astron. Nachr. **82** (1873) Nr. 1963, Sp. 291 298.

[8] Vogel, Absorption der chemisch wirksamen Strahlen in der Atmosphäre der Sonne, Pogg. Ann. **148** (1873) S. 161–168.

[9] Vgl. J. S(cheiner), Das Königliche Astrophysikalische Observatorium bei Potsdam. In: Die Königlichen Observatorien für Astrophysik, Meteorologie und Geodäsie bei Potsdam, Berlin 1890, S. 3–36.

[10] Vogel, Untersuchungen über das Sonnenspectrum, Publ. Astrophysik. Observatoriums Potsdam **1** (1879), 80 S., und ders., Spectroskopische Beobachtungen der Sterne bis 7,5 Grad zwischen $-1°$ bis $+20°$ Dekl., ebd. **3** (1883) S. 127–226 (zusammen mit G. Müller).

## Zu Dokument Nr. 22

[1] Regiomontum 1856, abgedruckt in J. Math. **56** (1859) S. 46 ff. Vgl. Schriftenverzeichnis in O. Hölder, Carl Neumann, Ber. Verh. Sächs. Akad. Wiss. Leipzig, math.-phys. Klasse **77** (1925) S. 154–172, insbes. S. 172–180 (Schriftenverz.) und P II, Sp. 275–276, P. III, S. 963–964, P IV, S. 1066–1067, P V, S. 899–900.

[2] Vgl. J. G. Rosenhain, Mémoire sur les fonctions de deux variables et á quatre periodes qui sont les inverses des intégrales ultraelliptiques de la premiere classe, Mém. sav. étr. Acad. Sci. Paris **2** (1850) S. 316 ff. dt. Ausgabe Leipzig 1895. Vgl. auch Weierstrass, Zur Theorie der Abelschen Fuktionen, J. Math. **47** (1854) S. 289 bis 306, und ders. Theorie der Abelschen Funktionen, ebd., **52** (1856) S. 285–380.

[3] MB 1861, S. 986–997.

[4] Vgl. H. Weber, Anwendung der Θ-Funktionen von zwei Variabeln auf die Theorie der Bewegung eines festen Körpers in einer Flüssigkeit, Math. Ann. **14** (1879), 34 S., und S. Kowalewski, Ueber die Brechung des Lichtes in krystallen Mitteln, Acta math. **6** (1883), 55 S.

[5] Leipzig 1865 (1. Auflage).

[6] J. Math. **54** (1857) S. 101–114, insbes. S. 111–114.

[7] Leipzig.

[8] Ber. Verh. Sächs. Gesellsch. Wiss. Leipzig **22** (1870) S. 49–56 und S. 264–319.

[9] Leipzig.

[10] Leipzig 1884.

[11] Leipzig.

[12] Vgl. C. Neumann, Beiträge zu einzelnen Theilen der mathematischen Physik, ... Leipzig 1893, sowie ders., Die elektrischen Kräfte, T. 1–2, Leipzig 1873 und 1898.

## Zu Dokument Nr. 23

[1] Vgl. Schriftenverzeichnis in: Max Planck in seinen Akademie-Ansprachen, Berlin 1948, S. 185–199, insbes. die Arbeiten Nr. 1–27. Vgl. P IV–VIIa, insbes. P IV,

S. 1172, und P VIIa, T. 3, S. 587—588, sowie PLANCK, Physikalische Abhandlungen und Vorträge, Bd. 1—3, Braunschweig 1958.

2 HELMHOLTZ bezieht sich auf die Arbeit PLANCKS „Verdampfen, Schmelzen und Sublimiren", Wied. Ann. **15** (1882) S. 446—475; die früher erschienene Arbeit PLANCKS, Die Theorie des Sättigungsgesetzes, Wied. Ann. **13** (1881) S. 535—543, blieb dabei unberücksichtigt.

3 PLANCK, Ueber das thermodynamische Gleichgewicht von Gasgemengen, Wied. Ann. **19** (1883) S. 358—378.

4 Vgl. Über das Prinzip der Vermehrung der Entropie, 3. Abh.: Gesetze des Eintritts beliebiger thermodynamischer und chemischer Reaktionen, Wied. Ann. **32** (1887) S. 462—503, sowie die in den Nrn. 11—18 und 20—23 aufgeführten Arbeiten der in Anm. 1 angeführten PLANCK-Bibliographie.

5 Über die späteren Arbeiten PLANCKS vgl. PLANCK, Die Gesetze der Wärmestrahlung und die Hypothese der elementaren Wirkungsquanten; in: Theorie der Strahlung und der Quanten, Abh. Dt. Bunsen-Gesellsch. **3** (1913), Nr. 7, Halle 1914, S. 77—108; und PLANCKS Nobelvortrag: Die Entstehung und bisherige Entwicklung der Quantentheorie, in: Les Prix Nobel en 1919—1920, Stockholm 1922, S. 118—119 (Biographie), Anhang: Les Conférences Nobel en 1919—1920, S. 1—14 (Nobelvortrag). Vgl. auch PLANCK, Wissenschaftliche Selbstbiographie, 1. Auflage Leipzig 1948.

## Zu Dokument Nr. 24

1 Vgl. WARBURG, Über die Schallgeschwindigkeit in weichen Körpern, Pogg. Ann. **136** (1869) S. 285—295 und E. WARBURG und A. KUNDT, Über Reibung und Wärmeleitung verdünnter Gase, MB 1875, S. 160—173, und Pogg. Ann. **155** (1875) S. 337 bis 365 und S. 525—550, und **156** (1875) S. 177—211. Vgl. Schriftenverzeichnis in ALBERT EINSTEIN, Emil Warburg als Forscher, Naturwissenschaften **10** (1922), S. 823—828 (Bibliogr. S. 826—828). Vgl. auch GR I, S. 279, und GR II, S. 184—185, sowie P VIIa, Suppl. S. 747—748.

2 WARBURG, Magnetische Untersuchungen I. Über einige Wirkungen der Coerzitivkraft (Nachweis der Hysteresiswärme), Wied. Ann. **13** (1881) S. 141—164.

3 E. WARBURG und F. TEGETMEIER, Über die elektrolytische Leitung des Bergkrystalls, Wied. Ann. **35** (1888) S. 455—467.

4 WARBURG, Zur Theorie galvanischer Polarisation, insbesondere der kapillarelektrischen Erscheinungen, Wied. Ann. **41** (1890) S. 1—48.

## Zu Dokument Nr. 25

1 Rotterdam 1875, dt. Ausgabe Braunschweig 1877; erschien in der 2. Auflage unter dem Titel: Dix Années dans l'histoire d'une théorie, Rotterdam 1887. Vgl. im folgenden auch das Schriftenverzeichnis in E. COHEN, Jacobus Henricus van't Hoff. Sein Leben und Wirken, Leipzig 1912, S. 607 ff. (W. Ostwald, Große Männer, Bd. 3). Vgl. auch L'Opera di J. H. van't Hoff, Scientia **10** A (1911) S. 55—83, und The work of J. H. van't Hoff, Ann Rep. Smithsonian Institution 1913, S. 767—789; P III, S. 644, P IV, S. 1553—1554, P V, S. 1299; GR I, S. 131, und GR II, S. 75 bis 77.

2 van't HOFF, Études de dynamique chimie, Amsterdam 1884, dt. Ausgabe bearb. von E. COHEN, Amsterdam und Leipzig 1896.

[3] van't HOFF, Lois de l'équilibre chimique dans l'état dilué, gazeux ou dissous, Sven. Vet. Akad. Handl. Bd. 21, Nr. 17, Stockholm 1886, S. 1–41, ders., Une propriété générale de la matière diluée, ebd., S. 42–49, und ders., Conditions électriques de l'équilibre chimique, ebd., S. 50–57. Dt. Auszug erschien in Z. physik. Chem. 1 (1887) S. 481–508. Vgl. auch van't HOFF, Gesetze des chemischen Gleichgewichts, 1. Auflage Leipzig 1900, hrsg. von G. BREDIG (Ostwalds Klassiker, Nr. 110), sowie van't HOFF, Theorie der Lösungen, Stuttgart 1900.

[4] Vgl. van 't HOFF, Ueber den Zusammenhang zwischen optischer Activität und Constitution, Ber. dt. chem. Gesellsch. 10 (1877) S. 1620–1623; ders., Vorlesungen über Bildung und Spaltung von Doppelsalzen, dt. Bearbeitung von TH. PAUL, Leipzig 1897, und van't HOFF, Racemat von Wyrouboff, Z. physik. Chem. 17 (1895) S. 505–512.

[5] Vgl. E. COHEN, J. H. van't HOFF, Leipzig 1912, Kap. Berlin, und Aus dem wissenschaftlichen Briefwechsel Wilhelm Ostwalds, hrsg. von H.-G. KÖRBER, T. 2, Briefwechsel mit J. H. van't Hoff, Berlin 1969, S. 252–256.

## Zu Dokument Nr. 26

[1] RÖNTGEN, Bestimmung des Verhältnisses der spezifischen Wärmen von Gasen, Pogg. Ann. 141 (1870) S. 552–566. Vgl. im folgenden auch O. GLASER, Wilhelm Conrad Röntgen, und L. ZEHNDER, Röntgen, Wilhelm Conrad, Professor der Physik 1845–1923, Würzburg 1930 (Lebensläufe aus Franken, Bd. 4), mit Schriftenverz. S. 20–22, und Z. techn. Physik 4 (1923) S. 273–288 (mit Schriftenverz.) sowie P VIIa, Suppl. S. 556–561.

[2] Vgl. RÖNTGEN, Kompressibilität und Oberflächenspannung von Flüssigkeiten und festen Körpern, Wied. Ann. 29 (1886) S. 165–213, 31 (1887) S. 1000–1005, 33 (1888) S. 644–660 und 34 (1888) S. 531–551 (zusammen mit J. SCHNEIDER); RÖNTGEN, Einfluß des Drucks auf die Viscosität der Flüssigkeiten, ebd. 22 (1884) S. 510–518, und ders., Einfluß des Drucks auf die Brechungsexponenten von Wasser, Schwefelkohlenstoff, Benzol. Äthyläther und einigen Alkoholen, ebd. 44 (1891) S. 24–51 (zusammen mit L. ZEHNDER).

[3] Vgl. RÖNTGEN, Elektrische Eigenschaften des Quarzes, Wied. Ann. 39 (1890) S. 16 bis 24.

[4] RÖNTGEN, Versuche über die elektromagnetische Wirkung der dielektrischen Polarisation, SB phys.-math. Kl. 1885, 1, S. 195–198.

[5] RÖNTGEN, Absorption von Wärme durch Wasserdampf, Wied. Ann. 23 (1884) S. 1–49 und S. 259–298.

[6] Vgl. RÖNTGEN, Über eine neue Art von Strahlen (vorläufige Mitt.), Sitz. Ber. Würzburger med-physik. Gesellsch. 1895, S. 137 ff., und 1896, S. 11 ff. (2. Mitt.), ders., 15 Photographien einer neuen Art von Strahlen, Lichtdruck, Leipzig 1896. Neudruck: Grundlegende Abhandlungen über die *X*-Strahlen, Leipzig 1954, (Klass. Arbeiten deutscher Physiker, H. 1), vgl. GR I, 233–234.

## Zu Dokument Nr. 28

[1] RAMSAY, Die Gase der Atmosphäre und die Geschichte ihrer Entdeckung, 3. Auflage Halle 1907 (1. engl. Auflage 1896), insbes. S. 77–81 (Versuch von Cavendish); RAMSAY, The Discovery of the Rare Gases, London 1928; ders., Autobiographische Skizze, in: RAMSAY, Vergangenes und Künftiges aus der Chemie, dt. Ausgabe

übersetzt von W. Ostwald, Leipzig 1909, S. 1–35; Auszüge aus entsprechenden Briefen von Ramsay in: M. W. Travers, A Life of Sir William Ramsay, London 1956, S. 100–193, Bibliographie in: P III, S. 1087, P IV, S. 1209–1210, P V, S. 1020–1021, und P VI, T. 3, S. 2117. Vgl. Nachruf in Proc. Roy. Soc. London **93** (1917) S. XLII–LIV.

[2] Vgl. dazu die Wahlvorschläge für Rayleigh (Nr. 29 und Nr. 30).

## Zu Dokument Nr. 29

[1] Strutt (Rayleigh), On the work that may be gained during mixing of gases, Philos. Mag. London **49** (1875) S. 311–319 (Scient. Pap., Bd. 1, Nr. 36). Bibliographie in: P III, S. 1094–1095, P IV, S. 1217–1219, P V, S. 1025–1026, und P VI, T 3, S. 2132.

[2] Vgl. Strutt (Rayleigh), On the reflection and refraction of light by intensely opaque matter, Philos. Mag. London **43** (1872) S. 321–338 (Scient. Pap., Bd. 1, Nr. 16), ders., Investigations in Optics, with special reference to the spectroscope, Philos. Mag. London **8** (1879) S. 261–274, S. 403–411 und S. 477–486 und **9** (1880) S. 40–55 (Scient. Pap. Bd. 1, Nr. 62), und ders., On the reflection of light at a twin plane of a crystal, ebd. **26** (1888) S. 241–255 (Scient. Pap., Bd. 3, Nr. 149).

[3] Strutt (Rayleigh), On the self-induction and resistance of straight conductors, Philos. Mag. London **21** (1886) S. 381–394 (Scient. Pap., Bd. 2, Nr. 135).

[4] Vgl. Strutt (Raylegh), Notes on electricity and magnetism, Philos. Mag. London **22** (1886) S. 175–183 (I), S. 469–500 (II) und **23** (1887) S. 225–245 (Scient. Pap., Bd. 2, Nr. 139–141, vgl. insbes. Nr. 141).

[5] Strutt (Rayleigh), On the densities of the principal gases, Proc. Roy. Soc. London **53** (1893) S. 134–149 (Scient. Pap., Bd. 4, Nr. 201) und Strutt (Rayleigh), Argon, a new constituent of the atmosphere (zusammen mit W. Ramsay), Philos. Trans. London **186** A (1895) S. 187–241 (Scient. Pap., Bd. 4, Nr. 214).

## Zu Dokument Nr. 30

[1] Strutt (Rayleigh), Scient. Papers, Bd. 1–6, Cambridge 1899–1920. Bd. 5–6 erschienen nach der Abfassung dieses Wahlvorschlages. (Gesamtschriftenverz. in Bd. 6, S. 671–709.)

[2] Strutt (Rayleigh), On the theory of resonance, Philos. Trans. London **161** (1870) S. 77–118 (Scient. Pap., Bd. 1, Nr. 5).

[3] Siehe Wahlvorschlag für KM.

## Zu Dokument Nr. 31

[1] Vgl. Schriftenverzeichnis in: Менделеев, Жизнь и труды, ред. С. И. Вольфкович, Москва 1957 г, Менделеев, Библиографический указатель трудов по экономике мореходству воздухоплаванию и материалов автобиографического характера, Ленинград 1973 г (Библиотека АНСССР), sowie P III, S. 899–900, P IV, S. 987, P V, S. 832, und P VI, S. 1699.

[2] Vgl., Периодический закон, ред. Б. М. Кедров, т. 1—2, Москва 1958 г и 1960 г, außerdem: L. Meyer und D. Mendelejeff, Abhandlungen über das natürliche System der chemischen Elemente (1864–1869 und 1869–1871), hrsg. von K. Seubert, Leipzig 1895 (Ostwalds Klassiker, Nr. 68).

[3] Менделеев, Основы химии, Москва 1870 г, dt. Ausgabe Grundlagen der Chemie, St. Petersburg/Leipzig 1892.

## Zu Dokument Nr. 32

[1] Vgl. GIBBS, The Scientific Papers, Bd. 1–2, New York 1906, Nachdruck 1961, und The Collected Works, Bd. 1–2, New York 1928, Neudruck: New Haven 1957; vgl. außerdem F. G. DONNAN und ARTHUR HAAS, A Commentary on the Scientific Writings of J. Willard Gibbs, Bd. 1–2, New Haven 1936, sowie L. P. WHEELER, Josiah Willard Gibbs, New Haven u. a. 1951 (mit einem Verzeichnis der Handschriften usw.) und DSB V, S. 386–393.

[2] Transactions Conn. Acad. Arts and Sciences **2** (1873) –**3** (1876/1878), dt. Ausgabe unter dem Titel: Thermodynamische Studien, hrsg. von W. OSTWALD, Leipzig 1892, vgl. Aus dem wissenschaftlichen Briefwechsel Wilhelm Ostwalds, T. 1: Briefwechsel ... mit Josiah Willard Gibbs, Berlin 1961, S. 89–104 und S. 131 (Lit. Verz.).

[3] F. J. D. MASSIEU, Les fonctions caractéristiques des divers fluides, Comptes Rendus (Paris) **69** (1869) S. 858–862 und S. 1057–1061.

[4] P. M. M. DUHEM, Le potentiel thermodynamique et ses application á méchanique chimie et á l'étude des phénomenes éledctriques, Paris 1886.

## Zu Dokument Nr. 33

[1] LIPPMANN, Relations entre les phénomènes électriques et capillairiques, Ann. chim. phys. **5** (1875) sowie in dt. Sprache: Beziehungen zwischen den kapillaren und elektrischen Erscheinungen, Pogg. Ann. **149** (1873) S. 546–559, und ders., Théorie de la photographie des couleurs par la methode intérférent, J. physique **3** (1894). Vgl. P III, S. 819–820, P IV, S. 895–896, P V, S. 752 und DSB VIII, S. 387–388.

[2] Vgl. WIENER, Stehende Lichtwellen und die Schwingungsrichtungen polarisiert, Wied. Ann. **40** (1890) S. 203–243.

[3] LIPPMANN, Principe de la conservation de l'électricité, Ann. chim. phys. **24** (1881).

## Zu Dokument Nr. 34

[1] Vgl. ROWLAND, Collected Papers, red. J. S. AMES, Baltimore 1903, ferner P III, S. 1149, und P IV, S. 1278–1279, außerdem Nachruf von AMES in Astroph. J. (Chicago) **13** (1901) S. 241–248.

[2] Vgl. HELMHOLTZ, Bericht betreffend Versuche über die electromotorische Wirkung electrischer Convection, ausgeführt von Herrn Henry A. Rowland der J. Hopkin's Universität in Baltimore, Wied. Ann. **158** (1876) S. 487–493 und MB 1876, S. 211 bis 216.

[3] ROWLAND, Mechanical equivalent of heat, variation of the mercurial from the air thermometer; variation of the specific heat of water, Proc. Amer. Acad. **15** (1880) und **16** (1881), 132 S.

[4] ROWLAND, Manufacture and theory of gratings for optical purposes, Philos. Mag. **13** (1882) S. 197–210, und ders., Concave gratings, ebd. **16** (1883) S. 469–474.

[5] Vgl. ROWLAND, Absolute unit of electrical resistance; Silliman Amer. J. **15** (1878), 31 S.

## Zu Dokument Nr. 35

[1] Leiden 1873, dt. Ausgabe Leipzig 1881. Vgl. J. J. VAN LAAR, J. D. van der Waals, Leipzig 1900. Schriftenverzeichnis in P III, S. 1404, P. IV, S. 1547—1548, und P V, S. 1291—1292.
[2] Vgl. VAN DER WAALS, Die Continuität des gasförmigen und flüssigen Zustandes, Bd. 1—2, Leipzig 1899—1900. Vgl. VAN DER WAALS, Die Zustandsgleichung, Rede geh. beim Empfang des Nobelpreises für Physik, Separatdruck Leipzig 1911.

## Zu Dokument Nr. 36

[1] Vgl. insbes. VOIGT, Bestimmung der Elasticitätsconstanten des Steinsalzes, Pogg. Ann. Erg. Bd. 7 (1876) S. 1—53 und S. 177—214, und ders. Allgemeine Formeln für die Bestimmung der Elasticitätsconstanten von Krystallen durch Beobachtung der Biegung und Drillung von Prismen, Wied. Ann. **16** (1882) S. 273—321, S. 298 bis 321 und S. 398—416.
[2] Vgl. dazu VOIGT, Zur Fresnel'schen Theorie der Diffraktionserscheinungen, Wied. Ann. **3** (1878) S. 532—568. Vgl. E. KETTELER, Theorie der circular und elliptisch polarisierten Mittel, Wied. Ann. **16** (1882) S. 86—128, und VOIGT, Über die Grundgleichung der optischen Theorie des Herrn E. Ketteler, Wied. Ann. **19** (1883) S. 691 bis 704, und ders., Theorie des Lichtes für vollkommene durchsichtige Media ebd., S. 873—908, sowie ders., Theorie des Lichtes für bewegte Medien, ebd. **35** (1888) S. 370—396 und S. 524—551.
[3] Vgl. VOIGT, Zur Theorie der magneto-optischen Erscheinungen, Wied. Ann. **67** (1899), S. 345—387, und ders., Weiteres zur Theorie der magneto-optischen Wirkungen, Ann. Physik **1** (1900) S. 389—398. Vgl. auch VOIGT, Theorie des Zeemaneffektes, und ders., Weiteres zur Theorie des Zeemaneffektes, ebd. **68** (1899) S. 352—364.
[4] Vgl. dazu P IV, S. 1575—1577.
[5] VOIGT, Die fundamentalen physikalischen Eigenschaften der Kristalle. Leipzig 1898. Später: Lehrbuch der Kristallphysik, Leipzig 1910.
[6] VOIGT, Elementare Mechanik als Einleitung in das Studium der theoretischen Physik, Leipzig 1889, und ders., Compendium der theoretischen Physik, Bd. 1—2, Leipzig 1895—1896.

## Zu Dokument Nr. 37

[1] H. BECQUEREL, Recherches experimentales sur la polarisation rotatoire magnétique, Ann. chim. phys. **12** (1877) S. 5—87. Vgl. Bibliographie in: DSB I, S. 558—561; P III, S. 93, P IV, S. 88, und P V, S. 82—83.
[2] H. BECQUEREL, Remarques sur la polarisation rotatoire magnétique et la dispersion anomale, à l'occasion d'une expérience nouvelle des MM. D. Macaluso et O.-M. Corbino, Comptes Rendus Acad. Sci. (Paris) **127** (1898) S. 647—651. Vgl. dazu auch S. 899—904 und S. 951—953.
[3] H. BECQUEREL und H. DESLANDRES, Contribution à l'étude du phénomène de Zeeman, Comptes Rendus Acad. Sci. (Paris) **126** (1898) S. 997—1001, und dies., Observations nouvelles sur le phénomène de Zeeman, ebd. **127** (1898) S. 18—24.
[4] H. POINCARÉ, Sur le rayonnement cathod. et le rayonnement Röntgen, Rev. générale des sciences 7 (1896).

[5] H. Becquerel, Recherches sur une propriété nouvelle de la matière. Activité radiante spontanée ou radioactivité de la matière, Mémoires de l'Academie des sciences, Paris 46 (1903).

## Zu Dokument Nr. 38

[1] Vgl. dazu Verzeichnis der Schriften von W. Nernst in: Lord Cherwell und F. Simon, Walther Nernst 1864–1941, Obituary Notices of Fellows of the Roy. Soc. 4 (1942–1944) S. 101–112, insbes. S. 106–107, sowie M. Bodenstein, Walther Nernst Ber. dt. chem. Gesellsch. 75A (1942) S. 79–104, außerdem P IV, S. 1063–1064, P V, S. 896–897, P VI, S. 1838, und P VIIa, T. 3, S. 405.

[2] Nernst, Zur Kinetik der in Lösung befindlichen Körper I (Theorie der Diffusion), Z. physik. Chem. 2 (1888) S. 613–637, und II (Überführungszahlen und Leitvermögen einiger Silbersalze) ebd. S. 948–963 (T. II zusammen mit M. Loeb).

[3] Nernst, Die elektromotorische Wirksamkeit der Ionen, Z. physik. Chem. 4 (1889) S. 129–181 (Habil. Schrift Leipzig).

[4] Über die Löslichkeit von Mischkrystallen, Z. physik. Chem. 9 (1892) S. 137–142. Vgl. auch ebd. 4 (1889) S. 372–383 und 8 (1891) S. 110–139.

[5] Nernst, Theoretische Chemie vom Standpunkt der Avogadro'schen Regel und der Thermodynamik, Stuttgart 1892.

[6] Jahrbuch der Elektrochemie, Berichte über die Fortschritte des Jahres 1894 (ff.), Jg. 1 (ff.). Im wiss. Teil bearb. von W. Nernst, im techn. Teil bearb. von W. Borchers.

[7] Vgl. W. Nernst und E. Bose, Zur Theorie des Auerlichtes, Physik. Z. 1 (1900) S. 289–291 (mit Hinweis auf das von Nernst angemeldete Patent über die Nernst-Lampe, DRP Nr. 104872).

[8] W. Nernst und E. H. Riesenfeld, Über quantitative Gewichtsanalyse mit sehr kleinen Substanzmengen, Ber. dt. chem. Gesellsch. Berlin 36 2 (1903) S. 2086–2093.

## Zu Dokument Nr. 39

[1] Drude, Ueber Oberflächenschichten, Wied. Ann. 36 (1889) S. 532–560 (T. 1) und S. 865–897 (T. 2). Vgl. P VIIa, Suppl. S. 165–166, sowie DSB IV, S. 189–193.

[2] Drude, Bestimmung der optischen Constanten der Metalle, Wied. Ann. 39 (1890) S. 481–554.

[3] Physik des Aethers auf elektromagnetischer Grundlage, Stuttgart 1894.

[4] Drude, Zur Elektronentheorie der Metalle, Ann. Physik 1 (1900) S. 566–613 und 3 (1900) S. 369–402.

[5] E. Riecke, Moleculartheorie der piezoelektrischen und pyroelektrischen Erscheinungen, Wied. Ann. 49 (1893) S. 459–486.

[6] H. A. Lorentz, Ergebnisse und Probleme der Elektronentheorie, Vortrag, Berlin 1905, insbes. S. 38.

[7] Handbuch der Physik, hrsg. von A. Winkelmann, 2. Aufl., Bd. 6, 2, Leipzig 1906, S. 1120–1387 (Abschnitte 32–39).

[8] Leipzig 1900.

## Zu Dokument Nr. 40

[1] Vgl. im folgenden H. A. LORENTZ, Collected Papers, hrsg. von P. ZEEMAN und A. D. FOKKER, Bd. 1–9, The Hague 1935–1939, insbes. Bd. 4, S. 15–35. Bibliographie in: P III, S. 831–832, P IV, S. 911–912, P V, S. 762–763, und P VI, T. 3, S. 1561–1562.

[2] Coll. Pap., Bd. 6, S. 74–111; erschien zuerst 1887.

[3] Coll. Pap., Bd. 6, S. 114–133.

[4] Holländische und französische Ausgabe sind in Coll. Pap., Bd. 1, S. 1–192 bzw. S. 193–383, abgedruckt.

[5] Vgl. dazu LORENTZ, Maxwells elektromagnetische Theorie, Encykl. math. Wiss., Bd. 5, 2, Leipzig 1904–1922, S. 63–144, (Abgeschlossen Juni 1903), und ders., Weiterbildung der Maxwellschen Theorie. Elektronentheorie, ebd. Bd. 5, 2, S. 145 bis 280 (abgeschlossen Dez. 1903).

[6] LORENTZ erhielt zusammen mit P. ZEEMAN den Nobelpreis für Physik des Jahres 1902. Sein Nobelvortrag vom 11. 12. 1902 ist abgedruckt in LORENTZ, Coll. Pap., Bd. 7, S. 66–86. Vgl. außerdem LORENTZ, Die Theorie des Zeemaneffektes, Handb. d. Radiologie, Bd. 6, Leipzig 1924.

## Zu Dokument Nr. 41

[1] OSTWALD, Volumchemische Studien, Abh. 1–5, 1876–1878. Vgl. Schriftenverzeichnis (bis 1903) in Z. physik. Chem. 46 (1903) S. XVII–XXVII (zusammengestellt von P. WALDEN); außerdem; P III, S. 991, P IV, S. 1101–1103, P V, S. 929 bis 930, P VI, S. 1928–1929, P VIIa, S. 484, P VIIa, Suppl, S. 476–482.

[2] OSTWALD, Elektrochemische Studien, Abh. 1–5, 1884–1887, insbes. Abh. 2: Das Verdünnungsgesetz, J. prakt. Chem. (2) 31 (1885) S. 433–462, sowie ders., Zur Theorie der Lösungen, Z. physik. Chem. 2 (1888) S. 36–37.

[3] OSTWALD, Die Dissoziation des Wassers, Z. physik. Chem. 11 (1893) S. 521–528.

[4] Vgl. C. KNÜPFFER, Chemisches Gleichgewicht und elektromotorische Kraft, Z. physik. Chem. 26 (1898) S. 255–284.

[5] OSTWALD, Über Autokatalyse, Ber. Verh. Gesellsch. Wiss. Leipzig math.-phys. Klasse 42 (1890) S. 190–192, und ders., Über Katalyse, Verh. Gesellsch. dt. Naturforscher und Ärzte, 1901, S. 184–201, abgedruckt auch in OSTWALD, Abhandlungen und Vorträge allgemeinen Inhalts, Neue Ausgabe, Leipzig 1916, S. 71–96. Vgl. auch OSTWALD, Über Katalyse, Nobelpreisvortrag, in: Les Prix Nobel en 1909, Stockholm 1910.

[6] Entwickelt zusammen mit Dr. O. GROS, Assistent bei W. OSTWALD (um 1900); vgl. O. GROS, Ueber Katatypie, Photogr. Rundschau 17 (1903); Phot. Mitt. 40 (1903) S.17–18.

[7] Vgl. G. BREDIG, Die Chemie der extremen Temperaturen, Leipzig 1901, und Physik. Z. 2 (1900/1901) S. 418–422 und S. 433–438.

[8] OSTWALD, Periodische Erscheinungen bei der Auflösung des Chroms in Säuren, Mitt. 1–2, Z. physik. Chem. 35 (1899) S. 33–76 und S. 204–256.

[9] 1. Auflage: Bd. 1–2, Leipzig 1885; 2. Auflage: Bd. 1; 2, 1 und 2, 2, Leipzig 1891 bis 1903.

[10] Hrsg. von W. OSTWALD und J. H. VAN'T HOFF, Bd. 1 (1887) ff. Vgl. Aus dem wissenschaftlichen Briefwechsel Wilhelm Ostwalds, hrsg. von H.-G. KÖRBER, T. 1–2, Berlin 1961–1969, insbes. T. 2, S. 201–208 (Korrespondenz Ostwalds mit J. H. van't Hoff über die Zeitschrift für physikalische Chemie).

[11] Ostwalds Klassiker der exakten Wissenschaften, begründet und hrsg. von W. OSTWALD (1889).

## Zu Dokument Nr. 42

[1] Leipzig 1877. 102 S.

[2] Vgl. SEELIGER, Vertheilung der Sterne auf der nördlichen Halbkugel nach der Bonner Durchmusterung, Sitz. Ber. Akad. Wiss. München, math.-phys. Klasse **14** (1884) S. 521–548.

[3] Vgl. SEELIGER, Fortgesetzte Untersuchungen über das mehrfache Sternsystem ζ Cancri, Abh. Akad. Wiss. München **17** (1888) 1. Abth., 88 S.

[4] Abh. Akad. Wiss. München **16** (1887) 2. Abth., 114 S.

[5] Sitz. Ber. Wiss. München, math.-phys. Klasse **18** (1888) S. 201–248.

[6] Abh. Akad. Wiss. München **18** (1893) 1. Abth., 72 S.

[7] Sitz. Ber. Akad. Wiss. München, math.-phys. Klasse **24** (1894) S. 161–188.

[8] Ebd., **24** (1894) S. 423–438.

[9] Abh. Akad. Wiss. München **15** (1886) 3. Abth., 40 S.

[10] Ebd., **19** (1899) 3. Abth., 65 S. Vgl. auch ebd. **25** (1909) 3. Abth., 53 S. – Vgl. Bibliographie in: P III, S. 1232, S. 1232, P. IV, S. 1379–1380, P V, S. 1150, und P VI, T. 4, S. 2405.; Viertelj. Schrift astron. Gesellsch. **60** (1925) S. 2–23.

## Zu Dokument Nr. 43

[1] WILLIAM C. BOND und dessen Sohn GEORGE PHILIPP B., Direktoren der Sternwarte von 1839–1859 bzw. 1859–1865, danach folgte von 1865–1875 JOSEPH WINLOCK.

[2] Vgl. hier und im folgenden Ann. Astron. Observatory Harvard College, Cambridge, Mass., insbes. **11** (1879) ff., außerdem PICKERING, Meridian photometer, Monthly notes Astron. Soc. London **42** (1882) S. 365–367.

[3] Vgl. auch Observations of variable stars made with the meridian photometer during 1892–1898, Ann. Astron. Obs. Harvard College **46** (1904), T. 2.

[4] Vgl. dazu PICKERING, Eclipses of Jupiter's satellites 1878–1903, Ann. Astron. Obs. Harvard College **52** (1907) T. 1.

[5] PICKERING, New Nebulae by photography, Ann. Astron. Obs. Harvard College **18** (1889), ders., Photographie determination of the brightness of stars, ebd. **18** (1889), und ders., Photogr. maps of the entire sky, Astron. Nachr. **162** (1903). Nr. 3882, Sp. 281–286.

[6] Vgl. PICKERING, New form of photographic telescope, Astrophys. J. (Chicago) **9** (1899) S. 175–178.

[7] Vgl. die Eros-Beobachtungen in Astrophys. J. **1** (1893/94) und **3** (1896).

[8] **26** (1891) T. 1, 286 S. und **27** (1890).

## Zu Dokument Nr. 44

[1] RUBENS, Die selektive Reflexion der Metalle, Wied. Ann. **37** (1889) S. 249–268. Vgl. im folgenden das Schriftenverzeichnis in: Naturwissenschaften **10** (1922) S. 1038–1040 sowie P VIIa, Suppl. S. 564.

[2] Vgl. A. PAALZOW und H. RUBENS, Anwendung des bolometrischen Prinzips auf elektrische Messungen, Wied. Ann. **37** (1889) S. 529–539, und RUBENS, Über stehende elektrische Wellen in Drähten und deren Messung, ebd. **42** (1891) S. 154–164. L. ARONS und H. RUBENS, Über die Fortpflanzungsgeschwindigkeit elektrischer Wellen in isolierenden Flüssigkeiten, Wied. Ann. **42** (1881) S. 581–592.

[3] Vgl. H. RUBENS und E. F. NICHOLS, Versuche mit Wärmestrahlen von großer Wellenlänge, Wied. Ann. **60** (1897) S. 418–462, und H. RUBENS und E. ASCHKINASS, Die Reststrahlen von Steinsalz und Sylvin, Wied. Ann. **65** (1898) S. 241–256.
[4] Vgl. RUBENS, Prüfung der Ketteler-Helmholtzschen Dispersionsformel, Wied. Ann. **53** (1894) S. 267–286, und ders., Die Ketteler-Helmholtzschen Dispersionsformel, Wied. Ann. **54** (1195) S. 476–485.
[5] S. 1393–1400 (vgl. auch GR I, S. 242, und GR II, S. 141–143).
[6] H. RUBENS und F. KURLBAUM, Ueber die Emission langwelliger Wärmestrahlen durch den schwarzen Körper bei verschiedenen Temperaturen, SB 1900, S. 929–941 und Ann. Physik **4** (1901) S. 649–666.
[7] Vgl. E. HAGEN und H. RUBENS, Das Reflexionsvermögen von Metallen und belegten Glasspiegeln, Ann. Physik **1** (1900) S. 352–375, und dies., Das Reflexionsvermögen einiger Metalle für ultraviolette und ultrarote Strahlen, Ann. Physik **8** (1902) S. 1–21.

## Zu Dokument Nr. 45

[1] Vgl. LENARD, Wissenschaftliche Abhandlungen aus den Jahren 1886–1932, 3 Bde., Leipzig 1942–1944; Schriftenverzeichnis in: Z. ges. Naturwiss. **8** (1942) S. 139–142; GR I, S. 170, und P VIIa, T. 3, S. 69., sowie DSB VIII, S. 180–183.
[2] Ueber die Electricität in Wasserfällen, Wied. Ann. **46** (1892) S. 584–641.
[3] Vgl. LENARD, Über Kathodenstrahlung in Gasen von atmosphärischem Druck und im äußersten Vakuum, Wied. Ann. **51** (1894) S. 225–267, und ders., Über die magnetische Ablenkung der Kathodenstrahlen, ebd. **52** (1894) S. 23–33. (Vgl. LENARD und A. BECKER, Kathodenstrahlen, in: Handbuch der Experimentalphysik, Bd. **14**, Leipzig 1927, S. 1–434).
[4] LENARD, Erzeugung von Kathodenstrahlen durch ultraviolettes Licht, Sitz. Ber. Akad. Wiss. Wien **108** (1899) IIa, S. 1649–1666, und Ann. Physik **2** (1900) S. 359 bis 375. (Siehe dazu auch Anm. 1).
[5] LENARD, Über Kathodenstrahlen, Nobelvortrag, Leipzig 1906.
[6] Vgl. v. KLATT und P. LENARD, Über die Phosphorescenzen des Kupfers, Wismuths und Mangans in den Erdalkalisulfiden, Wied. Ann. **38** (1889) S. 90–107, und dies., Über die Erdalkaliphosphore, Ann. Physik **15** (1904) S. 225–286.

## Zu Dokument Nr. 46

[1] RICHARDS, The constancy in the heat produced by the reaction of argentic nitrate on sultions of metallic chlorides, Proc. Amer. Acad. Boston **22** (1886).
[2] RICHARDS, Experimentelle Untersuchungen über Atomgewichte, Hamburg und Leipzig 1909, ders., Nobel lecture on atomic weights, Les Prix Nobel 1914–16, Stockholm 1921. Vgl. auch P IV–P VI, S. 2166–2167.
[3] RICHARDS, Compressibilities of the elements and their periodic relations, Washington 1907 (zusammen mit W. N. STULL); RICHARDS, Bestimmung der Kompressibilität flüssiger und fester Substanzen, in: Handbuch der Arbeitsmethoden in der anorganischen Chemie, Leipzig 1912–1913.
[4] Vgl. RICHARDS, Die mögliche Bedeutung der Aenderungen des Atomvolums I-III, Z. physik Chem. **40** (1902) und **42** (1903); ders., Possible significance of changing atomic volum, Proc. Amer. Acad. Boston **37** (1902), ders., Probable source of the heat of chemical compositions, and a new atomic hypothesis, ebd. **37** (1902).

## Zu Dokument Nr. 47

1 Vgl. Eötvös, Gesammelte Arbeiten, hrsg. von P. Selényi, Budapest 1953. Schriftenverzeichnis in Matematikai és physikai lapok 27 (1918) S. 284–290, in erweiterter Fassung in E. Körney, Eötvös Lorand, Budapest 1964, sowie Bibliographie in: P IV, S. 389, P V, S. 340.

2 Eötvös, Untersuchungen über Gravitation und Erdmagnetismus, Wied. Ann. 59 (1896) S. 354–400; außerdem ders., Beiträge zum Gesetze der Proportionalität von Trägheit und Gravitation, Ann. Physik 68 (1922) S. 11–66 (zusammen mit D. Pekar und E. Fekete).

## Zu Dokument Nr. 48

1 Wien, Über den Einfluß der ponderablen Teile auf das gebeugte Licht, SB 1885, 2, S. 817–819, und ders., Untersuchungen über die bei der Beugung des Lichts auftretenden Absorptionserscheinungen, Wied. Ann. 28 (1886) S. 117–130 (Diss. Berlin). Vgl. im folgenden: Wien, Über die Durchsichtigkeit der Metalle, Wied. Ann. 35 (1887) S. 48–62, sowie L. Holborn und W. Wien, Über die Messung hoher Temperaturen, Wied. Ann. 47 (1892) S. 107–134 (1. Abh.) und 56 (1895) S. 360–396 (2. Abh.) und dies., Über die Messung tiefer Temperaturen, SB 1896, 2, S. 673–677. Vgl. dazu im einzelnen das „Verzeichnis der Veröffentlichungen und Vorträge von Wilhelm Wien" in Wiens Autobiographie „Aus dem Leben und Wirken eines Physikers", Leipzig 1930, S. 190–196; GR I, S. 288, und GR II, S. 189, sowie P VIIa, T 4, 2, S. 991.

2 Vgl. Wien, Über cyklonartige Bewegungsformen einer inkompressiblen reibungslosen Flüssigkeit, Wied. Ann. 59 (1896) S. 753–763. Vgl. auch ebd. 62 (1897) S. 192–203, und ders., Über den Einfluß der Drehungsbewegung der Cyclonen auf die radialen und axialen Strömungen, Meteor. Z. 14 (1897) S. 416–423.

3 Leipzig.

4 Vgl. Wien, Eine neue Beziehung der Strahlung schwarzer Körper zum zweiten Hauptsatz der Wärmetheorie, SB 1893, 1, S. 55–62, und ders., Die obere Grenze der Wellenlängen, welche in der Wärmestrahlung fester Körper vorkommen können; Folgerungen aus dem zweiten Hauptsatz der Wärmetheorie, Wied. Ann. 49 (1893) S. 633–641, sowie ders., Über die Entropie der Strahlung, ebd. 52 (1894) S. 132–165, sowie W. Wien und O. Lummer, Methode zur Prüfung des Strahlungsgesetzes absolut schwarzer Körper, Wied. Ann. 56 (1895) S. 451–456, und Wien Über die Energieverteilung im Emissionsspektrum eines schwarzen Körpers, Wied. Ann. 58 (1896) S. 662–669. Vgl. dazu auch Wien, Theorie der Strahlung, Encykl. math. Wiss. Bd. 5,3, Leipzig 1909–1926, S. 284–357 (abgeschlossen Mai 1909).

5 Wien, Untersuchungen über die elektrische Entladung in verschiedenen Gasen, Wied. Ann. 65 (1898) S. 440–452 (1. Abh.), Ann. Physik 5 (1901) S. 421–435 (2. Abh.) und ebd. 8 (1902) S. 244–266 (3. Abh.).

6 Aus der Welt der Wissenschaft, Vorträge und Aufsätze, Leipzig 1921.

## Zu Dokument Nr. 49

1 Vgl. das Schriftenverzeichnis in: Rayleigh, Joseph John Thomson 1856–1940, Obituary Notices Roy. Soc. London 3 (1939–1941) S. 587–597, Schriftenverzeich-

nis S. 598—609, und THOMSON, Experiments on contact electricity between non-conductors, Proc. Soc. London **25** (1876) S. 169 ff. und Philos. Mag. **3** (1877) S. 389—392.

[2] London 1883.

[3] Vgl. dazu THOMSON, Recollections and Reflections, London 1936, insbes. Kap. 11: Discharge of Electricity through Gases/The Discovery of Electron-Positive Rays, S. 325—371, und Kap. 12: Physics in my time, S. 372—433.

[4] London 1903, dt. Ausgabe Leipzig 1906.

[5] Vgl. THOMSON, The Relation between the atom and the charge of electricity carried by it. Philos. Mag., London **40** (1895) S. 511—544; vgl. WIECHERT, Experimentelle Untersuchungen über die Geschwindigkeit und magnetische Ablenkbarkeit der Kathodenstrahlen, Wied. Ann. **69** (1899) S. 739—766, insbes. S. 759 ff.

[6] THOMSON, On the Theory of the conduction of electricity through gases, Philos. Mag. London **47** (1899) S. 253—268; ders., On the Conductivity of gases exposed to Entladungsstrahlen, Proc. Cambridge Philos. Soc. **10** (1900) S. 74—77. Vgl. auch THOMSON, Elektrizitätsdurchgang in Gasen, Leipzig 1906, sowie J. S. E. TOWNSEND, The Theory of Ionization of Gases by Collision, London 1910.

[7] Vgl. THOMSON, Some Experiments on Kanalstrahlen, Proc. Cambridge Philos., Soc. **13** (1905) S. 212 ff., und ders., Positive Rays, Philos. Mag. **16** (1908) S. 657—691.

## Zu Dokument Nr. 50

[1] Vgl. Schriftenverzeichnis in: P IV, S. 1372, P V, S. 1143—1144, P VIIa Suppl. S. 616, GR II, S. 161. Vgl. auch S. OPPENHEIM, Karl Schwarzschild. Zur 50. Wiederkehr seines Geburtstages, Viertelj. Schrift Astron. Gesellsch. **58** (1923) S. 191—209.

[2] Neue Ann. Sternwarte München **3** (1896).

[3] SCHWARZSCHILD, Untersuchungen zur geometrischen Optik, T. 1—3, Abh. Gesellsch. Wiss. Göttingen, math.-phys. Klasse **4** (1905—1906).

[4] SCHWARZSCHILD, Druck des Lichtes auf kleine Kugeln und Arrhenius' Theorie der Cometenschweife, Sitz. Ber. Akad. Wiss. München **31** (1901) S. 293—338.

[5] SCHWARZSCHILD u. a., Aktinometrie der Sterne der Bonner Durchmusterung bis zur Größe 7,5 in der Zone 0° bis +20° Deklination, T. A und B, Abh. Gesellsch. Wiss. Göttingen, math.-phys. Klasse **6** (1910), 115 S., und **8** (1912), 81 S. (= Göttinger Aktinometrie).

[6] Vgl. SCHWARZSCHILD, Über die Helligkeitsverteilungen des ultravioletten Lichtes auf der Sonnenscheibe, Physik .Z. **6** (1905) S. 737—744 (zusammen mit W. VILLINGER), sowie SCHWARZSCHILD, Ueber das Gleichgewicht der Sonnenatmosphäre, Nachr. Gesellsch. Wiss. Göttingen, math.-phys. Klasse 1906, S. 41—53.

[7] SCHWARZSCHILD, Über die totale Sonnenfinsterniß vom 30. August 1905, Abh. Gesellsch. Wiss. Göttingen, math.-phys. Klasse **5** (1906) 73 S.

[8] Vgl. SCHWARZSCHILD, Ueber die Eigenbewegung der Fixsterne, Nachr. Gesellsch. Wiss. Göttingen, math.-phys. Klasse 1907, S. 614—631, ders., Integralgleichungen der Stellarstatistik, Astron. Nachr. **185** (1910) Nr. 4422, Sp. 81—88. Vgl. auch SCHWARZSCHILD, Über das System der Fixsterne, Leipzig und Berlin 1909.

[9] Vgl. SCHWARZSCHILD, Zur Elektrodynamik, T. 1—3, Nachr. Gesellsch. Wiss., math.-phys. Klasse 1903, S. 126—131 ,132—141 und S. 245—278.

## Zu Dokument Nr. 51

[1] WIECHERT, Ueber die Massenvertheilung im Innern der Erde, Nachr. Gesellsch. Wiss. Göttingen, math.-phys. Klasse 1897, S. 221—243. Vgl. auch G. ANGENHEISTER, E. Wichert, Dt. Biogr. Jahrb. **10** (1928) S. 294—302; P IV—P VI, S. 2873.

2 Wiechert, Grundlagen der Elektrodynamik, Leipzig 1899, in: Festschrift zur Enthüllung des Gauss-Weber-Denkmals in Göttingen.

3 Wiechert, Experimentelle Untersuchungen über die Geschwindigkeit und magnetische Ablenkbarkeit der Kathodenstrahlen, Wied. Ann. **69** (1899) S. 739—766, insbes. S. 759 ff.

4 Wiechert, Theorie der automatischen Seismographen, Berlin 1903, vgl. auch Abh. Gesellsch. Wiss. Göttingen **2** (1902/03).

5 Wiechert, Theoretisches über die Ausbreitung der Erdbebenwellen, Nachr. Gesellsch. Wiss. Göttingen, math.-phys. Klasse 1907, S. 415—529 (= Wiechert, E. u. K. Zoeppritz, Über Erdbebenwellen; T. 1; vgl. auch T. 2: Zoeppritz, Laufzeitkurven, ebd. S. 529—549).

6 Wiechert, Relativitätsprinzip und Aether, T. I und II, Physik. Z. **12** (1911) S. 689 bis 707 und S. 737—758.

## Zu Dokument Nr. 52

1 Vgl. hier und im folgenden auch die Bibliographien der Arbeiten Einsteins: M. C. Shields, Bibliographie der Schriften Einsteins, in: Albert Einstein als Philosoph und Naturforscher, hrsg. von P. A. Schilpp, dt. Ausgabe Stuttgart 1855, S. 513—530 (wiss. Schriften) und S. 530—538 (nichtwiss. Schriften), sowie E. Weil, Albert Einstein, 14th March 1897 (Ulm) — 18th April 1955 (Princeton, N. J.). A Bibliography of his Scientific Papers 1901—1954, London 1960, und N. Boni, M. Ross u. D. H. Laurence, A Biographical Checklist and Index to the Published Writings of Albert Einstein, New York 1960. Vgl. P. V—VIIa, insbes. VIIa, T. 1, S. 488—489, sowie GR II, S. 32—33, und DSB IV, S. 312—333.

2 Ann. Physik **17** (1905) S. 891—921. Vgl. auch A. Einstein, Die Relativitätstheorie, Kultur der Gegenwart, T. 3, Abt. 3, Bd. 1 (Physik), Leipzig und Berlin 1915, S. 703—713.

3 H. Minkowski, Raum und Zeit, Jahresber. Dt. Math.-Verein. **18** (1909) S. 75—88 (Vortrag, geh. auf der 80. Naturforscherversammlung in Köln am 21. 9. 1908).

4 Einstein, Plancks Theorie der Strahlung und die Theorie der spezifischen Wärme, Ann. Physik **22** (1907) S. 180—190 und S. 800 (Berichtigung), und ders., Zum gegenwärtigen Stande des Problems der spezifischen Wärme, in: Die Theorie der Strahlung und der Quanten. Verhandlungen auf einer von E. Solvay einberufenen Zusammenkunft (30. Okt. bis 3. Nov. 1911) dt. Ausgabe von A. Eucken, Abh. Dt. Bunsen-Gesellsch. **3** (1913) Nr. 7, Halle 1914, S. 330—364.

5 Vgl. im folgenden Einstein, Über einen die Erzeugung und Verwandlung des Lichtes betreffenden heuristischen Gesichtspunkt, Ann. Physik **17** (1905) S. 132—148. (Auf Grund dieser und der Arbeit „Zur Theorie der Lichterzeugung und Lichtabsorption" — Ann. Physik **20** (1906) S. 199—206 — erhielt Einstein 1921 den Nobelpreis).

6 Vgl. Einstein, Entwurf einer verallgemeinerten Relativitätstheorie und einer Theorie der Gravitation, T. 1: Physikalischer Teil, und T. 2: Mathematischer Teil (von M. Grossmann verfaßt), Z. Math. und Physik **62** (1913) S. 225—261.

7 Über sein damaliges Arbeitsprogramm äußerte sich Einstein Jahrzehnte später (1946): „Nicht vertraut mit den früher erschienenen und den Gegenstand tatsächlich erschöpfenden Untersuchungen von Boltzmann und Gibbs entwickelte ich die statistische Mechanik und die auf sie gegründete molekularkinetische Theorie der Thermodynamik. Mein Hauptziel dabei war es, Tatsachen zu finden, welche die Existenz von Atomen von bestimmter endlicher Größe möglichst sicherstellten." (Einstein, Autobiographisches, in: Albert Einstein als Philosoph und Naturforscher, dt. Ausgabe Stuttgart 1955, S. 1—35, zit. S. 17—18).

[8] Vgl. J. Perrin, Brownsche Bewegung und Molekulargrößen, Physik. Z. **11** (1910) S. 461–470 sowie S. 470–471 und die Arbeiten Perrins in Comptes Rendus Acad. Sci. (Paris) **146–149** (1908–1909), und ders., Die Beweise für die wahre Existenz der Moleküle (Untersuchungen an Emulsionen), Abh. Dt. Bunsen-Gesellsch. **3** (1913), Nr. 7, Halle 1914, S. 125–207, außerdem Einstein, Untersuchungen über die Theorie der „Brownschen Bewegung" (1905–1906), (Ostwalds Klassiker, Nr. 199), Leipzig 1922.

## Zu Dokument Nr. 53

[1] Vgl. Hilbert, Gesammelte Abhandlungen, Bd. 1–3, Berlin 1932–1935, sowie die Kommentierung des Wahlvorschlages für Hilbert in: K.-R. Biermann, David Hilbert und die Berliner Akademie, Math. Nachr. **27** (1964) S. 377–384. Über Hilberts Arbeiten zur Invariantentheorie vgl. seine Ges. Abh. Bd. 2. Vgl. P VIIa, T. 2, S. 489 (biogr. Lit.).

[2] Hilbert, Grundlagen der Geometrie, Festschrift zur Feier der Enthüllungen des Gauß-Weber-Denkmals in Göttingen, Leipzig 1899, S. 1–92, bisher in 8. Aufl. erschienen.

[3] Vgl. Hilbert, Über das Dirichletsche Prinzip, Festschrift zur Feier des 150jährigen Bestehens der Königlichen Gesellschaft der Wissenschaften zu Göttingen, Göttingen 1901, 27 S., abgedruckt auch in Math. Ann. **59** (1904) S. 161–186.

[4] Nachr. Gesellsch. Wiss. Göttingen, math.-phys. Klasse, 1904, S. 49–91 (1. Mitt.), S. 213–259 (2. Mitt.), 1905, S. 307–338 (3. Mitt.), 1906, S. 157–227 (4. Mitt.), S. 439–480 (5. Mitt.) und 1910, S. 355–417 (6. Mitt.), abgedruckt auch in: Hilbert, Grundzüge einer allgemeinen Theorie der linearen Integralgleichungen, Leipzig und Berlin 1912.

## Zu Dokument Nr. 54

[1] (Untertitel) Sieben Vorlesungen, München 1905, engl. Übersetzung v. A. B. Lamb New York 1908.
Schriftenverzeichnis in: P IV, S. 561, P V, S. 479–480, P VI, S. 993–994, P VIIa, Suppl. S. 250–251; DSB V, S. 620–623.

[2] Vgl. Haber, Stufenweise Reduktion des Nitrobenzols mit begrenztem Kathodenpotential, Z. Elektrochem. **4** (1898) S. 506, außerdem ders. und C. Schmidt, Über den Reduktionsoorgang bei der elektrischen Reduktion des Nitrobenzols, Z. Physik. Chem. **32** (1900) S. 271–287.

[3] F. Haber u. G. Just, Austritt negativer Elektronen aus reagierenden Metallen, Ann. Physik **30** (1909) S. 411–415.

[4] Vgl. F. Haber. Über die Darstellung des Ammoniaks aus Stickstoff und Wasserstoff (Nobelvortrag, geh. am 1. 6. 1920), Naturwiss. **10** (1922) S. 1041–1049, sowie W. Ostwald, Lebenslinien, Bd. 2, Berlin 1927, S. 279–299 (Kap. Stickstoff).

## Zu Dokument Nr. 55

[1] Vgl. Schriftenverzeichnis in: P III, S. 184, P IV, S. 175, P V, S. 159, und P VIIa, Suppl. S. 108–109; ferner H. Rohmann, Karl Ferdinand Braun, Physik. Z. **19** (1918) S. 537–539.

[2] BRAUN, Ueber die unipolare Elektricitäts-Leitung durch Gasschichten von verschiedener Leitungsfähigkeit, Pogg. Ann. **154** (1875) S. 481–518 und Wied. Ann. **4** (1878) S. 476–484.
[3] BRAUN, Ueber galvanische Elemente, ... Wied. Ann. **17** (1882) S. 593–642, und ders., Zur Berechnung der electromotorischen Kraft inconstanter Ketten, ebd. **44** (1891) S. 510–513.
[4] BRAUN, Untersuchungen über die Löslichkeit fester Körper und die den Vorgang der Lösung begleitenden Volumen- und Energieänderungen, Wied. Ann. **30** (1887) S. 250–274, und **36** (1889) S. 591.
[5] BRAUN, Die Hertzschen Gitterversuche im Gebiete der sichtbaren Strahlung, Ann. Physik **16** (1905) S. 1–19.
[6] Vgl. BRAUN, Drahtlose Telegraphie durch Wasser und Luft, Leipzig 1901, ders., Einige Sendervarianten für drahtlose Telegraphie, Elektrotechn. Z. **22** (1901), ders., Methoden zur Vergrößerung der Sendeenergie für drahtlose Telegraphie (sog. Energieschaltung), Physik. Z. **5** (1904) S. 193–199, sowie ders., Über die Erregung stehender elektrischer Wellen durch Entladungen von Condensatoren, Ann. Physik **8** (1902) S. 199–212.
[7] Zusammen mit GUGLIELMO MARCONI.

## Zu Dokument Nr. 56

[1] Vgl. hier und im folgenden CARATHÉODORY, Gesammelte mathematische Schriften, Bd. 1–5, München 1954–1957, insbes. Bd. 5, S. 387–408 (Autobiographische Bemerkungen); GR II, S. 20–21, DSB III, S. 62–63.
[2] Leipzig 1918.
[3] CARATHÉODORY, Untersuchungen über die Grundlagen der Thermodynamik, Math. Ann. **67** (1909) S. 335–386, und Ges. math. Abh. Bd. 2, S. 131–166.

## Zu Dokument Nr. 57

[1] Vgl. LAUE, Über eine Beugungserscheinung, welche bei den Interferenzen an planparallelen Platten auftritt (2. T. der Diss.), Z. Math. u. Physik **50** (1904) S. 280–287. Vgl. im folgenden LAUE, Gesammelte Schriften, Bd. 1–3, Braunschweig 1961, insbes. Bd. 1, S. VII–IX: „Persönliches zu meinen Arbeiten", und Bd. 3, S. V bis XXXIV: „Max von Laue geb. 1879. Mein physikalischer Werdegang. Eine Selbstdarstellung"; Bibliographie in P VIIa, T. 3, S. 32–34, sowie DSB VIII, S. 50–53.
[2] LAUE, Über die Auffindung der Röntgenstrahleninterferenzen, Nobelvortrag in: Les Prix Nobel en 1920, Stockholm 1921, abgedruckt auch in Ges. Schriften, Bd. 3, S. 5–18; vgl. auch LAUE, Wellenoptik, Encykl. math. Wiss. Bd. 5, 3, Leipzig 1909–1926, S. 359–487 (abgeschlossen Juli 1915), sowie FRIEDRICH, W., P. KNIPPING und M. von LAUE, Interferenzerscheinungen bei Röntgenstrahlen, Leipzig 1955 (Klassische Arbeiten deutscher Physiker, Heft 2).
[3] LAUE, Ges. Schriften, Bd. 1, insbes. Arbeiten Nr. 27–35.
[4] LAUE, Die Relativitätstheorie, Bd. 1–2, Braunschweig 1921.

## Zu Dokument Nr. 58

[1] Vgl. dazu SOMMERFELD, Some reminiscences of my teaching career, Amer. Journ. Physics **17** (1949) S. 315–316, und das Schriftenverzeichnis in: P VIIa, T. 4,

S. 439–440, sowie M. BORN, Arnold Johannes Wilhelm Sommerfeld 1868–1951 Obituary Notices Roy. Soc. London 8 (1952–1953) S. 275–287, Schriftenverz. S. 288–296. Vgl. SOMMERFELD, Die willkürlichen Functionen in der mathematischen, Physik, Diss. Königsberg 1891.

[2] Vgl. SOMMERFELD, Mathematische Theorie der Diffraction, Math. Ann. 47 (1896) S. 317–374, und vgl. ders., Theoretisches über die Beugung der Röntgenstrahlen, Z. Math. Physik 46 (1901) S. 11–97, (Vorläufige Mitt. darüber auch in Physik Z. 1 (1899) S. 105–111, und 2 (1900) S. 55–60).

[3] Vgl. SOMMERFELD, Ausbreitung der Wellen in der drahtlosen Telegraphie, Ann. Physik 28 (1909) S. 665–736.

[4] SOMMERFELD, Zur Quantentheorie der Spektrallinien, Ann. Physik 51 (1916) S. 1–94 und S. 125–167 (zuerst mitgeteilt in Sitz. Ber. Akad. Wiss. München 1915).

[5] P. S. EPSTEIN, Zur Theorie des Starkeffektes, Ann. Physik 50 (1916) S. 489–520, vgl. auch ders., Zur Quantentheorie, ebd. 51 (1916) S. 168–188, und vgl. SOMMERFELD, Zur Theorie des Zeeman-Effektes der Wasserstofflinien mit einem Anhang über den Stark-Effekt, Physik. Z. 17 (1916) S. 491–507.

## Zu Dokument Nr. 59

[1] Vgl. DEBYE, Der Lichtdruck auf Kugeln von beliebigem Material, Leipzig 1909 (Diss. München). Vgl. im folgenden: The Collected Papers of Peter J. W. Debye, New York 1954, insbes. S. XI–XIV (Biographie, verf. von R. M. FUOSS), ferner DSB III, S. 617–621, und P VII a, S. 386–387.

[2] DEBYE, Zur Theorie der spezifischen Wärmen, Ann. Phys. 39 (1912) S. 789–839, insbes. S. 793–794.

[3] Vgl. DEBYE, Theorie der anomalen Dispersion im Gebiet der langwelligen Strahlung, Verh. Dt. Physik. Gesellsch. Berlin 15 (1913) S. 777–793.

[4] Vgl. DEBYE, Feinstruktur H-ähnlicher Spektren, Physik. Z. 17 (1916) S. 512–516.

[5] Vgl. P. DEBYE und P. SCHERRER, Interferenzen an regellos orientierten Teilchen im Röntgenlicht, Physik Z. 18 (1917) S. 291–301, sowie dies., Atombau, ebd. 19 (1918) S. 474–483.

## Zu Dokument Nr. 60

[1] Wissenschaftliche Meeresuntersuchungen, Abt. Kiel: Berechnungen der hydrographischen Tabellen und Diskussionen der Ergebnisse, Neue Folge, Bd. 6 (1902). Schriftenverzeichnis in: P IV, S. 770–771, P V, S. 646–647, und P VI, S. 1345.

[2] KNUDSEN, Laerebog i Physik für Medicinere, Kopenhagen 1913.

[3] Vgl. KNUDSEN, Die Gesetze der Molekularströmung und der inneren Reibungsströmung der Gase durch Röhren, Ann. Physik 28 (1909) S. 75–130, und ders., Molekularströmung der Gase durch Öffnungen und Effusion, ebd. 28 (1909) S. 999 1017.

[4] Vgl. KNUDSEN, Molekulare Wärmeleitung der Gase und Akkommodationskoeffizient, Ann. Physik 34 (1911) S. 593–656. Vgl. außerdem KNUDSEN, Die kinetische Theorie und die beobachtbaren Eigenschaften der idealen Gase, in: Die Theorie der Strahlung und der Quanten. Verh. auf einer von E. SOLVAY einberufenen Zusammenkunft (30. Okt. bis 3. Nov. 1911), Abh. Dt. Bunsen-Gesellsch. 3 (1913) Nr. 7, Halle 1914, S. 109–124.

[5] Vgl. KNUDSEN, Ein absolutes Manometer, Ann. Physik 32 (1910) S. 809–842.

## Zu Dokument Nr. 61

[1] Vgl. Bohr, Collected Works, Vol. 1: Early Work 1905–1911, Amsterdam 1972, sowie ders., Abhandlungen über Atombau aus den Jahren 1913–1916, Autor. dt. Übers., mit einem Geleitwort von N. Bohr [über die Entwicklung seiner Anschauungen vom Atombau und über die Bedeutung der Sommerfeldschen Arbeiten], Braunschweig 1921, insbes. die Arbeiten: Über die Konstitution von Atomen und Molekülen, und: Die Spektren von Wasserstoff und Helium, zuerst erschienen in Philos. Mag. London **26** (1913) S. 1–25, S. 476–502 und S. 857–875 bzw. Nature **92** (1913/14) S. 231, engl. Ausgabe Cambridge 1934. Vgl. außerdem Bohr, Über die Quantentheorie der Linienspektren, dt. Ausgabe Braunschweig 1923. Bibliographie in: Nuclear Physics **41** (1963) S. 7–12, sowie DSB II, S. 239–254, P VII b, S. 451 –455.

## Zu Dokument Nr. 62

[1] Kamerling Onnes, Het vloeibaarmaken van het He, Acad. Wetensch. Amsterdam, Verslagen **17** (1908). Vgl. dazu Het Naturkundig Laboratorium der Rijksuniversiteit te Leiden in de Jaren 1882–1904, Leiden 1904, insbes. S. 9–60, und Het Natuurkundig Laboratorium der Rijksuniversiteit te Leiden in de Jaren 1904–1922, Leiden 1922, insbes. S. 36–68 (C. A. Crommelin, Methoden en hulpmiddelen in het cryogen laboratorium) sowie S. 383–428 und S. 429–435 (A. Einstein, Theoretische Bemerkungen zur Supraleitung der Metalle) Vgl. DSB VII, S. 220–222 und P VI, S. 1273–1274.

[2] H. Kamerling Onnes und W. H. Keesom, Die Zustandsgleichung, Encykl. math. Wiss. Bd. 5, 1, Leipzig 1903–1921, S. 615–945 (abgeschlossen Dez. 1911).

## Zu Dokument Nr. 63

[1] Vgl. insbes. Zeeman, On the Influence of Magnetism on the Nature of Light emitted by a Substance, Philos. Mag. (London) (5) **43** (1897) S. 226–239, und ders., Measurements concerning Radiation—Phenomena in the Magnetic Field, ebd. **45** (1898) S. 197–201. (Die erwähnte Arbeit von Faraday sind dessen „Experimental Researches" in Philos. Trans. 1846, 3, S. 1–62.)

[2] Zeeman, Magneto-opt. Verschijnselen [Jubiläums-Ausgabe zur 25jährigen Entdeckung der magnetischen Zerlegung der Spektrallinien], Leiden 1921, 341 S.

[3] Vgl. Zeeman, Researches in Magneto-Optics, with special Reference to the Magnetic Resultion of Spectrums Lines, London 1913 und dtsch. Ausgabe Leipzig 1914. (Vgl. insbes. S. 191–193 bzw. S. 205–208 der englischen bzw. deutschen Ausgabe, die ein Verzeichnis der Arbeiten Zeemans (bis 1913) enthalten. Außerdem ist beiden Ausgaben ein chronologisches Verzeichnis der Literatur über magnetische Aufspaltung der Spektrallinien beigefügt.)Vgl. P IV-P VI, S. 2957–2958.

[4] Vgl. Zeeman, Recherches relatives à l'expérience de Fizeau, Ann. der Physique **8** (1917) und Comptes Rendus Acad. Sci. (Paris) **161** (1915) sowie **163** (1916); Zeeman, De voortplanting von het licht in bewegende, doorschijnende vaste stoffen, Acad. Wetensch. Amsterdam, Verslagen **27** (1919).

[5] Zeeman, Spektralanalytische Untersuchungen magnetischer Felder, Verh. dt. Physik. Gesellsch. Berlin **10** (1908) S. 750–752, sowie G. B. Hale, Solar Vortices and the Zeeman Effect, Publ. Astronom. Soc. of the Pazific **20** (1908) S. 200 (v. 3. Juli 1901).

## Zu Dokument Nr. 64

[1] 1905 bzw. 1906 (zusammen mit Lise Meitner). Vgl. dazu im folgenden O. Hahn, Vom Radiothor zur Uranspaltung. Eine wissenschaftliche Selbstbiographie, Braunschweig 1962, und ders., Einige persönliche Erinnerungen aus der Geschichte der natürlichen Radioaktivität, Naturwiss. **35** (1948) S. 67–74, sowie Les Prix Nobel en 1944, Stockholm 1947, S. 108–109, und in: W. Gerlach, Otto Hahn, Dt. Museum, Abh. u. Ber. **37** (1969) H. 3. Vgl. Otto Hahn – Mein Leben. Hrsg. von H. Schrader, München 1969. Bibliographie in P V-VIIa, insbes. VIIa, T. 2, S. 354 –356 und DSB VI, S. 14–17.

[2] 1918 (zusammen mit Lise Meitner).

[3] Hahn, Die Erscheinungen des radioaktiven Rückstoßes, Jahrb. der Radioaktivität u. Elektronik **7** (1910) S. 296–312.

[4] Vgl. O. v. Baeyer, Bericht über die magnetischen Spektren der $\beta$-Strahlen der radioaktiven Elemente, Jahrb. der Radioaktivität u. Elektronik **11** (1914) S. 66–84 (Bericht über die Arbeiten von Baeyer, Hahn, Meitner u. a.).

## Zu Dokument Nr. 65

[1] C. Runge und F. Paschen, Über das Spectrum des Heliums, SB 1895, S. 639–643 und dies., Über die Bestandtheile des Cleveitgases, ebd. 1895, S. 759–763.

[2] Paschen, Über den Dopplereffekt im Spektrum der Kanalstrahlen des Wasserstoffs, Ann. Physik **23** (1907) S. 247–266, vgl. auch S. 798–804 und S. 997–1000, vgl. P V, S. 946, P VI, S, 1956–1957, P. VII a, S. 506–507 (mit biogr. Lit.), und GR II, S. 129–130.

[3] Vgl. Paschen, Über die Verteilung der Energie im Spektrum des schwarzen Körpers bei niederen Temperaturen, SB 1898, S. 405–420, und ders., Über die Verteilung der Energie im Spektrum des schwarzen Körpers bei höheren Temperaturen, ebd. 1899, S. 959–976.

[4] F. Paschen und E. Back, Normale und anormale Zeemaneffekte, Ann. Physik **39** (1912) S. 897–932, und **40** (1913) S. 960–970.

[5] Paschen, Bohrs Heliumlinien, Ann. Physik **50** (1916) S. 901–940.

[6] F. Paschen und R. Götze, Seriengesetze der Linienspektren, Berlin 1922.

## Zu Dokument Nr. 66

[1] Vgl. die Vorschläge von Bjerknes in: Siebente Versammlung der Internationalen Kommission für Wissenschaftliche Luftschiffahrt in Wien, 28. Mai bis 3. Juni 1912, Sitz. Ber. und Vorträge, Wien 1912, Anhang 1, S. 73–77.

[2] Vgl. Bjerknes, Das dynamische Princip der Cirkulationsbewegungen in der Atmosphäre, Meteor. Z. **17** (1900) S. 97–106 und S. 145–156, ders., Räumlicher Gradient und Cirkulation, ebd. **17** (1900) S. 481–491, und ders., Das Problem der Wettervorhersage, betrachtet vom Standpunkt der Mechanik und Physik, ebd. **21** (1904) S. 1–7. Vgl. Schriftenverzeichnis in: Geofysiske Publikasjoner **24** (1962) S. 7–25 (Biographie), S. 27–37 (Bibliographie); P VI, S. 233, und DSB II, S. 167–169.

[3] Bjerknes (u. Mitarbeiter), Dynamic meteorology and hydrography. Bd. 1–2, Washington 1910–1911 (Carnegie Institution of Washington, Nr. 88), dt. Ausgabe, Bd. 1–2 u. Atlasband, Braunschweig 1912.

[4] Vgl. Bjerknes, Wettervorhersage, Meteor. Z. **36** (1919) S. 68–75, und ders., Die Polarfronttheorie, Petermanns Geogr. Mitt., Ergängzungsheft **191** (1927) S. 53–60.

## Zu Dokument Nr. 67

[1] Vgl. RUTHERFORD, The Collected Papers of Lord Rutherford of Nelson, Bd. 1–4, London 1962 ff. (Bd. 3 und 4 in Vorbereitung). Eine vollständige Bibliographie der Schriften RUTHERFORDS ist für Bd. 4 vorgesehen. Vgl. insbes. Bd. 1, S. 7–8 (Vorwort von J. CHADWICK) und S. 15–24 (E. V. APPLETON, The Young Rutherford), und Bd. 2, S. 15–33 (N. FEATHER, Rutherford in Manchester – an Epoch in Physics), sowie A. S. EVE und J. CHADWICK, Lord Rutherford 1871–1937, Obituary Notices, Roy. Soc. London **2** (1936–1938) S. 395–423. – Vgl. RUTHERFORD, Coll. Pap., Bd. 1 (Arbeiten von 1894–1907), so: Some Properties of the α-Rays from Radium, Philos. Mag. London (1905), und ders., Die Radioaktivität, unter Mitw. des Verf. ergänzte dt. Ausgabe, Berlin 1907 (engl. Ausgabe erschien in Cambridge 1903); RUTHERFORD, Coll. Pap., Bd. **2** (Arbeiten von 1907–1919), z. B. The Charge and Nature of α-Particles, Proc. Roy. Soc. London **81** (1908) S. 162–173 (zusammen mit H. GEIGER); The Scattering of α- and β-Particles by Matter and the Structure of the Atom. Philos. Mag. London **11** (1911) S. 669–688, und The Structure of the Atom, ebd. **27** (1914) S. 488–498; RUTHERFORD, Coll. Pap., Bd. 3 (Arbeiten von 1919–1937) (Bd. in Vorbereitung). Vgl. insbes. RUTHERFORD, Nuclear Constitution of Atoms, Proc. Roy. Soc. London **97** (1920) S. 374–400.

[2] Vgl. Les Prix Nobel en 1908, Stockholm 1909, S. 56–58 (Lebenslauf mit Schriftenverz. bis 1908), S. 1–13: Nobelvortrag: The Chemical Nature of the α-Particles from Radioactive Substances.

## Zu Dokument Nr. 68

[1] Elastische Nachwirkung im kristallinischen Quarz, Leipzig 1906 (Diss. München) auszugsweise erschienen in Ann. Physik **20** (1906) S. 919–980.

[2] Vgl. JOFFÉS Autobiographie: **Моя жизнь и работа, Москва/ленинград** 1933г, 56 S., sowie Schriftverzeichnis in: **А. И. Ансельм и В. П. Жузе, Абрам федорович Иоффе,** Москва 1960 г, 136 S., sowie P VI, T. 2, S. 1240, und P VIIb, T. 4, S. 2156–2164.

[3] Vgl. JOFFÉ, Elektrizitäts-Durchgang durch Kristalle, Ann. Physik **72** (1923) S. 461 bis 500, und die Monographie JOFFÉS Physics of Crystals, New York 1926, russ. Ausgabe, Moskau 1929.

[4] Vgl. JOFFÉ, Deformation und Festigkeit der Kristalle, Z. Phys. **22** (1924) S. 286–302 (zusammen mit M. W. KIRPITSCHEWA und M. A. LEWITZKY), und JOFFÉ und M. A. LEWITZKY, Über die Festigkeit und Elastizitäts-Grenze des natürlichen Steinsalzes, Z. Physik **31** (1925) S. 576–583, sowie dies., Über die Kohäsionsfestigkeit von Steinsalz, ebd. **35** (1925/26) S. 442–445.

[5] Vgl. dazu außerdem JOFFÉ, Conductibilité électrique des isolants solides et semiconducteurs, Paris 1934 (Actualités scient. et industr., 87). Réunions internat. de chimie-physique 1933, 7; Vgl. auch **Иоффе, Полупроводники в современной физике, Москва/Ленинград** 1954 **г**, dt. Ausgabe Physik der Halbleiter Berlin 1958.

## Zu Dokument Nr. 69

[1] Vgl. im folgenden M. BORN, Ausgewählte Abhandlungen, mit einem Verzeichnis der wissenschaftlichen Schriften, hrsg. von der Akad. Wiss. Göttingen, Bd. 1–2, Göttingen 1963, insbes. Bd. 1, S. XIII-XXIV (Über meine Arbeiten), und Bd. 2,

S. 584 ff. (Würdigungen von HILBERT, LORENTZ, PLANCK, SOMMERFELD), S. 695 bis 706 (Schriftenverz.), sowie ders., Theorie des starren Elektrons in der Kinematik des Relativitätsprinzips, Ann. Physik **30** (1909) S. 1—56, abgedruck in Ausgew. Abh., Bd. 1, S. 105—160 (Arbeit Nr. 2).

[2] BORN, Dynamik der Kristallgitter, Leipzig 1915, und ders., Atomtheorie des festen Zustandes (Dynamik der Kristallgitter), Encykl. math. Wiss., Bd. 5, 3, Leipzig 1909—1926, S. 527—781 (abgeschlossen am 7. 9. 1922), sowie Ausgew. Abh., Bd. 1, S, 231—656.

[3] Vgl. BORN, Ausgew. Abh., Bd. 2, Arbeiten zur Quantenmechanik, insbes. Arbeit Nr. 48, S. 23—37: M. BORN und W. HEISENBERG, Die Elektronenbahnen im angeregten Heliumatom, Z. Physik **16** (1923) S. 229—243.

[4] Vgl. BORN, Ausgew. Abh., Bd. 2, insbes. Arbeit Nr. 53, S. 124—155: M. BORN und P. JORDAN, Zur Quantenmechanik, Z.Physik **34** (1925) S.858—888, und Arbeit Nr.54, S. 155—213: M. BORN, W. HEISENBERG und P. JORDAN, Zur Quantenmechanik II, Z. Physik **35** (1926) S. 557—615.

[5] BORN, Zur Wellenmechanik der Stoßvorgänge, Nachr. Gesellsch. Wiss. Göttingen, math.-phys. Klasse, Jg. 1926, S. 146—160, abgedruckt in Ausgew. Abh., B. 2, S. 284—298 (Arbeit Nr. 59).

## Zu Dokument Nr. 70

[1] Vgl. hier und im folgenden W. H. BRAGG, Der Durchgang der $\alpha$-, $\beta$-, $\gamma$- und Röntgenstrahlen durch Materien, dt. Ausgabe Leipzig 1913 (Verfasser berichtet darin über die Geschichte seiner eigenen Forschungsarbeiten über Radioaktivität und Röntgenspektroskopie). Vgl. auch W. L. BRAGG, The History of *X*-Rays Analysis, London u. a. 1945, dt. Ausgabe Berlin 1947. (Verfasser beschreibt darin u. a. seine eigenen Versuche zur Verifizierung der von seinem Vater W. H. BRAGG aufgestellten „Korpuskulartheorie" der Röntgenstrahlen). Vgl. Bibliographie in: E. N. da ANDRADE, William Henry Bragg 1869—1942, Obituary Notices of Fellows of the Royal Society London **4** (1943) S. 277—300, sowie DSB II, S. 397—400.

[2] EINSTEIN, Theorie der Lichterzeugung und Lichtabsorption, Ann. Physik **20** (1906) S. 199—206.

[3] Vgl. W. H. und W. L. BRAGG, *X*-Rays and Crystal Structure, London 1915, 1. Auflage, insbes. Vorwort.

[4] W. H. BRAGG und W. L. BRAGG, The Strukture of the Diamond, Proc. Roy. Soc. **89** (1914) S. 177—291.

## Zu Dokument Nr. 71

[1] J. FRANCK und G. HERTZ, Die Bestätigung der Bohrschen Atomtheorie im optischen Spektrum durch Untersuchungen der unelastischen Zusammenstöße langsamer Elektronen mit Gasmolekülen, Physik. Z. **20** (1919) S. 132—143. Vgl. das von R. L. PLATZMAN zusammengestellte Schriftenverzeichnis in: H. G. KUHN, James Franck 1882—1964, Biographical Memoirs of Fellows of the Royal Society **11** (1965) S. 53—74. Vgl. DSB V, S. 117—118, sowie P. V—VIIa, insbes. VIIa, S. 91—92.

[2] Vgl. J. FRANCK und P. JORDAN, Anregung von Quantensprüngen durch Stöße, Berlin 1926 (Struktur der Materie in Einzeldarstellungen, Bd. 3).

## Zu Dokument Nr. 72

1 Vgl. Levi-Civita, Vorträge aus dem Gebiete der Hydro- und Aerodynamik, Innsbruck 1922, sowie Levi-Civita, Résolution qualitat. du restreint des 3 corps, Acta Mathematica (Stockholm) **30** (1906). Schriftenverzeichnis (1893—1937) und Biographie in Ann. Pontif. Acad. Sci. **1** (1936/37); P V, S. 736—737, P VI, T 3, S. 1515 bis 1516, GR II, S. 104, und DSB VII, S. 284—285.

2 Levi-Civita, Cuestiońs de mecánica classica i relativista (Vorträge), Barcelona 1922, ital. Ausgabe Bologna 1924, deutsche Ausgabe Berlin 1924.

3 G. Ricci-Curbastro et T. Levi-Civita, Méthodes de calcul differentiel absolu et leurs applications, Math, Ann. (Clebsch) **54** (1900) S. 125—201, und Levi-Civita, Der absolute Differential-Kalkül und seine Anwendungen in Geometrie und Physik. Dt. Ausg. von A. Duschek, Berlin 1928 (Grundlehren der math. Wiss. in Einzeldarstellungen, Bd. 28).

## Zu Dokument Nr. 73

1 Vgl. Schrödinger, Dynamik elastisch gekoppelter Punktsysteme, Ann. Physik **44** (1914) S. 916—934; ders., Zur Theorie der Fall- und Steigversuche an Teilchen mit Brownscher Bewegung, Physik. Z. **16** (1915) S. 289—295; ders., Notiz über den Kapillardruck in Gasblasen, Ann. Physik **46** (1915) S. 413—418; ders., Zur Akustik der Atmosphäre, Physik Z. **18** (1917) S. 445—453 und S. 567 (Nachtrag); ders., Theorie der Pigmente von größter Leuchtkraft, Ann. Physik **62** (1920) S. 603—622, und ders., Grundlinien einer Theorie der Farbmetrik im Tagessehen, Ann. Physik **63** (1920) S. 397—426 (1. Mitt.), S. 427—456 (2. Mitt.) und S. 481—520 (3. Mitt.), Zusammenfassung auch in dem Beitrag: Farbmetrik, Z. Physik **1** (1920) S. 459—466. Vgl. Schrödinger, Die Schärfe der mit Röntgenstrahlen erzeugten Interferenzbilder, Physik Z. **15** (1914) S. 79—86, und ders., Die Kohärenz in weitgeöffneten Bündeln, Ann. Physik **61** (1920), S. 69—86, und ders., Zur Einsteinschen Gastheorie, Physik. Z. **27** (1926) S. 95—101.

2 Vgl. dazu L. de Broglie, Thèses, Paris 1924, und Ann. Physique (10) **3** (1925) S. 22 ff., und ders., Nobelvortrag in Les Prix Nobel en 1929, Stockholm 1930, S. 1—13, S. 72 (Lebenslauf mit Auswahlverzeichnis von de Broglies wissenschaftlichen Arbeiten).

3 Vgl. hier und im folgenden Schrödinger, Abhandlungen zur Wellenmechanik, 2. vermehrte Auflage, Leipzig 1928 und die dort abgedruckten Orginalarbeiten Schrödingers: Quantisierung als Eigenwertproblem, Ann. Physik **79** (1926) S. 361 bis 376 (1. Mitt.), S. 489—527 (2. Mitt.), **80** (1926) S. 437—490 (3. Mitt.) und **81** (1926) S. 109—139 (4. Mitt.), Der stetige Übergang von der Mikro- zur Makromechanik, Naturwiss. **14** (1926) S. 664—666, und: Über das Verhältnis der Heisenberg-Born-Jordanschen Quantenmechanik zu der meinen, Ann. Physik **79** (1926) S. 734—756, sowie Autobiographisches in Les Prix Nobel en 1933, Stockholm 1935, S. 86—88, und Schrödinger, Meine Weltansicht, Hamburg und Wien 1961. Bibliographie in: P IV—VIIa, insbes. VIIa, T. 4, 1, S. 268—269.

# Verzeichnis der Abkürzungen

Außer den üblichen bibliographischen Abkürzungen wurden folgende Abkürzungen benutzt:

Abh. Abhandlungen der Preußischen Akademie der Wissenschaften zu Berlin
ADB Allgemeine Deutsche Biographie, Leipzig, Bd. 1 ff.
AM Auswärtiges Mitglied der Akademie der Wissenschaften
AAW Archiv der Akademie der Wissenschaften der DDR, Berlin
DSB Dictionary of Scientific Biography, New York, Bd. 1 (1970) ff.
EM Ehrenmitglied der Akademie der Wissenschaften
GR I Gesamtregister über die in den Schriften der Akademie von 1700—1899 erschienenen wissenschaftlichen Abhandlungen und Festreden. Bearb. von O. KÖHNKE, Berlin 1900 (A. HARNACK, Geschichte der Königlichen Preußischen Akademie der Wissenschaften zu Berlin, Bd. 3)
GR II Gesamtregister der Abhandlungen, Sitzungsberichte, Jahrbücher, Vorträge und Schriften der Preußischen Akademie der Wissenschaften 1900—1945, Berlin 1966
JB Jahrbuch der Deutschen Akademie der Wissenschaften zu Berlin
KM Korrespondierendes Mitglied der Akademie der Wissenschaften
(L) (Abkürzung im Namenverzeichnis) Laudatio — Wahlvorschlag — für den betreffenden Gelehrten ist im vorliegenden Werk abgedruckt worden
MB Monatsberichte der Preußischen Akademie der Wissenschaften zu Berlin
NDB Neue Deutsche Biographie, (West-) Berlin, Bd. 1 ff.
OM Ordentliches Mitglied der Akademie der Wissenschaften
P Poggendorffs Biographisch-Literarisches Handwörterbuch, Leipzig und Berlin, Bd. 1 (1863) ff.
Pogg. Ann. (Zitiertitel) Annalen der Physik und Chemie, hrsg. von J. CH. POGGENDORFF, Leipzig
SB Sitzungsberichte der Preußischen Akademie der Wissenschaften zu Berlin
(U) (Abkürzung im Namenverzeichnis) Mitunterzeichneter von Wahlvorschlägen
(V) (Abkürzung im Namenverzeichnis) Verfasser von Wahlvorschlägen
Wied. Ann. (Zitiertitel) Annalen der Physik und Chemie, hrsg. von G. WIEDEMANN, Leipzig

# Namenverzeichnis

Biobibliographische Angaben in: ADB, DSB, GR I, GR II, NDB, P sowie E. Amburger, Die Mitglieder der Deutschen Akademie der Wissenschaften zu Berlin 1700 bis 1950, Berlin 1950; K.-R. Biermann und G. Dunken, Deutsche Akademie der Wissenschaften zu Berlin. Biographischer Index der Mitglieder, Berlin 1960; K.-R. Biermann, Die Mathematik und ihre Dozenten an der Berliner Universität 1810—1920, Berlin 1973; E. Farber, Nobel prize winners in chemistry 1901—50, New York 1953; N. Hugh de Vaudrey Heathcote, Nobel prize winners in physics 1901—50, New York 1953; J. Mayerhöfer, Lexikon der Geschichte der Naturwissenschaften, Wien, Bd. 1 (1959) ff.; Nobel. The man and his prizes, Amsterdam u.a. 1962.

Für die in den Wahlvorschlägen sowie in der Einleitung erwähnten Personen werden, soweit möglich, Lebensdaten angeführt.

Bei Fragen zur Produktsicherheit wenden Sie sich bitte an:
If you have any questions regarding product safety,
please contact:

Walter de Gruyter GmbH
Genthiner Straße 13
10785 Berlin
productsafety@degruyterbrill.com